国家卫生和计划生育委员会“十二五”规划教材
全国高等医药教材建设研究会“十二五”规划教材
全国高职高专院校教材

供检验技术专业用

临床检验仪器

第2版

主　审　冯连贵

主　编　须　建　彭裕红

副主编　马　青　赵世芬

编　者（以姓氏笔画为序）

马　青（邢台医学高等专科学校）
朱贵忠（湖北医药学院附属襄阳医院）
刘玉枝（沧州医学高等专科学校）
张　轶（新乡医学院）
陈跃龙（楚雄医药高等专科学校）
赵世芬（北京卫生职业学院）
胡雪琴（重庆医药高等专科学校）
须　建（重庆医药高等专科学校）
费　嫦（湖南医药学院）
徐喜林（苏州卫生职业技术学院）
徐群芳（益阳医学高等专科学校）
黄作良（邵阳医学高等专科学校）
曹　越（韶关学院医学院）
彭裕红（雅安职业技术学院）
董　立（山东医学高等专科学校）
蔡群芳（海南医学院）
翟新贵（鹤壁职业技术学院）
魏爱婷（漯河医学高等专科学校）

人民卫生出版社

图书在版编目（CIP）数据

临床检验仪器/须建，彭裕红主编.—2版.—北京：人民卫生出版社，2015

ISBN 978-7-117-20235-0

Ⅰ.①临… Ⅱ.①须…②彭… Ⅲ.①医用分析仪器-高等职业教育-教材 Ⅳ.①TH776

中国版本图书馆CIP数据核字（2015）第033199号

临床检验仪器
第2版

主　　编：须建　彭裕红
出版发行：人民卫生出版社（中继线 010-59780011）
地　　址：北京市朝阳区潘家园南里19号
邮　　编：100021
E - mail：pmph @ pmph.com
购书热线：010-59787592　010-59787584　010-65264830
印　　刷：人卫印务（北京）有限公司
经　　销：新华书店
开　　本：850×1168　1/16　　**印张：**15
字　　数：413千字
版　　次：2010年6月第1版　2015年3月第2版
2019年4月第2版第8次印刷（总第16次印刷）
标准书号：ISBN 978-7-117-20235-0/R·20236
定　　价：48.00元
打击盗版举报电话：010-59787491　E-mail：WQ @ pmph.com
（凡属印装质量问题请与本社市场营销中心联系退换）

全国高职高专检验技术专业第四轮规划教材
修订说明

为全面贯彻党的十八大和十八届三中、四中全会精神，依据《国务院关于加快发展现代职业教育的决定》要求，更好地服务于现代卫生职业教育快速发展的需要，适应卫生事业改革发展对医药卫生职业人才的需求，贯彻《医药卫生中长期人才发展规划(2011—2020年)》《教育部关于"十二五"职业教育教材建设的若干意见》《现代职业教育体系建设规划(2014—2020年)》等文件的精神，全国高等医药教材建设研究会和人民卫生出版社在教育部、国家卫生和计划生育委员会的领导和支持下，成立了第一届全国高职高专检验技术专业教育教材建设评审委员会，并启动了全国高职高专检验技术专业第四轮规划教材修订工作。

随着我国医药卫生事业和卫生职业教育事业的快速发展，高职高专相关医学类专业学生的培养目标、方法和内容有了新的变化，教材编写也要不断改革、创新，健全课程体系、完善课程结构、优化教材门类，进一步提高教材的思想性、科学性、先进性、启发性和适用性。为此，第四轮教材修订紧紧围绕高职高专检验技术专业培养目标，突出专业特色，注重整体优化，以"三基"为基础强调技能培养，以"五性"为重点突出适用性，以岗位为导向、以就业为目标、以技能为核心、以服务为宗旨，力图充分体现职业教育特色，进一步打造我国高职高专检验技术专业精品教材，推动专业发展。

全国高职高专检验技术专业第四轮规划教材是在上一轮教材使用基础上，经过认真调研、论证，结合高职高专的教学特点进行修订的。第四轮教材修订坚持传承与创新的统一，坚持教材立体化建设发展方向，突出实用性，力求体现高职高专教育特色。在坚持教育部职业教育"五个对接"基础上，教材编写进一步突出检验技术专业教育和医学教育的"五个对接"：和人对接，体现以人为本；和社会对接；和临床过程对接，实现"早临床、多临床、反复临床"；和先进技术和手段对接；和行业准入对接。注重提高学生的职业素养和实际工作能力，使学生毕业后能独立、正确处理与专业相关的临床常见实际问题。

在全国卫生职业教育教学指导委员会、全国高等医药教材建设研究会和全国高职高专检验技术专业教育教材建设评审委员会的组织和指导下，当选主编及编委们对第四轮教材内容进行了广泛讨论与反复甄选，本轮规划教材修订的原则：①明确人才培养目标。本轮规划教材坚持立德树人，培养职业素养与专业知识、专业技能并重，德智体美全面发展的技能型专门人才。②强化教材体系建设。本轮修订设置了公共基础课、专业核心课和专业方向课(能力拓展课)；同时，结合专业岗位与执业资格考试需要，充实完善课程与教材体系，使之更加符合现代职业教育体系发展的需要。③贯彻现代职教理念。体现"以就业为导向，以能力为本位，以发展技能为核心"的职教理念。理论知识强调"必需、够用"；突出技能培养，提倡"做中学、学中做"的理实一体化思想。④重视传统融合创新。人民卫生出版社医药卫生规划教材经过长期的实践与积累，其中的优良传统在本轮修订中得到了很好的传承。在广泛调研的基础上，再版教材与新编教材在整体上实现了高度融合与衔接。在教材编写中，产教融合、校企合作理念得到了充分贯彻。⑤突出行业规划特性。本轮修订充分发挥行业机构与专家对教材的宏观规划与评审把关作用，体现了国家卫生和计划生育委员会规划教材一贯的标准性、权威性和规范性。⑥提升服务教学能力。本轮教材修订，在主教材中设置了一系列服务教学的拓展模块；此外，教材立体化建设水平进一步提高，根据专业需要开发了配套教材、网络增值服务等，大量与课程相关的内容围绕教材形成便捷的在线数字化教学资源包（edu.ipmph. com），为教师提供教学素材支撑，为学生提供学习资源服务，教材的教学服务能力明显增强。

本轮全国高职高专检验技术专业规划教材共19种，全部为国家卫生和计划生育委员会“十二五”国家规划教材，其中3种为教育部“十二五”职业教育国家规划教材，将于2015年2月陆续出版。

全国高职高专检验技术专业第四轮规划教材目录

	教材名称	主编	副主编
1	寄生虫学检验(第4版)	陆予云　李争鸣	汪晓静　高　义　崔玉宝
2	临床检验基础(第4版)	龚道元　张纪云	张家忠　郑文芝　林发全
3	临床医学概要(第2版)	薛宏伟　王喜梅	杨春兰　梅雨珍
4	免疫学检验(第4版)*	林逢春　石艳春	夏金华　孙中文　王　挺
5	生物化学检验(第4版)*	刘观昌　马少宁	黄泽智　李晶琴　吴佳学
6	微生物学检验(第4版)*	甘晓玲　李剑平	陈　菁　王海河　聂志妍
7	血液学检验(第4版)	侯振江　杨晓斌	高丽君　张　录　任吉莲
8	临床检验仪器(第2版)	须　建　彭裕红	马　青　赵世芬
9	病理与病理检验技术	徐云生　张　忠	金月玲　仇　容　马桂芳
10	人体解剖与生理	李炳宪　苏莉芬	舒安利　张　量　花　先
11	无机化学	刘　斌　付洪涛	王美玲　杨宝华　周建庆
12	分析化学	闫冬良　王润霞	姚祖福　张彧璇　肖忠华
13	生物化学	蔡太生　张　申	郭改娥　邵世滨　张　旭
14	医学统计学	景学安　李新林	朱秀敏　林斌松　袁作雄
15	有机化学	曹晓群　张　威	于　辉　高东红　陈邦进
16	分子生物学与检验技术	胡颂恩	关　琪　魏碧娜　蒋传命
17	临床实验室管理	洪国粦	廖　璞　黎明新
18	检验技术专业英语	周剑涛	吴　怡　韩利伟
19	临床输血检验技术+	张家忠　吕先萍	蔡旭兵　张　杰　徐群芳

*教育部“十二五”职业教育国家规划教材

+选修课

第一届全国高职高专检验技术专业教育教材建设评审委员会名单

网络增值服务(数字配套教材)编者名单

主　编

须　建　彭裕红

编　者（以姓氏笔画为序）

马　青（邢台医学高等专科学校）
朱贵忠（湖北医药学院附属襄阳医院）
刘玉枝（沧州医学高等专科学校）
张　铁（新乡医学院）
陈跃龙（楚雄医药高等专科学校）
赵世芬（北京卫生职业学院）
赵成丽（雅安职业技术学院）
胡雪琴（重庆医药高等专科学校）
须　建（重庆医药高等专科学校）
费　嫦（湖南医药学院）
徐喜林（苏州卫生职业技术学院）
徐群芳（益阳医学高等专科学校）
黄作良（邵阳医学高等专科学校）
曹　越（韶关学院医学院）
彭裕红（雅安职业技术学院）
董　立（山东医学高等专科学校）
雷娇娇（雅安职业技术学院）
蔡群芳（海南医学院）
翟新贵（鹤壁职业技术学院）
魏爱婷（漯河医学高等专科学校）

前　言

近年来，随着高新技术的飞速发展，临床检验仪器已经成为各级医疗机构在临床疾病诊断中不可替代的重要工具。检验内容的不断拓宽以及分析技术的不断创新，使得临床检验仪器的更新换代十分迅速，各种自动化、智能化的检验仪器不断涌现。其种类繁多、涉及面广。因此，从事临床医学检验专业的人员，了解现代临床检验仪器的原理、使用和维护，显得非常重要。为此，各高等院校的医学检验（技术）专业和生物工程技术类各专业近几年都纷纷开设了专门的临床检验仪器课程。前版教材自2010年投入使用以来，已经历时4年，为我国的检验技术人员的培养做出了重要贡献。随着临床检验技术及仪器的快速发展，特别是贯彻落实“2020年健康中国”、“健康中国梦”人才培养计划，专业教材必须适时更新以跟上时代步伐，以便更好地为临床服务。在国家卫生和计划生育委员会教材办公室的领导和17所参编院校的大力支持下，由20位编者（含网络增值服务）共同完成了本版教材的修订。

在教材的编写中，我们力求做好继承与创新，坚持遵循“实用为主，必需、够用为度”的理念，突出适用性和实用性，强调培养学生的职业能力和职业素养，从高职高专学生的实际基础和就业需要出发去编写、调整教材内容。一方面补充新知识、新进展，突出基本技能的培养，让教材中的知识更加有针对性、更完善、更实用；另一方面，对原教材进行整体优化，删掉了一些与检验关系不太密切的烦琐难懂公式，尽量让学生更容易接受和掌握。有关仪器的临床应用也分解到各专业课程去介绍，以避免内容重复。

本教材共分10章，主要内容有：概论、临床检验分离技术仪器、临床分析化学仪器、临床形态学检测仪器、临床生化分析仪器、临床血液流变分析仪器、临床免疫分析仪器、临床微生物检测仪器、临床分子诊断仪器和临床实验室自动化系统等内容。全书以近年来临床实验室常用的基础检验仪器和专业仪器为主线，重点介绍了检验仪器的分类、工作原理、基本结构、性能指标与评价、使用与维护及常见故障处理等内容。书中增加了大量模拟图、线条图、实物照片。力求图文并茂，形象直观。每章节后面还增加有本章小结和复习题。为应用现代化教学手段，充分调动学生主动学习的积极性，培育学生的创新思维和实践能力、应用所学知识解决问题的能力，本教材采用教学改革所形成的新教学模式，除编写文字教材外，还制作了包括知识扩充、多媒体教案、各章中的动画图形视频、习题及参考答案在内的网络增值服务，真正形成合乎标准的立体化教材。

本教材修订过程中，借鉴并吸收了国内外有关教材和文献，同时得到实验仪器生产企业和临床检验人员的大力支持，冯连贵主任医师在百忙中担任了本教材的主审，提出了许多指导意见。在此表示敬意和感谢！

由于编者经验和水平有限，疏漏和不足之处在所难免，祈望专家和广大师生提出批评和指正。

须建　彭裕红

2015年2月

目　录

第一章 概论

学习目标

1. 掌握:临床检验仪器的特点;能正确进行选择、评价和验收。
2. 熟悉:医疗器械管理的有关规定;正确管理、维护仪器。
3. 了解:临床检验仪器的进展及发展趋势。

临床检验仪器是用于疾病预防、诊断和研究以及进行治疗监测、药物分析的精密设备。随着科学技术的发展,实验室设备和检测手段不断更新,推动了检验医学新技术及新项目的临床应用,这些进步已经改变或正在改变检验医学及临床实验室的原有面貌、工作模式、服务模式。其影响主要表现在:①缩短了检验时间,提高了检验效率;②增加了检验项目,提高了检测的敏感度和特异性;③自动化检验仪器多数配有计算机、网络接口以及条码识别功能,有利于检验信息的处理与传送;④自动化检验仪器多使用规范的商品化试剂盒,有严格的质量控制程序;⑤样本和试剂微量化。如生化检验手工法,一般需1~2ml试剂,自动生化分析仪仅需用0.1~0.2ml即可完成。降低了检验成本。大型仪器的自动开盖等生物安全防护装置还避免了操作者与患者标本的直接接触,使操作更加安全。

随着临床实验室各种现代化检验仪器的不断涌现和广泛应用,临床医学对检验医学的依赖性不断增强,对检验工作者的专业知识和技术、检验技能和检验质量的要求也越来越高。检验仪器从选购到临床使用的各个环节影响因素较多,必须是高素质的检验人员操作才能确保检验质量。如果管理或操作不当,造成的误差将是成批的,会给医疗造成非常严重的后果。学习本课程的目的是使操作者掌握各种常用检验仪器的工作原理、基本结构、使用方法;熟悉其性能,了解常见的故障及排除方法。使仪器在疾病的诊断和治疗中能发挥出最佳的效能。

第一节 临床检验仪器的特点与分类

一、临床检验仪器的特点

早期的临床检验仪器非常简单,如离心机、恒温箱、比色计、普通光学显微镜等。工作人员通过目测或简单的理化反应来收集临床疾病信息。随着计算机技术、生物传感技术、信息技术等现代科技不断发展,临床实验室的检验仪器种类越来越多。其自动化、智能化程度越来越高。现代临床检验仪器通常具有以下特点:

1. 涉及的技术领域广 临床检验仪器不仅涉及机械、电子、光学、计算机、材料学等工学学科,还涉及生物传感、生物化学、生物物理、免疫学等多项生物技术领域,是多学科技术相互结合和渗透的产物。

2. 结构复杂 医学检验仪器种类繁多,结构复杂。电子技术、计算机技术和光电器件的不

断发展和功能的完善，各种自动检测、自动控制功能的增加，使仪器更加紧凑、结构更加复杂。

3. 技术先进　临床检验仪器始终跟踪各相关学科的前沿。光纤技术、电子技术和计算机的应用，新材料、新器件的使用，新的检验技术等都在医学检验仪器的研发中体现出来。

4. 精度高　临床检验仪器是用来测量某些组织、细胞、体液的存在与组成，结构及特性并给出定性或定量的分析结果，要求精度非常高。检验仪器多属于较精密的仪器。

5. 使用环境要求严格　检验仪器的高精度、高分辨率、自动化、智能化，以及其中某些关键器件的特殊性质，决定了检验仪器对使用环境条件要求非常严格。

6. 要求使用人员高素质　检验工作者要有良好的职业道德，除了掌握检验专业知识和技能外，还要掌握各种现代化检验仪器的基本原理、基本结构、性能用途、日常维护和常见的故障处理方法，具备一定的电子电工学基础和英语基础等。

二、临床检验仪器的分类

目前，检验仪器种类繁杂，用途不一，分类也比较困难。根据检验方法进行分类，可分为目视检查、理学检查、化学检查、自动化技术检查仪器等；根据工作原理进行分类，可分为力学检验、电化学检验、光谱分析检验、波谱分析检验仪器等；根据仪器功能进行分类，可分为定性分析、定量分析、形态学检查、机能检查仪器等。无论何种分类方法，都有其优点和局限性，本教材将临床检验仪器分为临床分离技术仪器、临床形态学检测仪器、临床分析化学仪器、临床生化分析仪器、临床血液流变分析仪器、临床免疫分析仪器、临床微生物检测仪器、临床分子诊断仪器及临床实验室自动化系统若干个集群：以方便教学和兼顾临床应用习惯。

第二节　临床检验仪器的选择和评价

一、临床检验仪器的选用标准

随着检验医学的进步和科学技术的发展，对检验仪器质量的评估越来越严格，选用的标准也越来越全面。一般可从以下几个方面加以考虑：

1. 性能要求　仪器的精度等级高、稳定性好、灵敏度高、噪声小、检测速度快，检测范围宽、结果准确可靠，重复性好等。要注意选购公认的品牌机型，最好有标准化系统可溯源的机型。

2. 功能要求　仪器的检测参数多、性价比高，兼容性好、可实现网络通信，用户操作界面简单明了，操作简便、快捷。

3. 售后要求　①国内有配套试剂盒供应；②仪器装配合理、材料先进、采用标准件及同类产品通用零部件的程度高，维修方便；③公司实力强，信誉好、售后维修服务良好是仪器发挥效益的重要保证。

4. 用户要求　①选择的仪器要和所在单位规模相适应，特别是仪器的速度和档次，如大型医院、中心医院样本量非常大，首先考虑的是仪器速度和服务效率问题，其次才是仪器成本问题；而大多数中小型医院，特别是临床样本量有限的医院，首先要考虑的是成本回收问题；②要有前瞻性，要考虑医院的潜力和发展速度，至少要考虑近 3 年的发展需求，如仪器测试速度要保留一定的潜力，比当前工作能力多 20% 进行预算；③要考虑其他需求，如特大型医院和教学附属医院实验室仪器的选择一定要考虑科研需求；④要考虑单位的财力状况，切忌过高标准选择仪器造成浪费；⑤在检验仪器采购前要进行充分的筛选和论证工作，仪器招标文书中的主要技术参数一定要翔实具体。

二、临床检验仪器的常用性能指标

各种检验仪器的性能指标不完全相同，选择仪器时应重点考察以下性能指标：

1. 精度 对检测可靠度或检测结果可靠度的评价称为精度(accuracy)。是指检测值偏离真值的程度。精度是一个定性的概念,其高低是用误差来衡量的,误差大则精度低,误差小则精度高。通常把精度区分为准确度和精密度。准确度是指检测仪器实际测量对理想测量的符合程度,是仪器系统误差大小的反映,精密度是在一定的条件下进行多次检测时,所得检测结果彼此之间的符合程度,反映检测结果对被检测量的分辨灵敏程度,是检测结果中随机误差大小的反映。

2. 重复性 用同一检测方法和检测条件(仪器、设备、检测者、环境条件)下,在一个不太长的时间间隔内,连续多次检测同一样本的同一参数,所得到的数据分散程度称为重复性(repeatability)。也曾称作批内精密度。

重复性与精密度密切相关,重复性反映了一台设备固有误差的精密度。对于某一参数的检测结果,若重复性好,则表示该仪器精度稳定。显然,重复性应该在精度范围内,即用来确定精度的误差必然包括重复性的误差。

做重复性试验的样品一定要稳定,它的组成应尽可能相似于实际检测的患者标本;样品中的分析物含量应在该项目的医学决定水平处。尽可能地做3个以上水平的重复性试验。

3. 分辨率 仪器设备能感觉、识别的输入量的最小值称为分辨率(resolvingpower)。例如光学系统的分辨率就是光学系统可以分清的两物点间的最小间距。

分辨率是仪器设备的一个重要技术指标,它与精度紧密相关,要提高检验仪器检测的精密度,必须相应地提高其分辨率。

4. 灵敏度 检验仪器在稳态下输出量变化与输入量变化之比,即检验仪器对单位浓度或质量的被检物质通过检测器时所产生的响应信号值变化大小的反应能力称为灵敏度(sensitivity, S)。但是,随着系统灵敏度的提高,容易引起噪声和外界干扰,影响检测的稳定性而使读数不可靠。

5. 最小检测量 检测仪器能确切反映的最小物质含量称为最小检测量(minimum detectable quantity)。最小检测量也可以用含量所转换的物理量来表示。如含量转换成电阻的变化,此时最小检测量就可以说成是能确切反映的最小电阻量的变化量了。

同一台仪器对不同物质的灵敏度不尽相同,因此同一台仪器对不同物质的最小检测量也不一样。在比较仪器的性能时,必须取相同的样品。

6. 噪声 检测仪器在没有加入被检验物品(即输入为零)时,仪器输出信号的波动或变化范围称为噪声(noise),旧称噪音。引起噪声的原因很多,有外界干扰因素,如电网波动、周围电场和磁场的影响、环境条件(如温度、湿度、压强)的变化等。有仪器内部的因素,如仪器内部的温度变化、元器件不稳定或提高仪器的灵敏度等。噪声会影响检测结果的准确性,应力求避免。

7. 线性范围 仪器输入与输出成正比例的范围称为线性范围(linear range)。也就是反应曲线呈直线的那一段所对应的物质含量范围。在此范围内,灵敏度保持定值。线性范围越宽,则其量程越大,并且能保证一定的测量精度。一台仪器的线性范围,主要是由其应用的原理决定的,其线性程度通常是相对的。当所要求的检测精度比较低时,在一定的范围内,将非线性误差较小的近似看作线性的,这会给检测带来极大的方便。

8. 测量范围和示值范围 在允许误差极限内仪器所能测出的被检测值的范围称为测量范围(measuring range)。检测仪器指示的被检测量值为示值。由仪器所显示或指示的最小值到最大值的范围称为示值范围(range of indicating value)。示值范围即所谓仪器量程,量程大则仪器检测性能好。

9. 响应时间 从被检测量发生变化到仪器给出正确示值所经历的时间称为响应时间(response time)。一般来说希望响应时间越短越好,如果检测量是液体,则它与被测溶液离子到达电极表面的速率、被测溶液离子的浓度、介质的离子强度等因素有关。如果作为自动控制信号

源，则响应时间这个性能就显得特别重要。因为仪器反应越快，控制才能越及时。

第三节 临床检验仪器的管理

一、临床检验仪器管理的有关法规、条例与标准

临床检验仪器是医疗器械的重要组成部分。为确保这些设备在使用过程中，无论对使用者还是被检测者都是安全的，并能获得有价值的结果，各国都非常重视医疗器械的管理，纷纷建立了医疗器械监督管理体系、医疗器械法规体系、医疗器械标准体系、医疗器械认证体系四大体系。

美国于1938年开始对医疗器械进行统一管理，将医疗器械纳入美国食品药品监督管理局（FDA）管理范围，1999年发布的《体外诊断医疗器械指令》规定所有的医疗器械需有“CE”标志才能在欧共体市场流通。1947年2月，国际标准化组织（International Organization for Standardization，ISO）成立。通过认证管理促进仪器的标准化及其有关活动。我国医疗器械产品监管开始于1996年。2004年5月至今，执行国家食品药品监督管理局《医疗器械监督管理条例》。条例规定：国家对医疗器械实行分类管理：第一类（Ⅰ类）是指通过常规管理足以保证其安全性、有效性的医疗器械；第二类（Ⅱ类）是指对其安全性、有效性应当加以控制的医疗器械；第三类（Ⅲ类）是指植入人体，用于支持、维持生命，对人体具有潜在危险，对其安全性、有效性必须严格控制的医疗器械。临床检验仪器归属于Ⅱ类或Ⅲ类；生产第一类医疗器械，由市级人民政府药品监督管理部门审查批准；生产第二类医疗器械，由省、自治区、直辖市人民政府药品监督管理部门审查批准；生产第三类医疗器械，由国务院药品监督管理部门审查批准。并同步颁发产品生产注册证书。经营企业需具有与其经营的医疗器械产品相适应的技术培训、维修等售后服务能力，并获得相应的医疗器械经营企业许可证；医疗机构不得使用未经注册、无合格证明、过期、失效或者淘汰的医疗器械。医疗机构对一次性使用的医疗器械不得重复使用；医疗器械广告应当经省级以上人民政府药品监督管理部门审查批准；未经批准的，不得刊登、播放、散发和张贴。

二、临床检验仪器的验收

临床检验仪器在交货后与使用前必须完成的一项工作就是仪器的点收、安装和调试，此过程统称为产品的验收。

（一）点收

点收是管理者对所购设备按照订货合同的有关规定，核对品名、清点数量、检查外包装的完好状况后，接收设备。目的是对产品外观和数（重）量进行验收。点收工作主要目的是检查仪器是否按计划要求购入，检查仪器的包装、外观的完好程度，核对零配件、备件以及说明书等技术资料是否齐全。

1. 点收前的准备 为了保证仪器的数量、质量和技术指标符合合同的要求，在签订合同后、仪器到达前的这段时间里，必须做好充分的物质准备和技术准备工作，以待仪器到达后能迅速地进行点收并投入使用。

（1）人员组织：由物资设备部门的点收人员、采购人员和使用部门的有关人员承担。进口货物需通知海关、商检等有关部门派员参加。

（2）掌握有关知识：参与点收、接机的技术人员，必须熟悉了解该仪器的各项技术指标、性能、操作规程和对仪器的实验测试方法，掌握仪器的操作步骤，了解其系统结构组成，各个重要部位和部件的技术性能与设计原理，质量保证书，安装、使用说明书，维修手册等技术资料。

（3）准备好相关条件：准备好足够的堆放场地，切实保证到货后及时妥善入库，堆放整齐，

保管得当。

2. 点收的内容和程序

（1）现场点收:根据合同先核对其标志、合同号、收货单位名称、品名、净重、毛重、体积、箱数及设备外包装等与收货单证记载的批次、件数是否相符。注意查看外包装有无油污、水渍、破损、重钉、修补等情况,必要时进行拍照留存。

（2）开箱实验:开箱实验主要是检查到货仪器的品名、规格、数(重)量及外观质量等。箱内或包件内的数量,应以发票、装箱单、明细单为依据。开箱时应避免用重力敲击或以铁器插入箱内。保护好包装用物及箱内裹护物的完整性,以备后用。

（3）相关材料验收

1）索证。仪器档案必须具备注册证、合格证、销售证、经销商的相关资质证明。

2）仪器的操作手册、说明书。

3）维护及使用记录。这是仪器使用状态的证明。

4）校准和质量控制程序及记录,这是仪器准确性和精密度的证明。在有关的医疗纠纷中有相当大的作用。

5）计量仪器的强检记录。重量点收应以国家计量部门鉴定合格的衡器计重,使用时要进行校准,并详细记录。

（4）品质点收:严格按照合同规定的技术要求和标准进行。合同没有具体规定的,一般依据生产国标准规定实验,生产国没有标准或者不提供标准,可按国际上通用标准或我国标准实验;抽样实验的,要注意抽取样品的代表性,并预留必要的商检机构复验和国外复验用的样品。

（5）技术点收:是以一定的技术指标,贯穿安装、调试,运转及使用的整个过程,习惯称之为质量验收。主要目的是保证仪器有一个良好的技术状态。

（6）其他点收:带有软件包的仪器,要注意对仪器软件的点收;成套医疗仪器的点收中,不能只注重主机设备而忽视了辅助设备和配件的点收;有耗材的仪器需要注意配套试剂或耗材的来源等。

（二）安装与调试

安装、调试是将仪器在临时安排的现场或使用场所,按照设备对环境条件的要求先进行安装,再按照仪器规定的性能指标逐项进行验检,完全达到目的后,将设备接收下来,目的是对产品质量和性能进行验收。

1. 安装与调试的准备

（1）工作环境的准备:①首先必须根据仪器对工作环境的技术要求,最大限度地满足仪器所要求的工作环境条件,如场地、防尘、防潮、防毒、震动强度、特殊温度、湿度、磁场强度、微波干扰及基础承受压力等,还必须考虑到仪器工作所需的水、电源、真空、制冷、密封、气路系统的完备设施和排污处理与废物处理设备以及检测仪器、实验台桌等辅助配套设备;②检查仪器的电源、电压、插座等是否符合我国的制式,否则必须更换配置,甚至保留索赔权利;③实验仪器用房,通常要考虑水处理和磁场干扰,多数医院将实验室建在离门诊较近处,并远离放射源。

（2）相关信息的收集:搞好与外单位的信息交流,尽可能到已有同类型或相似设备的单位进行调研学习,熟悉设备、资料。

2. 安装与调试的内容和程序

（1）熟悉随机技术文件中对安装与调试的要求。

（2）在安装、调试过程中,认真做好点收日志、鉴定的原始记录,确保资料及档案的完整性。

（3）逐一鉴定仪器的技术指标,既要检查宏观功能,也要检查仪器内部的某些参数;既要查硬件,也要查验软件。

（4）上机操作时,要在厂家技术人员指导下进行,并制作好操作程序流程图。

（5）对新仪器应连续开机通电24小时，用以验证仪器的可靠性。

（6）写出详细的软件使用指南。一台现代化大型设备，可开发利用的软件资源很多，在技术点收时应努力开发，因为此时的点收人员系聚集了各学科专长的人才，较日后专门使用人员更有优势。

3. 仪器的校准

（1）尽量选用与仪器配套的校准品，由于校准品存在着基质效应，不同系统应使用不同的校准品。

（2）所有分析仪均有其推荐的校准品。

（3）不同项目可采用不同的校准方法，包括定期校准、更换试剂时校准、每天校准等。

三、临床检验仪器的维护

检验仪器维护工作的目的是减少或避免偶然性故障的发生，该工作是一项贯穿整个检验过程的长期工作，必须根据各仪器的特点、结构和使用过程，针对容易出现故障的环节，制定出具体的维护保养措施，由专人负责执行。检验仪器的维护工作分为一般性维护和特殊性维护。

（一）一般性维护

一般性维护工作是那些具有共性的，几乎所有仪器都需注意到的问题，主要有以下几点：

1. 正确使用　操作人员应认真阅读仪器操作说明书，熟悉仪器性能，严守操作规程，掌握正确的使用方法，这是仪器始终保持在良好运行状态的前提。要重视配套设备及设施的使用和维护检查，如电路、气路、水路系统等，避免仪器在工作状态发生断电、断气、断水情况。

2. 仪器工作环境　环境因素对精密检测仪器的性能、可靠性、测量结果和寿命都有很大影响，使用过程中应注意以下几方面。

（1）防尘：仪器中的各种光学元件及一些开关、触点等，应保持清洁。但由于各种光学元件的精度很高，因此对清洁方法、清洁液等都有特殊要求，在做清洁之前需认真仔细阅读仪器的维护说明，不宜草率行事，以免擦伤、损坏其光学表面。

（2）防潮：仪器中的电子元件、光电元件、光学元件等受潮后，易霉变、损坏，因此，必要定期进行检查，及时更换干燥剂，长期不用时应定期开机通电以驱赶潮气，达到防潮目的。

（3）防热：检验仪器对工作和存放环境要求有适当的温度范围，因此，一般需配置温度调节器（空调），使温度保持在20～25℃最为合适。另外，还要求远离热源并避免阳光直接照射。

（4）防震：震动不仅会影响检验仪器的性能和检测结果，还会造成某些精密元件损坏，因此，仪器要放在远离震源的水泥工作台或减震台上。

（5）防蚀：在仪器的使用过程中及存放时，应避免接触有酸碱等腐蚀性气体和液体的环境，严禁用过氧乙酸等具有腐蚀性的消毒剂擦拭仪器，以免各种元件受侵蚀而损坏。

3. 仪器的接地　接地除对仪器的性能、可靠性有影响外，还关系着使用者的人身安全，因此，所有接入市电电网的仪器必须接可靠的地线。

4. 电源电压　①多数检验仪器属精密分析仪器，良好的稳定供电对于检验仪器的精度和稳定性极为重要。因市电电压波动较大，可能超出仪器所要求的范围，造成信号图像畸变，还会干扰前置放大器、微电流放大器等组件的正常工作。为确保仪器处于良好的运行状态，必须配用交流稳压电源，要求高的仪器最好单独配备稳压电源。②为防止仪器、计算机在工作中突然停电而造成损坏或数据丢失，可配用高可靠性的不间断电源（UPS），这样既可改善电源性能又能在非正常停电时做到安全关机。③使用时应注意插头中的电线连接应良好，切忌把插孔位置搞错，导致仪器损坏。所有仪器在关机停用时，要关掉总机电源，并拔下电源插头，确保安全。

5. 定期校验　检验仪器用于测试和检验各种样品，是分析人员的主要工具，它所提供的数据已成为疾病诊断、危险分析、治疗效果评价和健康状况监测的重要依据，应力求结果的准确可

靠。因此,需定期按有关规定进行检查、校正,同样,在仪器经过维修后,也应检定合格后方可重新使用。

6. 做好记录　包括仪器安装、性能评价与比对、校准、仪器保养与维修等工作内容及其他值得记录备查的内容。一方面可为将来的统计工作提供充分的数据,另一方面也可掌握某些需定期更换的零部件的使用情况,有助于辨别是正常消耗还是故障。

(二) 特殊性维护

这部分内容主要是针对检验仪器所具有的特点而言,由于各种仪器有其各自的特点,这里只介绍一些典型的有代表性的维护工作。

1. 光电转换元件与光学元件　如光电源、光电管、光电倍增管等在存放和工作时均应避光,因为它们受强光照射易老化,使用寿命缩短,灵敏度降低,情况严重时甚至会损坏这些元件。同时应定期用小毛刷清扫光路系统上的灰尘,用蘸有无水乙醇的纱布擦拭滤光片等光学元件。

2. 定标电池　如果仪器中有定标电池,最好每半年检查一次,如果电压不符要求则予以更换,否则会影响测量准确度。

3. 机械传动装置　仪器中机械传动装置的活动摩擦面需定期清洗,加润滑油,以延缓磨损或减小阻力。

4. 管道系统　检验仪器的管路较多,构成管路系统的元件也较多,它分为气路和液路,但它们都要密封、通畅,因此对样品、稀释液、标准液的要求比较高,应定期冲洗,并视污染程度定期更换管路。

第四节　临床检验仪器的发展趋势

一、临床检验仪器的进展

实验室医学是现代医学中发展最快的学科之一,任何一项先进的实验技术都有可能促成一种先进的实验仪器进入临床实验室,使检验项目不断拓展,检验效率与检验结果的准确性大大提高。临床检验仪器发展更新主要表现在:①基于微电子技术和计算机技术的应用实现了检验仪器的自动化、智能化、一机多能化方向发展;②通过计算机控制器和数字模型进行数据采集、运算、统计、分析、处理,大大提高了检验仪器数据的处理能力;③模块联用技术的应用使检验仪器向检测分析速度超高速化、分析试样超微量化、仪器功能多样化的方向发展。因此,未来临床实验室的发展离不开检验仪器的不断更新。只有及时调整和更新实验室的技术和仪器,才能保持实验室的先进水平,充分满足临床医学的需要。

二、临床检验仪器的发展趋势

未来检验仪器的发展趋势主要体现在以下几方面:

1. 多用户共享高科技仪器成果　计算机技术和通信技术相结合而发展的计算机网络,已渗透到临床实验室中,形成了多用户共享高精度、高速度、多功能、高可靠性的检验仪器。

2. 适应市场,两极化发展　随着微电子技术和电极技术的进一步发展,临床检验仪器正朝着集大型机的处理能力和小型机的应变能力于一身,人性化、超小型、多功能、低价格、更新换代快、床边和家庭型的方向迈进。

3. 模块化组合设计,功能扩展　模块式设计形成一个高质量多功能的检验系统,实现一机多用,多机连用。一套连用仪器可测定常规、生化、药物监测、普通免疫、特种蛋白等多种检验项目,同时还可以按需要增添各种部件,扩展其功能。

4. 仪器设计人性化,自动化水平和智能化程度高　①从送入标本、条码输入、完成检测,到

数据存储输出、连接网络,原先由人工完成的工作过程将完全由检验仪器分析系统一次完成,速度更快,减少了人为误差,缩短了出报告的时间;②专家系统技术更趋完善,使检验仪器具有更高级的智能。仪器实施全过程质量监控,定期自动校检,排除人为因素和非标准干扰,自我诊断和控制,自行判断决策等高智能功能,使检验仪器的操作使用更加方便。

5. 仪器小型化　更多功能、更加全面、小型便携式的检验仪器将不断涌现。体积更小,操作更简单,方便床旁检验和现场检验,患者经简单培训后可以自行测试,对于及早诊断、疗程监控有实际意义。如小型血糖仪已进入家庭,可随时监测血糖状态。

6. 现代分子生物学技术的应用　该技术正逐渐运用到检验设备的研发中去,影响着检验仪器的发展。许多疾病将出现新的诊断指标,将给疾病的筛查、诊断带来革命。生物诊断芯片的种类和技术在检验医学中的应用也会越来越广泛。生物传感器和芯片的应用将使检验仪器小型化,灵活多用,相应的检验仪器正在不断出现和发展。

本章小结

本章主要介绍了学习本课程的目的、临床检验仪器的特点、分类和常用性能指标、临床检验仪器的管理法规、仪器的验收、维护方法及发展趋势。现代化检验仪器具有操作自动化、结果快速化、样本和试剂微量化、检测项目多、使用安全等优点。但是,现代医学检验仪器涉及的技术领域广、结构复杂、价格昂贵、对使用环境要求高等特点。因此,要重视操作者素质的提高;在选择医学检验仪器的过程中,一定要结合临床具体检测的需求以及单位的具体情况进行全面分析;选择信誉好、售后服务强、管理规范的供应商,尽量选用精度等级高、应用范围广、检测范围宽、稳定性好、灵敏度高、噪声小、响应时间短、性价比高的仪器,并进行认真细致的验收;医学检验仪器的维护是一项持续性的长期工作,因此必须根据各仪器的特点、结构和使用过程,并针对容易出现故障的环节,制定出具体的维护保养措施,由专人负责执行。自动化、模块化、微量化、智能化、人性化、个性化以及小型便携化是未来几年临床检验仪器发展的方向。

（须　建）

复　习　题

一、单项选择题

1. 对现代临床检验仪器不正确的看法是

A. 工作效率高　　B. 技术含量高　　C. 随机误差小
D. 使用成本高　　E. 检测项目多

2. 不影响仪器测量精度的因素是

A. 误差　　B. 灵敏度　　C. 检测速度
D. 精密度　　E. 准确度

3. 与仪器分辨率无关的因素是

A. 精确度　　B. 灵敏度　　C. 精密度
D. 准确度　　E. 测量范围

4. 提升仪器的灵敏度,可能带来的后果有

A. 降噪　　B. 稳定性下降　　C. 精度提高
D. 抗干扰能力增强　　E. 测量范围减小

5. 关于降低仪器噪声的措施错误的是
   A. 增加稳压器　　B. 远离离心机　　C. 放置在安静处
   D. 降低灵敏度　　E. 增加空调

二、简答题

1. 临床检验仪器的选用标准一般有哪些？
2. 测量范围与线性范围有何不同？
3. 临床检验仪器的发展方向有何特点？

第二章

临床检验分离技术仪器

学习目标

1. 掌握:临床常用移液器、离心机、电泳仪的基本类型、特点、工作原理及常规操作方法。
2. 熟悉:临床常用移液器、离心机、电泳仪的主要结构、性能指标、使用方法。
3. 了解:临床常用移液器、离心机、电泳仪的维护和保养。

在分离检测样品中的不同组分时,使用最普遍的仪器主要有移液器、离心机和电泳仪。良好的分离技术是临床检验工作顺利开展的前提和必备条件,也是检验技术人员必须掌握的基本功。在临床检验工作中,熟悉掌握各种检验分离仪器的工作原理、基本构造及使用方法,可以增强检验技术人员的工作能力,提高检验结果的准确性和可靠性。

第一节　移　液　器

移液器(locomotive pipette)也叫移液枪,是在一定量程范围内,将液体从原容器内移取到另一容器内的一种计量工具。转移小容量液体时移液器可以替代玻璃吸管,分配更为精确、方便。随着科学技术的不断更新和临床常规应用的不断增多,移液器的种类越来越多,如单通道移液器、多通道移液器、电子移液器、瓶口移液器等(图2-1)。根据移液器的工作原理可分为空气置换移液器与正向置换移液器;根据移液器能够同时安装吸头的数量可将其分为单通道移液器和多通道移液器;根据移液器的刻度是否可调节可将其分为固定式移液器和可调节式移液器;根据移液器调节刻度方式可将其分为手动式移液器和电动式移液器;根据移液器的特殊用途可将其分为全消毒移液器、大容量移液器、瓶口移液器、连续注射移液器等。微量移液器因规格不同,所配套使用的微量移液器吸头也不同,不同生产厂家生产的形状也略有不同,但工作原理和操作方法基本一致。

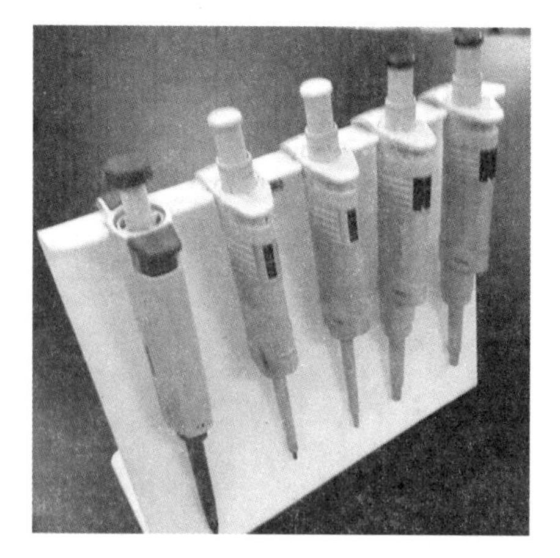

图2-1　常用单通道移液器外观

一、移液器的工作原理

目前临床常用的微量移液器的设计依据是胡克定律:即在一定限度内弹簧伸展的长度与弹力成正比,也就是移液器内的液体体积与移液器内的弹簧弹力成正比。微量移液器加样的物理学原理有两种:使用空气垫加样和使用无空气垫的活塞正移动(positive displacement)加样。这

两种不同原理的微量移液器有其不同的特定应用范围。

（一）空气垫加样

空气垫加样也称为活塞冲程加样，基于空气垫加样原理而设计的移液器称为空气垫移液器（也称为空气置换移液器），其中空气垫的作用是将吸至塑料吸头内的液体样品与移液器内的活塞分隔开来，空气垫通过移液器内活塞的弹簧伸缩运动而移动，进而带动吸头中的液体吸入或放出。空气垫移液器常规应用于固定或可调体积液体的加样，其加样体积的范围在 0.2μl 至 10ml 之间。活塞移动的体积必须大于所希望吸取的液体体积（一般在 2% ~4%）。空气垫移液器的使用容易受物理因素的影响，如移液器头的形状、材料特性、与加样器的吻合程度等。温度、气压和空气湿度等会影响其加样的准确度。

（二）活塞正移动加样

基于活塞正移动为原理而设计的移液器称为活塞正移动移液器（也称为正向置换移液器）。它可以在空气垫移液器难以应用的情况下使用。如移取具有高蒸汽压、高黏稠度，以及密度大于 2.0kg/L 的液体。活塞正移动移液器的吸头与空气垫移液器的吸头有所不同，其内含一个可与移液器的活塞耦合的活塞，这种吸头由生产活塞正移动移液器的厂家配套生产，不能使用普通的吸头或不同厂家的吸头。

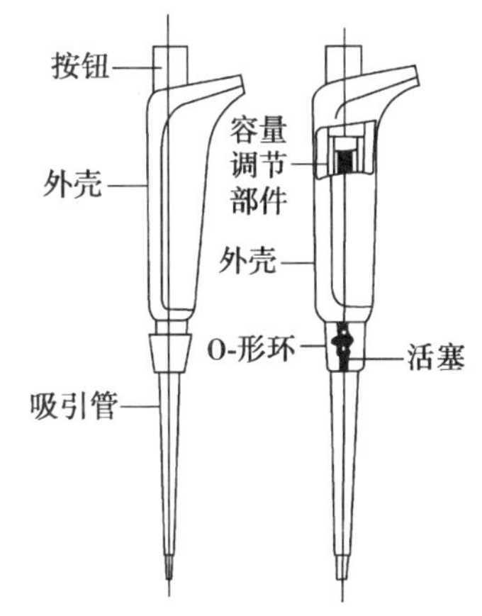

图 2-2　移液器基本结构示意图

二、移液器的基本结构

移液器在临床实验室中因为基本结构简单，使用方便等原因而得到广泛应用。其基本结构主要有显示窗、容量调节部件、活塞、O-形环、吸引管和吸头（吸液嘴）等几个部分（图 2-2）。

三、移液器的性能要求

移液器移取的液体体积是否精确，直接关系到检测结果的准确性和可靠性，因此，移液器的性能要求十分重要。

（一）计量性能要求

移液器在标准温度（20℃）时，所标称容量体积的容量允许误差和测量重复性应符合《中华人民共和国国家计量检定规程——移液器》（JJG646—2006）的要求（表 2-1）。

表 2-1　移液器容量允许误差和测量重复性（20℃）

标称容量（μl）	检定点（μl）	容量允许误差（%）	重复性（%）
1	0.1	±20.0	≤10.0
	0.5	±20.0	≤10.0
	1.0	±12.0	≤6.0
2	0.2	±20.0	≤10.0
	1.0	±12.0	≤6.0
	2.0	±12.0	≤6.0
5	0.5	±20.0	≤10.0
	1.0	±12.0	≤6.0
	5.0	±8.0	≤4.0

续表

标称容量(μl)	检定点(μl)	容量允许误差(%)	重复性(%)
10	1.0	±12.0	≤6.0
	5.0	±8.0	≤4.0
	10.0	±8.0	≤4.0
20	2.0	±12.0	≤6.0
	10.0	±8.0	≤4.0
	20.0	±4.0	≤2.0
25	2.0	±12.0	≤6.0
	10.0	±8.0	≤4.0
	25.0	±4.0	≤2.0
40	5.0	±8.0	≤4.0
	20.0	±4.0	≤2.0
	40.0	±3.0	≤1.5
50	5.0	±8.0	≤4.0
	25.0	±4.0	≤2.0
	50.0	±3.0	≤1.5
100	10.0	±8.0	≤4.0
	50.0	±3.0	≤1.5
	100.0	±2.0	≤1.0
200	20.0	±4.0	≤2.0
	100.0	±2.0	≤1.0
	200.0	±1.5	≤1.0
250	25.0	±4.0	≤2.0
	125.0	±2.0	≤1.0
	250.0	±1.5	≤1.0
300	50.0	±3.0	≤10.0
	150.0	±2.0	≤1.5
	300.0	±1.5	≤1.0
1000	100.0	±2.0	≤1.0
	500.0	±1.0	≤0.5
	1000.0	±1.0	≤0.5
2500	250.0	±1.5	≤1.0
	1250.0	±1.0	≤0.5
	2500.0	±0.5	≤0.2
5000	500.0	±1.0	≤0.5
	2500.0	±0.5	≤0.2
	5000.0	±0.6	≤0.2
10 000	1000.0	±1.0	≤0.5
	5000.0	±0.6	≤0.2
	10 000.0	±0.6	≤0.2

（二）通用技术要求

1. 外观要求　移液器上应标有产品名称、生产厂家名称或商标、标称容量、型号规格和出厂编号；移液器塑料件外壳表面应平整光滑，不得出现明显的缩痕、废边、裂纹、气泡、变形等现象；金属件表面镀层应无脱落、锈蚀和起层。

2. 移液操作杆　移液器操作杆上、下移动时应灵活，分档界限明显，正确使用时不得出现卡住现象。

3. 调节器　可调式微量移液器的容量调节指示部分在可调节范围内转动要灵活，数字指示要正确、清晰和完整。

4. 密合性　移液器在使用或校准前应做密合性检查（可减小量值误差）：在 0.04MPa 的压力条件下，5 秒内不得出现漏气现象。

5. 吸头　吸头应采用聚丙烯或性能相似的材料，内壁应光滑，排液后不允许有明显的液体遗留；吸头不能弯曲；不同规格型号的移液器应使用配套的吸头。

（三）微量移液器的检测

1. 气密性检测

（1）目视法：将吸取液体后的移液器垂直静置 15 秒，观察吸头是否有液体缓慢流出，若无液体流出，说明气密性好；若有流出，则说明有漏气现象。

（2）压力泵法：使用专用的压力泵，若出现漏气，则可能原因为吸头不匹配、吸头未装紧或移液器内部气密性不好等。

2. 准确性检测

（1）分光光度法：将移液器调至目标体积，然后移取已知的标准染料溶液，加入到一定体积的蒸馏水中，测定溶液的稀释度（334nm 或 340nm），重复操作几次后求均值来判断移液器的准确度。此法适用于量程小于 1μl 的微量移液器。

（2）称重法：通过对水称重，转换成体积来鉴定微量移液器的准确性。实验室必备条件是分析天平具有高灵敏度并定期校准、双蒸水和称量容器；水、移液器、吸头必须具有相同的温度。但是一般实验室的环境（水的温度、称量天平精确度、开放式空间等）达不到要求，偏差在所难免。若需进一步校准，必须在专业实验室或者由国家计量部门进行校准。此法适用于量程大于 1μl 的微量移液器。

（四）移液器的校准

移液器的移取体积是否准确、使用方法是否得当，长期使用后移液器弹簧变形、弹力减小、器件磨损等，均可导致移液器移取液体容量出现误差，为保证其准确性，需要定期对其进行校准并建立档案。一般在购买后进行校验一次（供应商已校验者除外），使用期间每年校验一次，在修复或调整后必须进行一次校验，最大量程在 10μl 以内的移液器校验可送有资质的单位进行。

校验前应将待校验移液器和校准介质（如工作台、天平、双蒸水等）放置于相同操作间至少 4 小时，以确保温度相同，水温变化恒定在±0.5℃。校验应在无通风的房间进行，环境温度在 20～25℃，相对湿度在 55%～75%。一般实验室由于其自身条件限制所进行的常规检测并不能完全取代专业的校准工作。现在一些大型的移液器制造商均采用全球统一的移液器标准操作规范，利用专业软件校正系统，通过计算机对分析天平进行在线控制，测量、数据采集、计算、结果评价等环节由软件控制完成，所有人为操作都被计算机记录随报告打印出来，采用电脑对数据进行评估认证，从而完全排除人为操作所造成的误差。

四、移液器的使用方法及其注意事项

移液器的准确量取是临床常规实验和科研实验结果可靠的基本保证，因此正确的使用方法显得尤为重要。

（一）使用方法

1. 选择合适的移液器　移取标准溶液（如水、缓冲液、稀释的盐溶液和酸碱溶液）时多使用空气置换移液器，移取具有高挥发性、高黏稠度以及密度大于2.0g/cm^{3}的液体或者在临床聚合酶链反应（PCR）测定中的加样时使用正向置换移液器。移取的液体体积必须在所选择的移液器特定量程范围内并接近其最大量程，以保证量取液体的准确性。如移取15μl的液体，最好选择最大量程为20μl的移液器，选择50μl及其以上量程的移液器都不够准确。

2. 设定移液体积　调节移液器的移液体积控制旋钮进行移液量的设定。逆时针方向转动旋钮为增加移液量，顺时针方向转动旋钮为减少移液量。调节移液量时，应视体积大小而定调节方法。从大体积调为小体积时逆时针旋转旋钮即可；从小体积调为大体积时，可先顺时针旋转刻度至超过设定体积的刻度，再回调至设定体积，以保证移取的最佳精确度。

3. 装配吸头　应选择与移液器量程相匹配的吸头（Tip头），不同类型的移液器装配吸头时可不同。使用单通道移液器时，将可调式移液器的嘴锥对准吸头管口，轻轻用力垂直下压使之装紧。使用多通道移液器时，将移液器的第一排对准第一个管嘴，倾斜插入，前后稍微摇动拧紧。吸头插入后略超过O-形环，并可以看到连接部分形成清晰的密封圈即可。

4. 移液　移液之前，首先保证移液器、吸头和待移取液体处于同一温度；然后用待移取液体润洗吸头1~2次，尤其是黏稠的液体或密度与水不同的液体。用可调式移液器移液时应垂直握住移液器，按下或松开移液操作杆时必须循序渐进，决不允许让操作杆急速弹回。移取液体时，将吸头尖端垂直浸入液面以下2~3mm深度（严禁将吸头全部插入溶液中），缓慢均匀地松开操作杆，待吸头吸入溶液后静置2~3秒，并斜贴在容器壁上淌走吸头外壁多余的液体。

目前移取液体有两种方法：①前进移液法：按下移液操作杆至第一停点位置，然后缓慢松开按钮回原点；接着将移液操作杆按至第一停点位置排出液体，稍停片刻继续将移液操作杆按至第二停点位置排出残余液体，最后缓慢松开移液操作杆。②反向移液法：其原理是先吸入多余设置体积的液体，移取时不用吹出残余的液体。具体操作时先按下按钮至第二停点位置，慢慢松开移液操作杆回原点，排出液体时将移液操作杆按至第一停点位置排出设置好体积的液体，继续保持按住移液操作杆位于第一停点位置取下有残留液体的吸头而弃之。反向移液法一般用于移取黏稠液体、生物活性液体、易起泡液体或极微量液体。

5. 移液器的放置　使用移液器完毕后，用大拇指按住吸头推杆向下压，安全退出吸头后将其容量调到标识的最大值，然后将移液器悬挂在专用的移液器架上；长期不用时应置于专用盒内。

（二）注意事项

1. 在调节移液器的过程中，转动旋钮不可太快，也不能超出其最大或最小量程，否则易导致计量不准确，并且易卡住内部机械装置而损坏移液器。

2. 在装配吸头的过程中，用移液器反复强烈撞击吸头反而会拧不紧，长期如此操作，会导致移液器中的零部件松散，严重时会导致调节刻度的旋钮卡住。

3. 当移液器吸头里有液体时，切勿将移液器水平放置或倒置，以免液体倒流而腐蚀活塞弹簧。

4. 对移液器进行高温消毒时，应首先查阅所使用的移液器是否适合高温消毒后再进行处理。

五、移液器的维护与常见故障处理

移液器使用方便、准确性高，为使其性能（准确度和精确度）保持最佳，应根据使用情况进行定期维护，特别在移取腐蚀性溶液后，应对移液器进行清洁。操作人员对于一些常见的故障应熟悉其原因并掌握一定的处理方法，可有效地延长移液器的使用寿命。

（一）移液器的维护

移液器应根据使用频率进行定期维护，但至少每隔3个月维护一次，检查移液器是否有灰尘和污物，尤其注意其嘴锥部位。长期维护时需要清洁移液器内部，必须由经培训合格的人员拆卸。

1. 移液器的清洁　包括内部和外部的清洁：内部的清洁需要先拆卸移液器下半部分，拆卸下来的部件用肥皂水、洗洁精或60%异丙醇来擦洗，再用双蒸水冲洗，晾干，再在活塞表面用棉签涂上一层薄薄的起润滑作用的硅树脂；密封圈一般无需清洗。外部的清洁方法除了不需要拆卸之外，其他的与内部清洁方法一样。

2. 移液器的消毒　常规高温高压灭菌处理：先将移液器内、外部件清洁干净，再用灭菌袋、锡纸或牛皮纸等包装灭菌部件或整支移液器，121℃、100kPa，灭菌20分钟，整支移液器消毒前应将中心连接处旋转松懈一圈，保证蒸汽可在消毒过程中进入移液器内部；消毒后置室温下完全晾干，给活塞涂上一层薄薄硅树脂后进行组装，整支移液器在完全冷却后再重新旋紧中心连接处。紫外线照射灭菌：移液器整支或其零部件均可暴露于紫外线照射进行表面消毒。

3. 移液器上污染核酸的去除　有些移液器配有专门的清洗液用来清除移液器上残留的核酸，将移液器下半部分拆卸下来的内、外套筒，在95℃清洗液中浸泡30分钟，再用双蒸水将套筒冲洗干净，60℃下烘干或完全晾干，最后在活塞表面涂上润滑剂（硅树脂）并将部件组装。

（二）移取不同性质液体的移液器操作要求与保养方法

为确保液体移取的准确性和精密性，应根据具体使用情况采用相应的清洗及保养方法（表2-2）。

表2-2　移取不同性质液体的清洗和保养方法

液体性质	操作要求	清洗和保养方法
水溶液、缓冲液	用蒸馏水校准移液器	打开移液器，用双蒸水冲洗污染部分后可在干燥箱中干燥，温度应低于60℃，活塞上涂抹少量润滑油
无机酸、无机碱	对于经常移取高浓度酸或碱溶液的移液器，建议定期用双蒸水清洗移液器的下半支，并推荐使用带有滤芯的移液器	移液器使用的塑料材料和陶制活塞大都是耐酸耐碱材质（氢氟酸除外），但酸或碱液的蒸气可能会进入移液器的下部，影响其性能，清洗和保养方法同“水溶液”部分
具有潜在传染性的液体	为了避免污染，应使用正向置换方法移取，或使用带滤芯的移液器	对污染部分进行121℃、20分钟高压灭菌，或将移液器下支浸入实验室常规消毒剂中，随后用双蒸水清洗，用“水溶液”部分的方法进行干燥
细胞培养物	为保证无菌，应使用带滤芯的移液器	参照“具有潜在传染性的液体”的清洁和保养方法
有机溶剂	密度与水不同，需调节移液器；由于蒸气压高和湿润行为的变化，应快速移液；移液结束后，拆开移液器，让液体挥发	通常对于蒸气压高的液体，任其自然挥发的过程就足够了；或将下支浸入消毒剂中（确保浸入液面不要超过密封圈弹簧位置，以免受到液体腐蚀），用双蒸水清洗并用“水溶液”部分的干燥方法将其干燥
放射性溶液	同“具有潜在传染性的液体”部分	拆开移液器，将污染部分浸入复合液或专用的清洁液后用双蒸水清洗，并用“水溶液”部分的干燥方法将其干燥

续表

液体性质	操作要求	清洗和保养方法
核酸	同"具有潜在传染性的液体"部分	核酸：在氨基乙酸/盐酸缓冲液（pH 2.0）中煮沸10分钟后用双蒸水清洗干净，并用"水溶液"部分的干燥方法将其干燥，同时给活塞涂抹少量润滑油
蛋白质溶液	同"具有潜在传染性的液体"部分	拆开移液器，用去污剂清洗，清洗和干燥方法

（三）移液器常见故障及其处理

移液器的使用频率较高，操作人员在进行具体的实验分析时，除了应掌握移液器的正确使用方法及其一些操作细节之外，还应熟悉其常见的故障及其应对办法（表2-3）。如果是常规不能解决的问题，则应找专业维修人员维修。

表2-3　移液器的常见故障及其应对办法

故障现象	故障原因	应对办法
吸头内壁挂液	a. 塑料内壁的不均匀浸润	a. 更换新吸头
	b. 吸头浸润性不好	b. 使用与移液器匹配的原产吸头
移液性能规格超出给定范围	a. 吸头不匹配	a. 使用原厂吸头测试
	b. 非标准测试条件或校准改变	b. 根据ISO 8665标准进行测试，必要时再校正
	c. 移液器未定期保养	c. 进行常规维护并再测试
	d. 安全圆锥过滤器污染	d. 更换安全圆锥过滤器
移液器渗漏	a. 使用不合适的吸头	a. 使用原厂的吸头
	b. 吸头安装不正确	b. 稳妥安装新吸头
	c. 嘴锥污染或磨损	c. 清洗或更换嘴锥
	d. 活塞密封润滑剂不足或磨损	d. 清洗并给垫圈重上润滑油或更换垫圈
	e. 仪器损坏	e. 进行维修
操作按钮卡住或无法固定	a. 液体已经通过吸头并在移液器内边干燥	a. 清洗活塞/密封处和嘴锥处并上油
	b. 安全圆锥过滤器污染	b. 更换安全圆锥过滤器
	c. 润滑剂不足	c. 上润滑剂
移液器阻塞，吸液量太少	液体渗进移液器并已干燥	清洗并润滑活塞和嘴锥
吸头推出卡住或无法固定	嘴锥或止推环污染	清洗嘴锥和止推环

（蔡群芳）

第二节　离　心　机

离心机（centrifuge）是利用离心力，分离液体与固体颗粒或液体与液体的混合物中各组分的

仪器。离心机是生命科学研究的基本设备，在生命科学，特别是生物化学和分子生物学研究领域，随着分子生物学研究对分离设备日益增多的需要而有了很大的发展(图2-3)。在引入了微处理器控制系统后，各种转速级别的离心机已经可以分离纯化目前已知的各种生物体组分(细胞、亚细胞器、病毒、激素、生物大分子等)及化学反应后的沉淀物等。

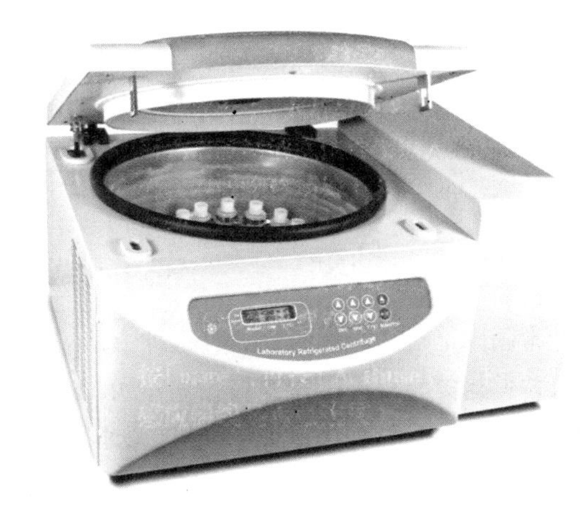

图2-3　离心机外观图

一、离心机的工作原理

当悬浮液静置不动时，由于重力场的作用可使得其中悬浮的颗粒逐渐下沉，下沉的速度与微粒的大小、形态、密度、重力场的强度及液体的黏度有关。如红细胞颗粒，直径为数微米，可以在通常重力作用下观察到它们的沉降过程。

颗粒做切线运动时由于介质的摩擦阻力，使其在离心管中依图2-4中虚线所示的曲线运动(介质的阻力越大，颗粒的沉降速度越小、沉降的距离也越短)。旋转速度越大，颗粒的沉降也就越快。这些颗粒包含细胞器、生物大分子等。颗粒的沉降速度取决于离心机的转速、颗粒的质量、大小和密度。离心机就是利用离心机转子高速旋转产生的强大的离心力，迫使液体中微粒克服扩散加快沉降速度，把样品中具有不同沉降系数和浮力密度的物质分离开(图2-5)。

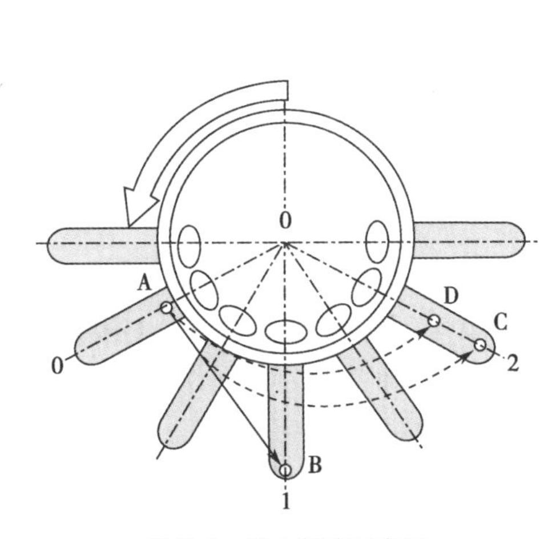

图2-4　离心沉降示意图

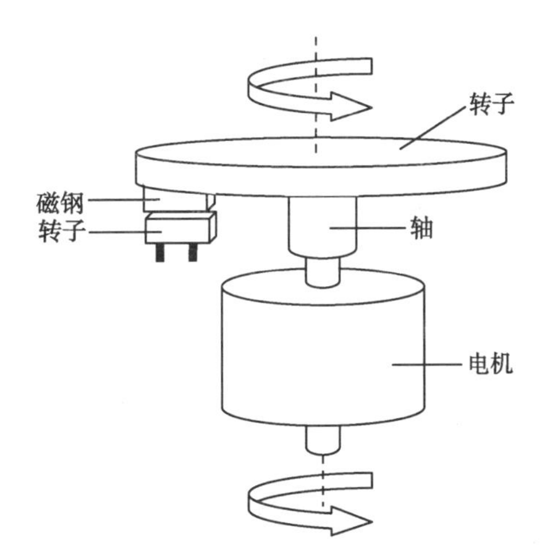

图2-5　离心机运转示意图

1. 相对离心力(relative centrifugal force，RCF)　相对离心力是指在离心力场中，作用于颗粒的离心力相当于地球重力的倍数，单位是重力加速度“g”。由于各种离心机转子的半径或离心管至旋转轴中心的距离不同，离心力也不同，因此在文献中常用“相对离心力”或“数字×g”表示离心力，例如26 000×g，表示相对离心力为26 000。只要RCF值不变，一个样品可以在不同的离心机上获得相同的结果。一般情况下，低速离心时相对离心力常以转速“r/min”来表示，高速离心时则以“g”表示。

$$RCF=1.118\times10^{-5}n^2r$$

式中r为离心转子的半径距离，以cm为单位；n为转子每分钟的转数(r/min)。

2. 沉降速度　指在强大离心力作用下，单位时间内物质运动的距离。

3. 沉降时间　在离心机的某一转速下把溶液中某一种溶质全部沉降分离出来所需的时间即沉降时间。

4. 沉降系数　颗粒在单位离心力场作用下的沉降速度，其单位为秒。沉降系数与样品颗粒的分子量、分子密度、组成、形状等有关，样品颗粒的质量或密度越大，它所表现出的沉降系数也越大。

二、离心机的分类

通常国际上对离心机的分类有三种方法：按转速可分为低速、高速、超速等离心机（临床上习惯以转速对离心机进行分类）；按用途可分为制备型和制备分析两用型；按结构可分为台式、多管微量式、细胞涂片式、血液洗涤式、高速冷冻式、大容量低速冷冻式、台式低速自动平衡离心机等。另外，国外还有三联式（五联式）高速冷冻离心机，用于连续离心。

1. 低速离心机　是临床实验室常规使用的一类离心机。其最大转速在10 000r/min以内，相对离心力在15 000×g以内，容量为几十毫升至几升，分离形式是固液沉降分离。主要用作血浆、血清的分离及脑脊液、胸腹水、尿液等有形成分的分离。

2. 高速离心机　最大转速为20 000～25 000r/min，最大相对离心力为89 000×g，最大容量可达3L，分离形式是固液沉降分离。由转动装置、速度控制装置、调速器、定时器、离心套管等部件构成。主要用于临床实验室分子生物学中的DNA、RNA的分离和基础实验室对各种生物细胞、无机物溶液、悬浮液及胶体溶液的分离、浓缩、提纯样品等。可进行微生物菌体、细胞碎片、大细胞器、硫酸铵沉淀和免疫沉淀物等的分离纯化工作，但不能有效地沉降病毒、小细胞器（如核糖体）或单个分子。此外，还装设了冷冻装置，以防止高速离心过程中温度升高而使酶等生物分子变性失活，因此又称高速冷冻离心机。

3. 超速离心机　转速可达50 000～80 000r/min，相对离心力最大可达510 000×g，离心容量由几十毫升至2L。分离形式是差速沉降分离和密度梯度区带分离，离心管平衡允许的误差要小于0.1g。为了防止样品液溅出，附有离心管帽；为了防止温度升高，装有冷冻装置。超速离心机的出现，使生物科学的研究领域有了新的扩展，它能使过去仅仅在电子显微镜观察到的亚细胞器得到分级分离，还可以分离病毒、核酸、蛋白质和多糖等。

制备型超速离心机主要用于生物大分子、细胞器和病毒等的分离纯化，能使亚细胞器分级分离，并可用于测定蛋白质及核酸的分子量。分析型超速离心机装有光学系统，可拍照、测量、数字输出、打印自动显示系统等，可以通过光学系统对测试样品的沉降过程及纯度进行观察。

随着科学技术的不断发展，离心机技术日益创新。离心技术与临床实验室相接轨，由以往广泛型逐渐走向专业性很强的单一型专用离心机，如免疫血液离心机、微量毛细管离心机、尿沉渣分离离心机、细胞涂片离心机等。

三、离心机的基本结构

离心机的结构主要由转动装置、速度控制器、调速装置、定时器、离心套管、温度控制与制冷系统、安全保护装置、真空系统等部件组成（图2-6）。

1. 转动装置　离心机的转动装置主要由电动机、转头轴、转头以及它们之间连接的部分构成。其中，电动机是离心机的主件，多为串激式。

2. 速度控制器　是由标准电压、速度调节器、电流调节器、功率放大器、电动机、速度传感器等部分构成。通常采用的速度传感器有测速发电机传感器，光电速度传感器、电磁速度传感器等。

3. 调速装置　调速装置（用于电动机）有多种。如多抽头变阻器、瓷盘可变电阻器等多种形式。在电源与电动机之间串联一只多抽头扼流圈或瓷盘可变电阻器，改变电动机的电流和电

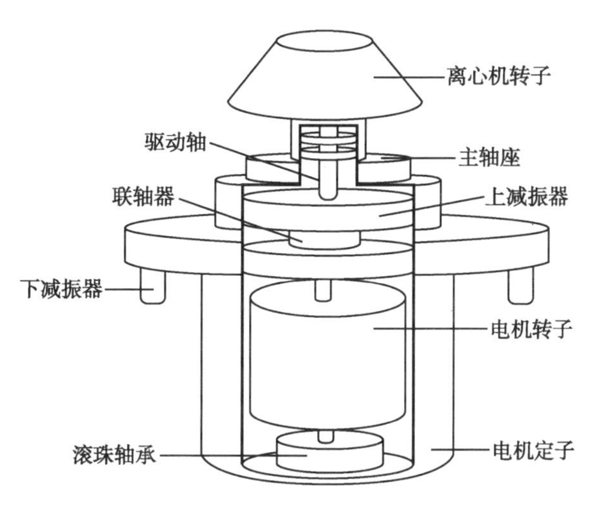

图 2-6　离心机驱动系统结构图

压,通过旋转或触摸面板自动控制系统,达到转速调节。

4. 离心套管　离心套管主要由塑料和不锈钢制成。塑料离心管透明(或半透明),常用性能较好的材料,如聚丙烯(PP)。其硬度小,可用穿刺法取出梯度层,但易变形,抗有机溶剂腐蚀性差,使用寿命短。塑料离心管都有管盖,离心前必须严格盖严,倒置不漏液。不锈钢离心管强度大,不变形,能抗热、抗冻、抗化学腐蚀。

5. 温度控制与制冷系统　一般高速(超速)离心机都配有温度控制与制冷系统。温度控制是在转头室装置一热电偶或由安装在转头下面的红外线射量感受器直接并连续监测离心腔的温度。制冷系统由压缩机、冷凝器、毛细管和蒸发器四个部分组成。为了降低噪声,冷凝器通常采用水冷却系统。用接触式热敏电阻作为控温仪的感温元件,在测量仪表上可选择温度和读出其温度控制值。

6. 安全保护装置　一般高速(超速)离心机都配有安全保护装置,通常包括主电源过电流保护装置、驱动回路超速保护、冷冻机超负荷保护和操作安全保护四个部分。

7. 真空系统　超速离心机的转速很高,当转速超过 4×10^4r/min 时,空气摩擦产生的高热就成了严重问题。因此,在超速离心机工作时,将离心腔密封并抽成真空,以克服空气的摩擦阻力,保证离心机达到所需要的转速。

四、离心机的主要技术参数

离心机的主要技术参数有最大转速、最大离心力、最大容量、调速范围、温度控制范围、工作电压、电源功率等。其中,最大转速为离心转头可达到的最大转速,单位为 r/min;最大离心力为离心机可产生的最大相对离心力场 RCF,单位是 g;最大容量离心机一次可分离样品的最大体积,通常表示为 m×n,m 为一次可容纳的最多离心管数,n 为一个离心管可容纳分离样品的最大体积,单位是 ml;调速范围为离心机转头转速可调整的范围;温度控制范围为离心机工作时可控制的样品温度范围;工作电压为一般指离心机电极工作所需的电压;电源功率为通常指离心机电机的额定功率。

五、常用的离心方法

根据分离样品的要求,可采用不同的离心方法。常用的离心方法大致可分为差速离心法、密度梯度离心法、分析型超速离心法三类。

(一) 差速离心法

差速离心法(differential velocity centrifugation method)是利用不同的粒子在离心力场中沉降的

差别，在同一离心条件下，通过不断增加相对离心力，使一个非均匀混合液内的大小、形状不同的粒子分步沉淀的离心方法。主要用于一般及特殊样品的分离，例如分离细胞器和病毒。操作过程一般是在离心后用倾倒的办法把上清液与沉淀分开，然后将上清液加高转速离心，分离出第二部分沉淀，如此反复加高转速，逐级分离出所需要的物质。差速离心法的原理如图 2-7 所示。

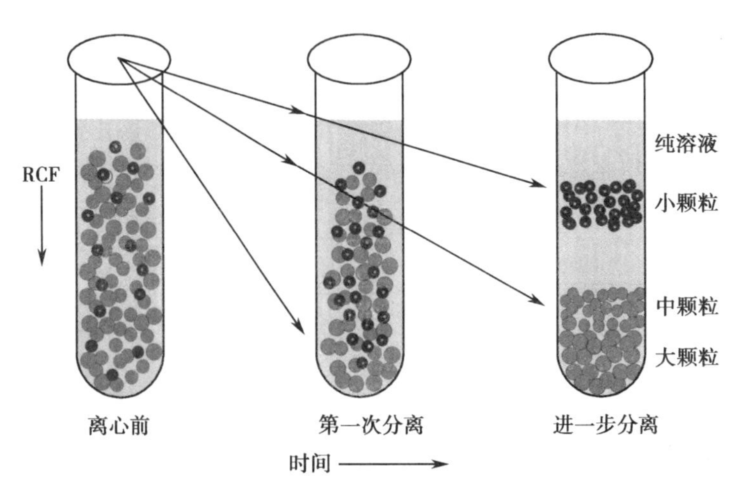

图 2-7　差速离心法示意图

对分离纯度要求较高的样品应用此法，容易造成被分离物的大量丢失，变性以及造成污染，尤其是对于一些沉降系数相差不太大的组分要获得完全的分离提纯比较困难，所以该离心方法常用于要求不严格样本的初步分离和大批量标本的处理，例如分离已破碎的细胞各组分等。

该方法的优点是操作方法简单，离心后用倾倒法即可将上清液与沉淀分开；可使用容量较大的角式转子；分离时间短、重复性高；样品处理量大。缺点则有分辨率有限、分离效果差，不能一次得到纯颗粒，另外，壁效应严重，容易使颗粒变形、聚集而失活。

（二）密度梯度离心法

密度梯度离心法（isodensity centrifugation method）又称为区带离心法。样品在一定惰性梯度介质中进行离心沉淀或沉降平衡，在一定离心力作用下把颗粒分配到梯度液中某些特定位置上，形成不同区带的分离方法。按不同的离心分离的原理又可分为速率区带离心法和等密度区带离心法。

1. 速率区带离心法　速率区带离心法是根据被分离的粒子在梯度液中沉降速度的不同，离心后分别处于不同的密度梯度层内形成几条分开的样品区带，达到彼此分离的目的。梯度液在离心过程中以及离心完毕后，取样时起着支持介质和稳定剂的作用，避免因机械振动而引起已分层的粒子再混合，常用的梯度液有 Ficoll、Percoll 及蔗糖。如临床实验室常用 Percoll 作分离溶液，用于静脉血中单个核细胞的分离。

此离心法须严格控制离心时间，使得既能使各种粒子在介质梯度中形成区带，又要把时间控制在任一粒子达到沉淀前。若离心时间过长，所有的样品全部都到达离心管底部；若离心时间不足，则样品还没有分离。此法是一种不完全的沉降，沉降受物质本身大小的影响较大，因此一般是在物质大小相异而密度相同的情况下应用。速率区带离心见图 2-8。

2. 等密度区带离心法　当不同颗粒存在浮力密度差时，在离心力场中，颗粒或向下沉降，或向上浮起，一直沿梯度移动到它们密度恰好相等的位置上（即等密度点）形成区带，故称为等密度区带离心法。

颗粒的有效分离取决于其浮力密度差，与颗粒的大小和形状无关，但后两者决定着达到平衡的速率、时间和区带的宽度。颗粒的浮力密度与其原来的密度、水化程度及梯度溶质的通透性或溶质与颗粒的结合等因素有关。因此，要求介质梯度应有一定的陡度，要有足够的离心时间形成梯度颗粒的再分配，进一步离心也不会有影响。

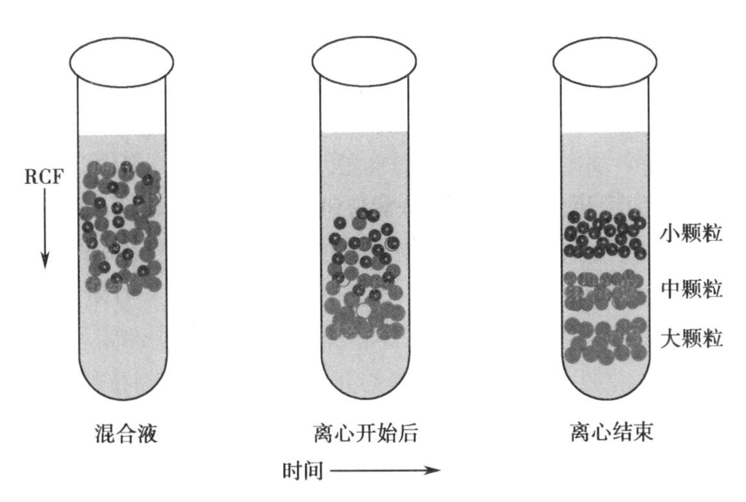

图 2-8　速率区带离心示意图

操作中，一般是将被分离样品均匀分布于梯度液中，离心后，粒子会移至与它本身密度相同的地方形成区带，收集好所需区带即为纯化的组分。由于其梯度形成需要梯度液的沉降与扩散相平衡，需经长时间离心后方可形成稳定的梯度，所以等密度离心法主要用于科研及实验室特殊样品组分的分离和纯化（图 2-9）。

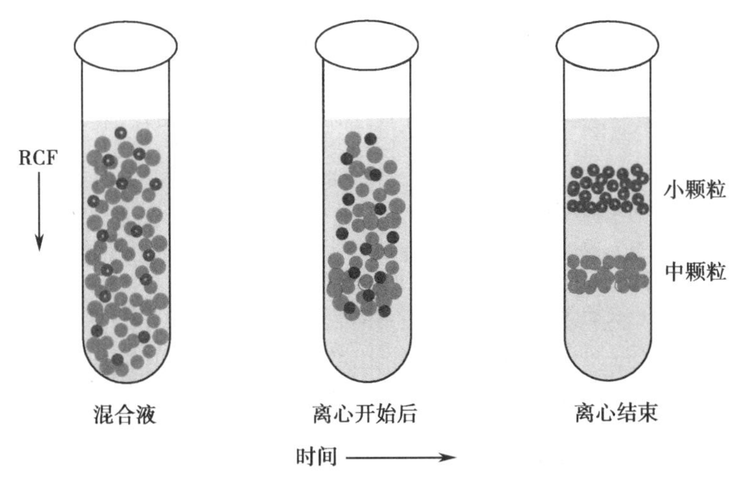

图 2-9　等密度区带离心示意图

（三）分析型超速离心法

分析型超速离心法主要是为了研究生物大分子的沉降特性和结构，而不是专门收集某一特定组分。因此它使用了特殊的转子和检测手段，以便连续监测物质在一个离心场中的沉降过程。这相应的离心机称为分析型超速离心机。分析型超速离心机主要由一个椭圆形的转子、一套真空系统和一套光学系统所组成。该转子通过一个柔性的轴连接成一个高速的驱动装置，此轴可使转子在旋转时形成自己的轴。转子在一个冷冻的真空腔中旋转，其容纳了两个小室：分析室和配衡室。配衡室是一个经过精密加工的金属块，作为分析室的平衡用。

六、离心机的使用、维护与常见故障处理

（一）离心机的使用

离心机因其转速高，产生的离心力大，使用不当或缺乏定期的检修和保养，都可能发生严重事故，因此使用时必须严格遵守操作规程。首先，打开电源开关，离心机自检后，开启门盖，选用合适的转头，平衡离心管和其内容物，并对称放置，以便使负载均匀地分布在转头的周围。然

后，设定好转速、时间等参数后，按下启动按钮开始离心。离心过程中应随时观察离心机上的仪表是否正常工作，如有异常应立即停机检查，及时排除故障。未找出原因前不得继续运转。离心结束后，开启门盖，取出离心管后，关闭电源开关。

1. 离心方法的选择　通常，对颗粒的质量和密度与溶液相差较大的分离样品，只要选择合适的离心转速和离心时间，就能达到较好的分离效果。对存在两种以上质量和密度不同的样品颗粒，则可采用差速离心法。差速离心方法常针对不同的离心速度和离心时间要求，使沉降速度不同的样品颗粒按批次分离。

2. 离心参数的设置　分离的效果除了与离心机种类、离心方法、离心介质及密度梯度等因素有关以外，离心机转速和离心时间的确定、离心介质的 pH 和温度等条件也至关重要。

（二）离心机的维护与保养

1. 日维护与保养　检查转子锁定螺栓是否松动；用温水（55℃左右）及中性洗涤剂清洗转子，用蒸馏水冲洗，软布擦干后用电吹风吹干、上蜡、干燥保存。

2. 月维护与保养　用温水及中性洗涤剂清洁转子、离心机内腔等；使用 70% 酒精消毒液对转子进行消毒。

3. 年度维护与保养　与当地经销商联系检查离心机马达、转子、门盖、腔室、速度表、定时器、速度控制系统等部件，保证各部位的正常运转。

（三）离心机的常见故障处理

离心机的常见故障及简易处理方法见表 2-4。

表 2-4　离心机常见故障及处理

常见故障	故障原因	简易处理方法
电机不转	1. 主电源指示灯不亮　保险丝熔断，或电源线、插头插座接触不良 2. 主电源指示灯亮而电机不能启动 （1）波段开关、瓷盘变阻器损坏或其连接线断脱 （2）磁场线圈的连接线断脱或线圈内部短路	1. 重新接线或更换插头插座 2. 更换损坏元件或重新焊接线
电机达不到额定转速	1. 轴承损坏或转动受阻，轴承内缺油或轴承内有污垢引起摩擦阻力增大 2. 整流子表面有一层氧化物，甚至烧成凹凸不平或电刷与整流子外沿不吻合使转速下降 3. 用万用表检查转子线圈中有某匝线圈短路或断路	1. 清洗及加润滑油，或更换轴承 2. 清理整流子及电刷，使其接触良好，或者更换 3. 重新绕制线圈
转头的损坏	转头可因金属疲劳、超速、过应力、化学腐蚀、选择不当、使用中转头不平衡及温度失控等原因而导致离心管破裂，样品渗漏转头损坏	正确选用合适的离心管和离心转头，在转头的安全系数及保证期内使用
冷冻机不能启动及制冷效果差	1. 电源不通，保险丝熔断，或电源线、插头插座接触不良 2. 电压过低，安全装置动作使冷冻机不能启动。可能是电网电压低，或配电板配线过多 3. 通风性能不好，散热器效果差，或散热器盖满灰尘，影响制冷效果	1. 重新接线，或更换插头插座 2. 恢复电网电压，或减少配电板的配线 3. 改善散热器的通风，或清理
机体震动剧烈、响声异常	1. 离心管重量不平衡，放置不对称 2. 转头孔内有异物，负荷不平衡 3. 转轴上端固定螺帽松动，转轴摩擦或弯曲	1. 正确操作 2. 清除孔内异物 3. 拧紧转轴上端螺帽，或更换转轴

（董　立）

第三节　电　泳　仪

电泳(electrophoresis)是指带电荷的溶质或粒子在电场中向着与其本身所带电荷相反的电极方向移动的现象。利用电泳现象将多组分物质(如氨基酸、多肽、蛋白质、核酸等)进行分离、分析的技术叫做电泳分析技术。电泳分析技术所需要的电泳设备可分为分离系统和检测系统两大部分。可实现电泳分离技术的仪器称为电泳仪(electrophoresis meter),是现今核酸和蛋白分离实验中必不可少的设备。根据自动化程度不同可将电泳仪分为半自动电泳仪和全自动电泳仪;根据分离技术的原理可将电泳仪分为移动界面电泳仪、区带电泳仪和稳态电泳仪。电泳仪发展极其迅速,特别是近年发展起来的自动化电泳分析仪,因其高效、灵敏、快速、所需样品少、应用范围广等优点被临床、科研和教学广泛使用。

电泳技术的发展趋势

从1937年电泳技术诞生至现在,电泳技术作为一种简单、高效的分离手段,在临床检验工作中得到广泛应用,其发展与实验方法、研究对象及其应用领域的发展是密不可分的。随着电泳技术不断革新,核酸电泳、蛋白电泳、显微细胞电泳系列以及相关的凝胶成像系统等高端实验室仪器设备的国产化,电泳技术与其他分离技术(如色谱)之间的相互借鉴和融合将是一个必然的发展趋势。电泳技术必将加速医疗、生化、分子等领域的技术进步,引领我国科学技术的高速发展。

一、电泳仪的工作原理

电泳分析技术是利用待分离样品中的各种分子(如蛋白质、核酸、氨基酸、多肽、核苷酸等)都具有可电离基团,它们在某个特定的pH下可以带正电或负电,由于不同生物分子其自身带电性质、分子本身大小以及形状等差异,在电场作用下,带电分子产生不同的迁移速率,从而达到对样品进行分离、鉴定或纯化的目的(图2-10)。

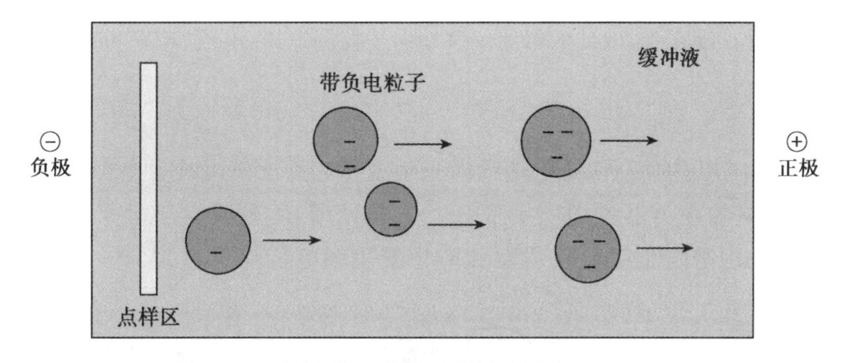

图2-10　电泳分析技术原理

电泳过程中同时发生有电解、电泳、电沉积和电渗四种作用,是一个复杂的电化学反应过程:阴极电泳涂料所含的树脂带有碱性基团,经酸中和成盐而溶于水,通直流电后,酸根离子向阳极移动,树脂离子及其包裹的颜料粒子带正电荷向阴极移动,并沉积在阴极上。

影响电泳的外界因素有电场强度、溶液pH、溶液的离子强度、离子的迁移率、电渗作用、吸附作用、焦耳热、溶液黏度、湿度、电压稳定度、支持物筛孔等。

二、电泳仪的基本结构

包括电泳仪电源、电泳槽、附加装置三个部分（图2-11）。

图2-11　电泳仪装置

（一）电泳仪电源

电源是建立电泳电场的装置，在电泳槽中产生电场，驱动带电粒子的迁移。可将电源分为稳流、稳压和稳功率电源。

电泳过程中，正负电极之间的电流由缓冲液和带电粒子来传导。因此，电泳的速率与电流大小成正比。为了获得最佳重复性，电泳时应保持电流的恒定。在要求较高的条件下，电泳仪应具有稳流功能，电流的稳定度应小于1mA。在支持介质的宽度和缓冲液选定后，电流只受控于电压。电压不稳，势必影响电流。稳压电源的精度最好控制在1%以内。电泳仪的供电电源一般为常压交流电（220V±10%、50Hz±2%），也有高压交流电（500～10 000V）。

稳压和稳流电源结合起来，组成稳压稳流的双稳电源。如果增加稳定输出电压、电流乘积的功能，就构成稳定输出功率的电源，亦组成三恒电源，使电泳结果具有良好的重复性，提高测量和计算的精确度。现在，国内外的电泳仪都趋向于控制电压、电流、功率和时间四个参数的三恒电源。

（二）电泳槽

电泳槽是样品分离的场所，是电泳仪的一个主要部件。槽内装有电极、导电槽、电泳介质支架等。电泳槽的种类很多，如常用的平卧式电泳槽、垂直式电泳槽等（图2-12）。槽上有一个盖子，其作用是防止缓冲液蒸发和防止发生触电危险。为此，有的电泳槽设有"盖

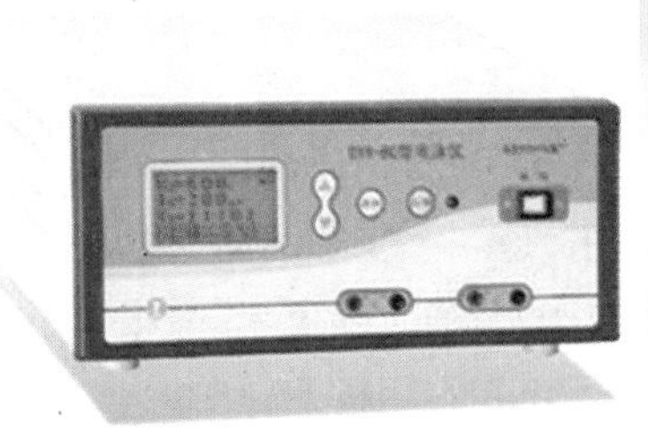

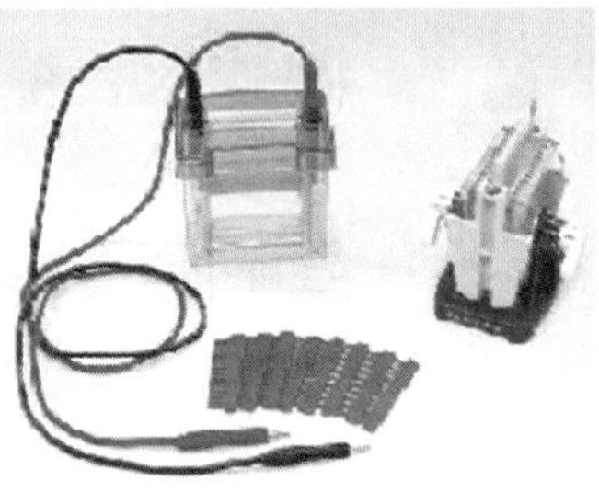

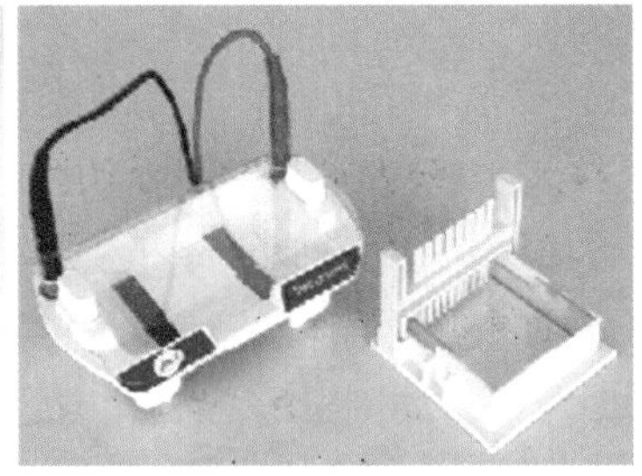

图2-12　电泳槽装置示意图

开关”，盖子一打开，电源即自动切断。电泳槽内装有两电极，电极多用耐腐蚀的金属制成细丝状，贯穿整个电泳槽的长度，其材料有不锈钢丝、镍铬合金丝和铂金丝等。其中以铂金丝性能最好。

电泳槽一般有三个导电槽，两侧各一个，分别注入电泳缓冲液，并各自连接电源的正极和负极；中间槽不用注入电泳缓冲液，而只放电泳支持介质，与两侧的两个导电槽内的缓冲液接触而工作。支持介质架于两槽之间，其两端分别进入导电槽内的缓冲液中。对支持物一般要求不溶于电泳缓冲液、不导电、无电渗、不带电荷、热传导度大、结果均一而稳定、吸液量多而稳定、不吸附蛋白质等其他电泳物质，分离后的成分易析出等。

（三）附加装置

完善的电泳仪除了电源和电泳槽之外，还有恒温循环冷却装置、凝胶烘干器、伏时积分器（电压时间积分器）、分析检测装置等附加装置。恒温循环冷却装置主要为多用电泳槽的冷却板提供循环冷却水而使电泳槽控制在一定的温度范围内；凝胶烘干器常配套多用电泳系统中；伏时积分器多用于对电泳时间的控制；分析检测装置如光密度扫描仪，可对染色后的电泳条带直接扫描，得出相对百分比等。目前，一些电泳仪可自动对不同条带的光吸收度进行分析，综合计算后得出报告结果，方便快捷、准确可靠。

三、电泳仪的主要技术指标

一般电泳仪的主要技术指标是指电泳电源的性能指标，主要有以下几项：

1. **输出电压**　直流电压范围为0～600V，有的同时给出精度。

2. **输出电流**　直流电流范围为1～1000mA，有的同时给出精度。

3. **输出功率**　直流功率范围为1～400W，有的同时给出精度。

4. **分辨率**　电压1V，电流1mA，功率1W。

5. **电压稳定度**　电泳仪输出电压的变化量与输出电压的比值，稳定度与性能成反比，即稳定度越小，性能越高；反之性能越低。

6. **电流稳定度**　电泳仪输出电流的变化量与输出电流的比值，稳定度与性能成反比，即稳定度越小，性能越高；反之性能越低。

7. **功率稳定度**　电泳仪输出功率的变化量与输出电流的比值，稳定度与性能成反比，即稳定度越小，性能越高；反之性能越低。

8. **连续工作时间**　可连续正常工作时间为0～24小时。

电泳仪工作时还应注意其他几个方面的指标：①显示方式：对工作电流、电压的显示方式，有指针式仪表和数字式显示两种；②定时方式：电泳时间控制方式，常用电子石英钟控制，有的有预设功率值控制，当电泳功率达到预定值时即可断电；③保护措施：电源电路采用的保护方式，如过流、过压保护等，有的给出限值；④恒温温度：主要用于冷却凝胶温度，有两种形式（一种是在电泳槽中有冷却管或冷却板与外恒温系统相连，另一种是凝胶板下有半导体冷却装置），临床自动化电泳仪多采用后者。

四、电泳仪的操作流程

（一）手工操作基本步骤

目前一般实验室使用的电泳仪多为手工操作，电源部分和电泳槽部分是分离的，加样多采用手工方法。虽然不同品牌型号的电泳仪操作上有些不同，但基本步骤一致（图2-13）。

（二）自动化电泳分析仪基本步骤

临床使用较多的是自动化电泳分析仪，将手工烦琐的程序进行自动化处理，具有电脑程序化管理，快捷简便的人机对话等功能，自动化电泳仪的操作流程如图2-14所示。

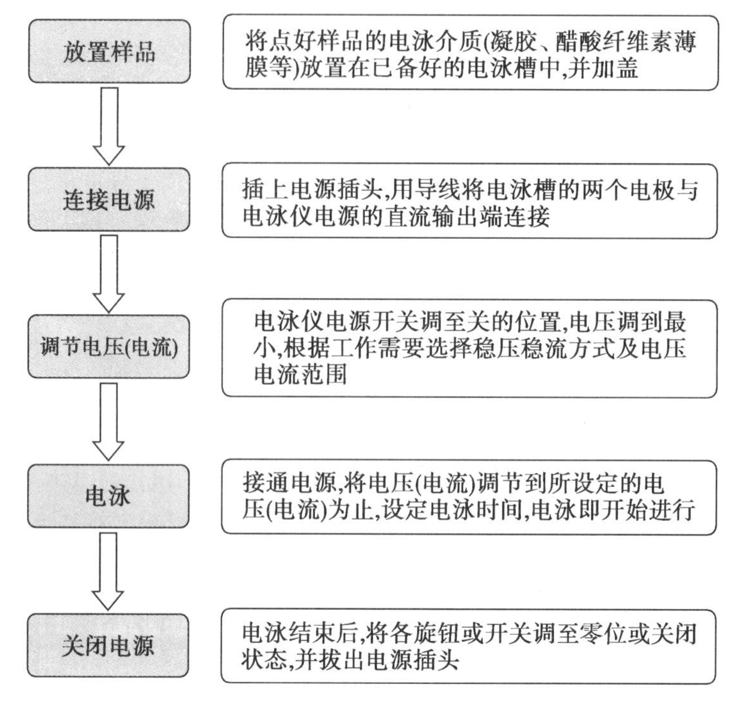

图2-13　手工操作电泳仪的工作流程图

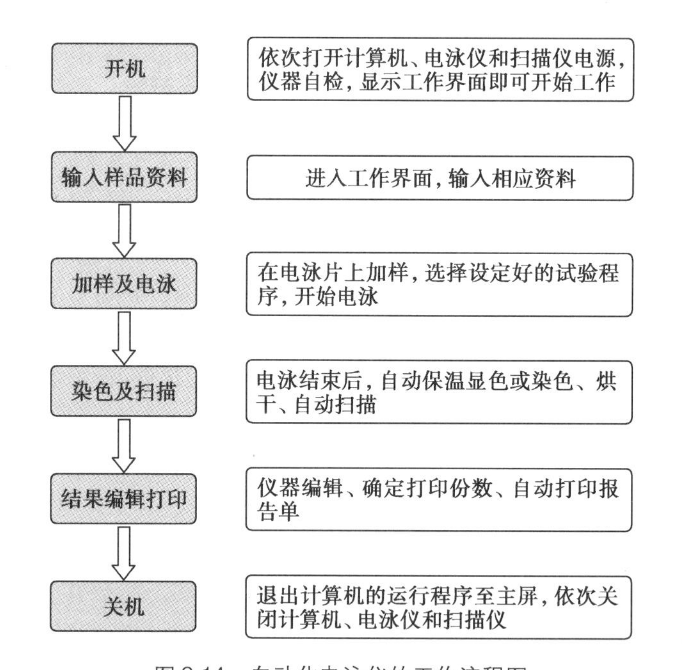

图2-14　自动化电泳仪的工作流程图

五、电泳仪的维护与常见故障处理

（一）电泳仪的维护

电泳仪在整个电泳设备中起着非常关键的作用,电泳设备的正常运行是电泳分析技术的基本保证,所以对电泳设备的日常维护显得非常重要。在平时的工作过程中应做到每日维护、每周维护、每月维护以及按需维护。每日维护的重点应当是电极的维护,电泳工作结束后,应当用干滤纸擦净电极,避免电泳缓冲液沉积于电极上或酸碱对电极的腐蚀。每月维护的重点应是扫描系统的鼻塞滤镜及光源。在日常的运行过程中应做到:①仪器使用环境应清洁,经常擦去仪器表面的尘土和污物;②不要将电泳仪放在潮湿的环境中保存;③长时间不用应关闭电源,同时

拔下电源插头并盖上防护罩。只有这样，电泳分析结果的准确度才能得以保证。

（二）电泳仪的常见故障及处理

电泳仪属于精密仪器，在操作过程中要严格遵守操作规程，但不可避免会出现各种各样的故障，若运行时出现故障报警，应立即停止电泳，先检查负载是否短路或开路，输出电压或电流的设定值，电泳实验的装置。下面以毛细管电泳仪常见故障及解决方法为例进行介绍（表2-5）。

表2-5　毛细管电泳仪的常见故障及处理

故障现象	故障原因	处理方法
转盘识别错误	灯上吸附细微灰尘	关机，用洁净棉签轻轻拭去灯表面的灰尘，仪器开机后再进行G32的测定
样品识别错误	有灰尘吸附；血清分离不好	关机，拆开仪器内透明有机玻璃，用无水乙醇擦拭加样针外壁，然后安装好，再用仪器内程序进行加样针清洗1～2次，进行C27加样针加样感应定位
仪器报警（缺少稀释杯或稀释杯位置错误）	稀释杯位置错误	观察稀释杯位置，如果没有处于正常位置，可手动将其移动到其原来位置，然后进行稀释杯感应定位
曲线不理想，显示不稳定	毛细管的长期使用出现不清洁	毛细管清洗程序进行清洗，然后按激活程序进行激活即可
电泳时出现峰丢失	未接入检测器，或检测不起作用	检查设定值
	进样温度太低	检查温度，并根据需要调整
	柱箱温度太低	检查温度，并根据需要调整
	无载气流	检查压力调节器，并检查泄漏，炎症性进品流速
仪器运行过程中突然断电	电流量不稳定或仪器内有短路现象	采用稳压措施，咨询工程师更换保险
电压达不到设定值	电阻小电流大，而电泳仪功率有限，电泳缓冲液杂质多或者电极短路	更换电泳缓冲液，检修电极

本章小结

本章介绍了以移液器、离心机、电泳仪为代表的临床检验分离技术仪器。临床常用的移液器（微量移液器）是一种专门用来量取少量或微量液体的实验室工具。工作原理包括使用空气垫加样和使用无空气垫的活塞正移动加样两种。移液量的多少由活塞在活塞套内移动的距离来确定。为确保检测结果的准确性和可靠性，应严格按照移液器的使用方法来操作。离心机是利用离心机转子高速旋转产生的强大的离心力，把样品中具有不同沉降系数和浮力密度的物质分离开的基本设备。离心机具有各种转速级别。应该正确选择和使用不同规格的离心机。电泳仪是利用带电粒子在电场中向着与其本身所带电荷相反的电极方向移动的原理来实现生物分子分离、纯化和鉴定的仪器。不同品牌型号的电泳仪操作上有所不同，但操作的程序是基本一致的。

（蔡群芳）

复　习　题

一、选择题

（一）单项选择题

1. 瑞典科学家 A. Tiselius 首先利用 U 形管建立移界电泳法的时间是

A. 1927 年　　B. 1937 年　　C. 1946 年　　D. 1948 年　　E. 1950 年

2. 电泳时支持物要求结构均一而稳定、不溶于电泳缓冲液，同时还应具备

A. 导电、不带电荷、无电渗、热传导度小
B. 不导电、不带电荷、无电渗、热传导度大
C. 导电、不带电荷、有电渗、热传导度小
D. 不导电、带电荷、有电渗、热传导度大
E. 导电、带电荷、有电渗、热传导度小

3. 相对离心力是

A. 在离心力场中，作用于颗粒的离心力相当于地球重力的倍数
B. 在离心力场中，作用于颗粒的地球重力相当于离心力的倍数
C. 在离心力场中，作用于颗粒的离心力与地球重力的乘积
D. 在离心力场中，作用于颗粒的离心力与地球重力的和
E. 在离心力场中，作用于颗粒的离心力与地球重力的差值

4. 高速离心机由于运转速度高，一般都带有

A. 自动控制装置　　B. 平衡控制装置　　C. 低温控制装置　　D. 室温控制装置　　E. 高温控制装置

5. 分析生物大分子中的构象变化采用的方法是

A. 差速离心法　　B. 分析超速离心法　　C. 沉降平衡法　　D. 速率区带离心法　　E. 等密度区带离心法

（二）多项选择题

6. 下列影响离心机相对力的因素是

A. 离心机大小　　B. 离心机有效半径　　C. 离心机转度　　D. 离心机容量　　E. 离心机负载

7. 关于离心机操作与维护，正确的有

A. 离心机转子等部件可用次氯酸钠溶液等消毒
B. 离心机转子等部件可用 70% 酒精消毒液消毒
C. 离心机长时间不使用时，应在离心室内放置吸潮剂
D. 离心机有异响时，应立即停止离心机进行检测处理
E. 离心机运行过程中，不能打开离心机盖

二、简答题

1. 简述移液器的工作原理。
2. 离心机的工作原理是什么？
3. 简述电泳分析技术的基本原理。

第三章

临床分析化学仪器

学习目标

1. 掌握：临床分析化学仪器的基本类型；各类临床分析化学仪器的工作原理。
2. 熟悉：各类临床分析化学仪器的主要结构与使用方法；仪器维护和简单故障的排除。
3. 了解：临床分析化学仪器的用途；养成爱护精密设备的良好习惯。

临床分析化学仪器主要包括紫外-可见分光光度计、原子吸收光谱仪、荧光光谱仪、气相色谱仪、高效液相色谱仪、质谱仪等。主要用于固体、气体、液体、小分子元素、放射性核素等物质的分离提纯、检定测量、结构分析等方面。随着分析化学及计算机技术的发展，临床分析化学仪器发展很快，并且具有灵敏度高、样品用量少、分析速度快等优点，从而不断提高临床检验工作的质量和速度。

第一节　紫外-可见分光光度计

紫外-可见分光光度计（ultraviolet-visible spectrophotometer）是医学检验和临床医学常用的一种分析仪器。其灵敏度高，仪器设备和操作都比较简单，分析速度快，选择性好，应用广泛。（图3-1）

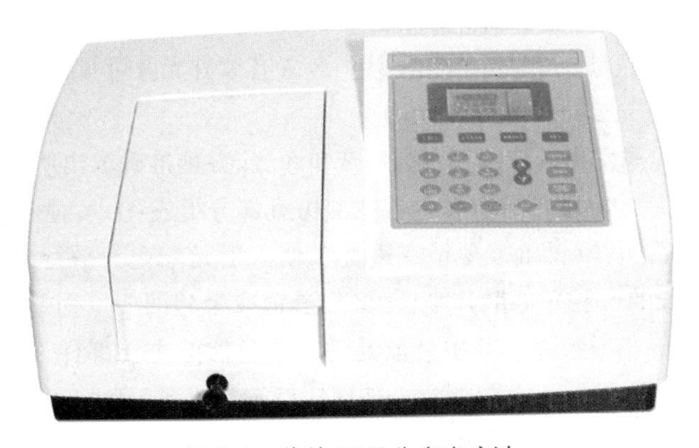

图3-1　紫外-可见分光光度计

一、紫外-可见分光光度计的工作原理

紫外-可见分光光度计的工作原理基于朗伯-比尔（Lambert-Beer）定律，由光源发出连续辐射光，经单色器按波长大小色散为单色光，单色光照射到吸收池，一部分被样品溶液吸收，即物质在一定浓度的吸光度与它的吸收介质的厚度成正比，未被吸收的光经检测器的光电管将光强度

变化为电信号变化，并经信号显示系统调制放大后，显示或打印出吸光度，完成测试。其应用波长范围为 190～1100nm。（图 3-2）

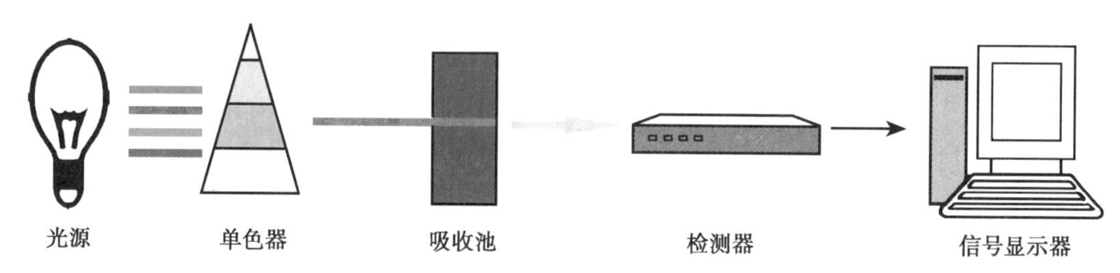

图 3-2 紫外-可见分光光度计原理及结构示意图

朗伯-比耳定律

布格（Bouguer）和朗伯（Lambert）先后在 1729 年和 1760 年阐明了物质对光的吸收程度与吸收层厚度之间的关系；比耳（beer）于 1852 年又提出光的吸收程度与吸光物质浓度之间也有类似的关系；二者结合起来就得到了朗伯-比耳定律。即当一束平行的单色光垂直通过某一均匀的、非散射的吸光物质溶液时，其吸光度（A）与溶液液层厚度（b）和浓度（c）的乘积成正比。它不仅适用于溶液，也适用于均匀的气体、固体状态，是各类光吸收的基本定律，也是各类分光光度法进行定量分析的依据。

二、紫外-可见分光光度计的基本结构

紫外-可见分光光度计的型号繁多，但它们的基本结构都相似，都是由光源、单色器、吸收池、检测器和信号显示系统五大部分组成（图 3-2）。

1. 光源 是提供符合要求的入射光的装置，有热辐射光源和气体放电光源两类。热辐射光源用于可见光区，一般为钨灯和卤钨灯，波长范围是 350～1000nm。气体放电光源用于紫外光区，一般为氢灯和氘灯，发射的连续波长范围是 180～360nm。在相同的条件下，氘灯的发射强度比氢灯约大 4 倍。通常在紫外-可见分光光度计中装置有紫外光及可见光两种光源，只需切换光源，就可以用来测定紫外光或可见光吸收光谱。

2. 单色器 是将光源发出的连续光谱分解成单色光，并能准确取出所需要的某一波长的光学装置，它是分光光度计的心脏部分。单色器主要由五部分组成：①入射狭缝，用来调节入射单色光的纯度和强度；②准直镜（凹面反射镜或透镜），使入射光束变为平行光束；③色散元件（棱镜或光栅），使不同波长的入射光色散开来；④聚焦透镜或聚焦凹面反射镜，使不同波长的光聚焦在焦面的不同位置；⑤出射狭缝。其中色散元件是单色器的主要部件，最常用的色散元件是棱镜和光栅。棱镜通常由玻璃、石英等制成。玻璃棱镜波长范围 350～2000nm，石英棱镜波长范围为 185～4000nm。紫外-可见分光光度计使用石英棱镜。棱镜单色器的色散率随波长变化，得到的光谱呈非均匀排列，传递光的效率较低；光栅单色器的分辨率在整个光谱范围内是均匀的，使用起来更为方便（图 3-3，图 3-4）。因此，现代紫外-可见分光光度计上多采用光栅单色器。

3. 吸收池 是用于盛装待测液并决定待测溶液透光液层厚度的器皿，又称比色皿。吸收池一般为长方体，规格有 0.5cm、1.0cm、2.0cm、5.0cm 等。其底及两侧为毛玻璃，另两面为光学透光面，为减少光的反射损失，吸收池的光学面必须完全垂直于光束方向。根据光学透光面的材质，吸收池有玻璃吸收池和石英吸收池两种，玻璃吸收池用于可见光光区测定，如果在紫外光区

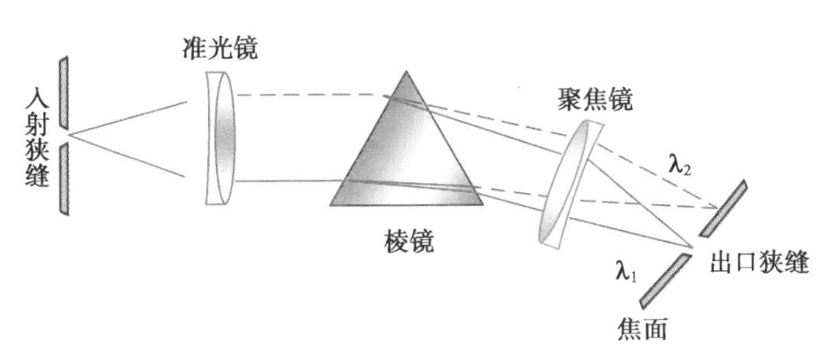

图 3-3　棱镜单色器

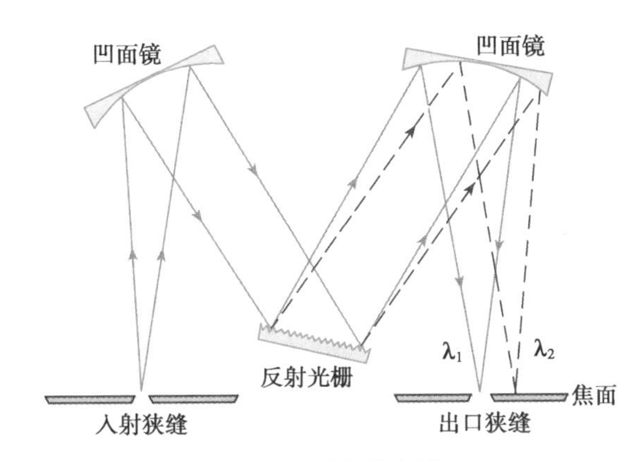

图 3-4　光栅单色器

测定,则必须使用石英吸收池。

4. 检测器　是将光信号转变为电信号的装置,测量吸光度时,并非直接测量透过吸收池的光强度,而是将光强度转换成电流信号进行测试,这种光电转换器件称为检测器,又叫接收器。常用的检测器有:①光电池:光电池有硒光电池和硅光电池,硒光电池只能用于可见光区,硅光电池能同时适用于紫外光区和可见光区,光电池价格便宜,但长时间曝光易疲劳,灵敏度也不高。②光电管:光电管是由一个丝状阳极和一个光敏阴极组成的真空(或充少量惰性气体)二极管。与光电池比较,其灵敏度高、光敏范围宽、响应速度快、不易疲劳。③光电倍增管:实际是一种加了多极倍增的光电管,灵敏度高、响应速度快,是检测微弱光最常见的光电元件。④光电二极管阵列:光电二极管阵列检测器为光学多道检测器,是在晶体硅上紧密排列一系列光电二极管,每一个二极管相当于一个单色器的出口狭缝,两个二极管中心距离的波长单位称为采样间隔,因此在二极管阵列分光光度计中,二极管数目愈多,分辨率愈高。⑤电荷耦合器件:电荷耦合器件(charge-coupled devices,CCD)是一种以电荷量表示光量大小,用耦合方式传输电荷量的新型固体多道光学检测器件。CCD 具有自动扫描、动态范围大、光谱响应范围宽、体积小、功耗低、寿命长和可靠性高等一系列优点。目前这类检测器已在光谱分析的许多领域获得了应用。

5. 信号显示器　是将检测器输出的信号放大,并显示出来的装置,信号显示器有多种,随着电子技术的发展,这些信号显示和记录系统将越来越先进,旧型的分光光度计多采用检流计、微安表作显示装置,直接读出吸光度或透光率,新型的分光光度计则多采用数字电压表等显示,并用记录仪直接绘制出吸收或投射曲线,并配有计算机数据处理器。

三、紫外-可见分光光度计的操作

紫外-可见分光光度计种类繁多,因仪器构造各有不同,所以操作步骤存在一定差异,普通紫外-可见分光光度计的操作简单,使用前只需认真阅读相应仪器操作手册即可。基本操作流程是:①开机预热;②调零设置;③测定样品;④复位关机。但是高端扫描的紫外-可见分光光度计操作步骤相对复杂,其基本操作流程如图 3-5 所示。

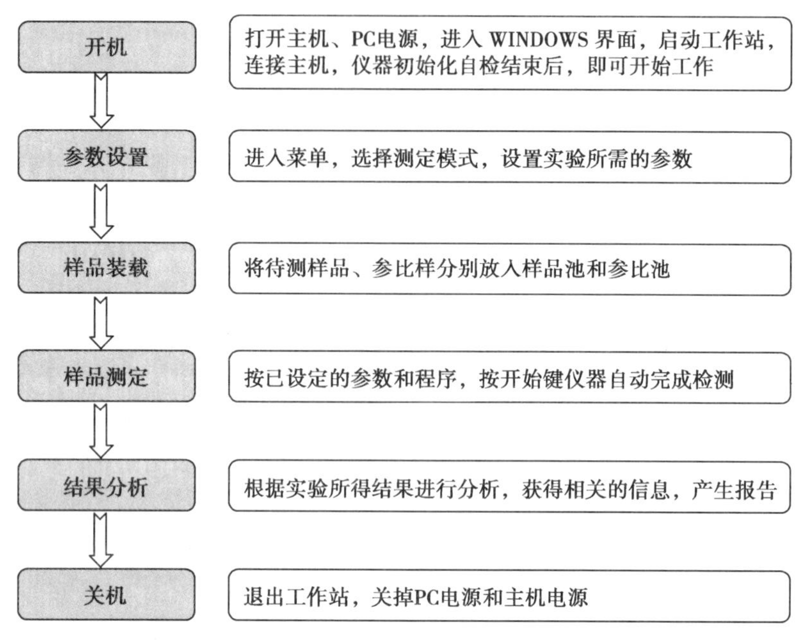

图3-5　紫外-可见分光光度计操作流程图

四、紫外-可见分光光度计的性能指标与评价

紫外-可见分光光度计是利用物质对光的选择吸收现象，进行物质定性与定量分析的仪器，其测定结果的可靠性取决于仪器的性能指标。评价紫外-可见分比光度计的性能指标主要有以下几项：

（一）波长准确度和波长重复性

波长准确度和波长重复性是分光光度计的重要技术性能指标。产生波长误差的原因主要是仪器在运输或装机过程中，波长装置中各部件与出射狭缝间相对位置发生变化；或是工作室温度、湿度变化过大，记录系统的机械零件磨损、积尘而不能正常转动，记录纸受潮变形等。引起波长重复性不好的原因与引起波长误差的原因相似。波长误差对测量结果有很大的影响，因为任何分光光度计的定性、定量分析都是依靠波长的位置及一定波长下的吸光强度来完成的。波长校正应在整个波长范围的不同区域进行，不能只在个别点进行波长校正。

（二）光度准确度

光度准确度指标准样品在最大吸收峰处测量时获得的样品吸光度与其真实吸光度之间的偏差。偏差愈小，准确度愈高。检测光度准确度的方法主要有标准溶液法和滤光片法。

（三）光度重复性

光度重复性指在同样条件下对某一试样进行多次重复测量吸光度，求得各次测量值对平均值的偏差和偏差的平均值。当测量信号小，仪器噪声明显增大时，光度重复性变差。

（四）光度线性范围

光度线性范围指仪器光度测量系统对于照射到接收器上的辐射功率与系统的测定值之间符合线性关系的功率范围，即仪器的最佳工作范围。在此范围内测得的物质的吸光系数才是一个常数，这时候仪器的光度准确度最高。由于分光光度计测得的光度数据都是一个相对值，如果一个光度系统的响应在0%～100%范围内是线性的，便可认为光度读数是正确的。

（五）单色器分辨率

单色器分辨率表示可分辨相邻两吸收带的最小波长间隔的能力。它是狭缝宽度和单色器

色散率的函数,较小的狭缝可得到较大的分辨率,但由于辐射能量减弱,使信噪比降低。因此,通常在可允许噪声水平条件下选择最小的狭缝宽度。

(六) 光谱带宽

光谱带宽指从单色器射出的单色光最大强度的1/2处的谱带宽度。它与狭缝宽度、分光元件、准直镜的焦距有关,可认为是单色器的线色散率的倒数与狭缝宽度的乘积。光谱带宽可以用测量钠灯的发射谱线如钠双线(589.0nm、589.6nm)的宽度的方法来测量。

(七) 杂散光

杂散光指所需波长单色光以外其余所有的光,是测量过程中主要误差来源,会严重影响检测准确度。测定杂散光一般采用截止滤光器,截止滤光器对边缘波长或某一波长的光可全部吸收,而对其他波长的光却有很高的透光率,因此测定某种截止滤光器在边缘波长或某一波长的透光率,即可表示杂散光的强度。

(八) 噪声

噪声是叠加在待测量分析信号中不需要的信号。它的存在实际上限制了光度测量的灵敏度和准确度。因此信噪比(S/N)是一项非常重要的参数。当狭缝宽度和扫描速度一定时,扫描0%T或100%T线,可观察到分光光度计的绝对噪声水平。增加仪器的响应时间可改善信噪比。

(九) 基线稳定性

基线稳定性是指不放置样品情况下扫描100%T或0%T线时读数偏离的程度,是仪器噪声水平的综合反映。一般取最大的峰缝之间的值作为绝对噪声水平。要是基线稳定度差,光度准确度就低。

(十) 基线平直性

基线平直性是仪器的重要性能指标之一,指在不放置样品情况下,扫描0%T或100%T时基线倾斜或弯曲程度。在高吸收时,0%线的平直性对读数的影响大;在低吸收时,100%线的平直性对读数的影响大。基线平直性不好,使样品吸收光谱中各吸收峰之间的比值发生变化,给定性分析造成困难。光学系统失调、两个光束不平衡是基线平直性不好的主要原因。仪器受震,光源位置松动也会引起基线弯曲。

五、紫外-可见分光光度计的日常维护与常见故障处理

(一) 紫外-可见分光光度计的日常维护

紫外-可见分光光度计是由光、机、电等几部分组成的精密仪器,为保证仪器测定数据正确可靠,应按操作规程使用与保养。

1. 仪器应置于适宜工作场所。环境温度15～35℃;室内相对湿度不大于80%;仪器应置于稳固的工作台上,不应该有强震动源;周围无强电磁干扰、有害气体及腐蚀性气体。

2. 每次使用后应检查样品室是否积存有溢出溶液,经常擦拭样品室,以防废液对部件或光路系统的腐蚀。

3. 仪器使用完毕后应盖好防尘罩,可在样品室及光源室内放置硅胶袋防潮,但开机时一定要取出。

4. 仪器液晶显示器和键盘日常使用和保存时应注意防止划伤、防水、防尘、防腐蚀。

5. 定期进行性能指标检测,发现问题即与厂家或销售部门联系解决。

6. 长期不用仪器时,要注意环境的温度、湿度,定期更换硅胶,建议每隔一个月开机运行1小时。

(二) 紫外-可见分光光度计的常见故障处理

紫外-可见分光光度计的常见故障及其处理方法见表3-1。

表 3-1　紫外-可见分光光度计的常见故障及其处理方法

故障现象	故障原因	处理方法
指示灯不亮	1. 电源线接触不良 2. 保险丝坏 3. 电路故障	1. 接好电源线 2. 检查保险丝、更换新的保险丝 3. 整机检查，并与厂方联系
光源不亮	1. 光源灯泡已损坏或寿命到期 2. 保险管烧坏	1. 更换氘灯或钨灯 2. 更换保险管
仪器自检时提示通信错误	仪器与电脑之间的数据线没有连接好	连接好数据线，重新打开仪器和控制软件，重新自检
自检时提示波长自检出错	自检过程中可能打开过样品室的盖子	关上样品室盖子，重新自检
没有任何检测信号输出	没有任何光束照射到样品室内	检查光源镜是否转到位；仪器的切光电机是否转动
扫描样品时，显示一条直线	软件出现故障	退出操作系统，重新启动计算机，再次扫描
吸光值结果出现负值	没做空白记忆或样品的吸光值小于空白参比液	做空白记忆，调换参比液或用参比液配制样品溶液
样品出峰位置不对	液长传动机构产生位移	使用自动校正功能校正或请专业人员调整
信号的分辨率不够	狭缝设置过窄而扫描速度过快，造成检测器响应速度跟不上，从而失去应测到的信号	将扫描速度、狭缝宽窄、时间常数三者拟合成一个最优化的条件
基线的某一段噪声特别高	波长段相应的滤光片受潮发霉，严重损失光的能量	更换相应的滤光片
测试过程中提示能量太低	1. 光源使用时间超过寿命期 2. 有不透光的物品挡住了光路	1. 更换光源灯泡 2. 移动挡光的物品
不能调零(即 0%T)	1. 光门不能完全关闭 2. 微电流放大器损坏	1. 检修光门盖 2. 更换微电流放大器
不能置 100%T	1. 光能量不够 2. 光源(钨灯或氘灯)损坏 3. 比色器架没有落位 4. 光门未完全打开，或单色光偏离	1. 调整光源及单色器 2. 更换新的光源 3. 检查比色器架子，摆正位置 4. 检修光门使单色光完全进入
测光精度不准	1. 由于仪器受振动等原因使液长位移 2. 比色器受污染 3. 样品浑浊，配制溶液不准确	1. 进行波长校正 2. 清洗比色器 3. 重新配制溶液
噪声指标异常	1. 预热时间不够 2. 光源灯泡使用时间超过寿命期 3. 环境震动过大，空气流速过大 4. 样品室不正 5. 电压低，强磁场	1. 需预热 20 分钟以上 2. 更换光源灯泡 3. 调换仪器运行环境 4. 对正样品室 5. 加稳压器，消除干扰

（刘玉枝）

第二节　原子吸收光谱仪

用原子吸收光谱仪（又称原子吸收分光光度计）测定元素含量的方法称为原子吸收光谱法（atomic absorption spectrometry，AAS），又称原子吸收分光光度法，简称原子吸收法（图3-6）。它是20世纪50年代发展起来的一种仪器分析方法。具有测定准确、灵敏、简便、快速等优点，广泛应用于临床检验、卫生检验、食品检验、环境分析、药物分析等。

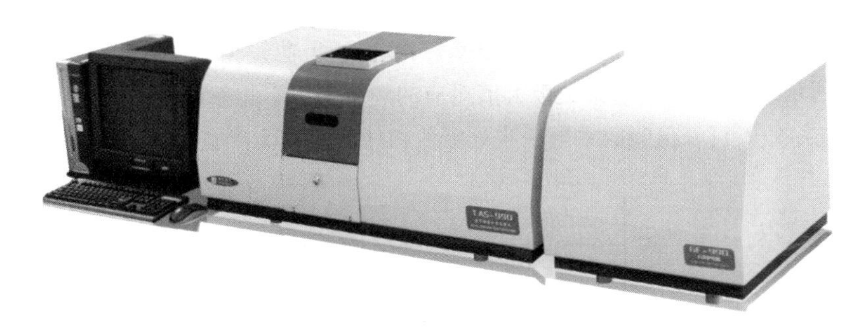

图3-6　原子吸收光谱仪

一、原子吸收光谱仪的分类与特点

依据原子化方法不同，原子吸收光谱仪主要分为火焰原子吸收光谱仪、非火焰原子吸收光谱仪和低温原子吸收光谱仪三类。它主要有以下特点：

1. 灵敏度高　用火焰原子化法灵敏度是$10^{-9}\sim10^{-6}$g数量级，用无火焰高温石墨炉法绝对灵敏度可达$10^{-14}\sim10^{-10}$g数量级。所以原子吸收法非常适用于痕量分析，特别是环境样品中的痕量分析。

2. 精密度好　火焰法变异系数（又称相对标准偏差）一般可达1%，无火焰高温石墨炉法变异系数一般可达5%，如果采用自动进样器，变异系数可达3%以下。

3. 选择性高　一般不存在共存元素的光谱干扰，主要来自化学干扰。样品只需简单处理，就可直接进行测定，从而避免复杂的分离和富集手续。

4. 分析速度快　使用自动进样器，每小时可测定几十个样品。

5. 应用范围广　可测定的元素已达73种。既可测定低含量和主含量元素，又可测定微量、痕量甚至超痕量元素。即可测定金属元素，又可间接测定某些非金属元素和有机化合物。

原子吸收光谱仪的劣势主要有二，一是现在还不能测定共振线处于真空紫外区域的元素，如磷、硫等；二是标准曲线的线性范围窄（一般小于2个数量级范围），这给实际分析工作带来不便。

二、原子吸收光谱仪的工作原理

原子吸收光谱法是基于由光源发射的待测元素特征谱线通过试样气态原子蒸气时，被蒸气中待测元素的基态原子所吸收，根据特征谱线的透射光强度减弱而建立的一种分析方法。

1. 原子吸收光谱的产生　原子吸收是原子受激吸收跃迁的过程。试样在高温（火焰或非火焰）作用下产生气态原子蒸气（主要是基态原子），当入射光源通过原子蒸气时，基态原子从光源中吸收能量，原子外层电子由基态跃迁至激发态，产生共振吸收，从而产生原子吸收光谱。

原子外层电子从基态跃迁至第一激发态时，产生的吸收谱线称为共振吸收线，反之则称为共振发射线。由于共振吸收线所需能量最低，最容易发生，产生的共振吸收最强。又由于每种元素的原子结构和外层电子排布不同，从基态跃迁至第一激发态所需能量不同，产生的共振吸

收线不同，因此，共振吸收线是大多数元素所有吸收谱线中最灵敏的谱线，它是元素的特征谱线，原子吸收法常用元素的特征谱线作为分析线进行定量分析。

2. 原子吸收谱线的轮廓　原子吸收谱线并不是严格几何意义上的线，有一定的宽度，只是宽度很窄。原子吸收（或发射）谱线的轮廓，用中心频率和半宽度表征。

以吸收系数（K_v）为纵坐标，频率（v）为横坐标，作图所得曲线为原子吸收谱线的轮廓。如图3-7中吸收线所示。曲线中，吸收系数极大值对应的频率为中心频率（v_0），取决于原子的能级分布特征；中心频率处的吸收系数为峰值吸收系数（K_0）；峰值吸收系数一半处吸收曲线的宽度为半宽度（Δv）。

以发射系数（I_v）为纵坐标，频率（v）为横坐标，作图所得曲线为原子发射谱线的轮廓。如图3-7中发射线所示。曲线中，发射系数极大值对应的频率为中心频率（v_0），中心频率处的吸收系数为峰值吸收系数（I_0）；峰值吸收系数一半处吸收曲线的宽度为半宽度（Δv）。

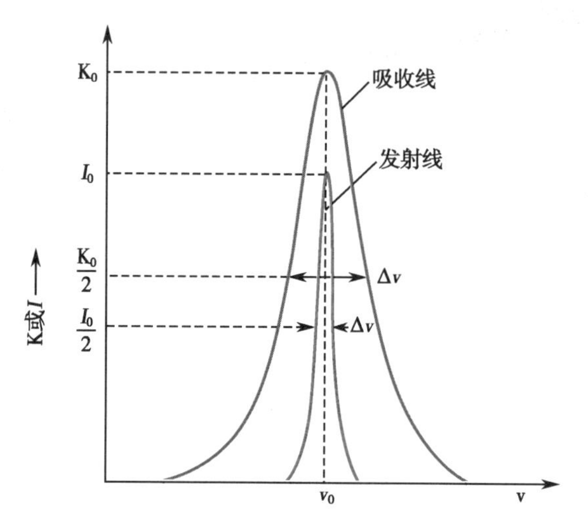

图3-7　原子吸收谱线和原子发射谱线

比较原子吸收谱线与原子发射谱线的轮廓可知，2个谱线的中心频率重合，且发射谱线的半宽度比吸收谱线的半宽度小得多。

3. 原子吸收光谱仪定量分析基础　在实验条件一定时，原子吸收光谱法常用的定量公式：$A=Kc$ 也就是说，吸光度（A）与试样中待测元素的浓度（c）呈线性关系。式中K为常数。

知识链接

积分吸收系数

在吸收轮廓内，吸收系数的积分称为积分吸收系数，即图3-7中吸收线下面所包括的整个面积，在一定的条件下，积分吸收系数与原子浓度成正比，只要测得积分吸收系数，即可计算出待测元素的含量。但是，由于原子吸收谱线很窄，半宽度约为10^{-3}nm，测量积分吸收系数需要单色器的分辨率达50万以上的色散元件，这是长期以来未能实现测量积分吸收系数的原因，这也是100多年前就已经发现原子吸收现象，却一直未能用于仪器分析的原因。

三、原子吸收光谱仪的基本结构

原子吸收光谱仪由锐线光源、原子化器、单色器和检测系统4个部分组成（图3-8）。

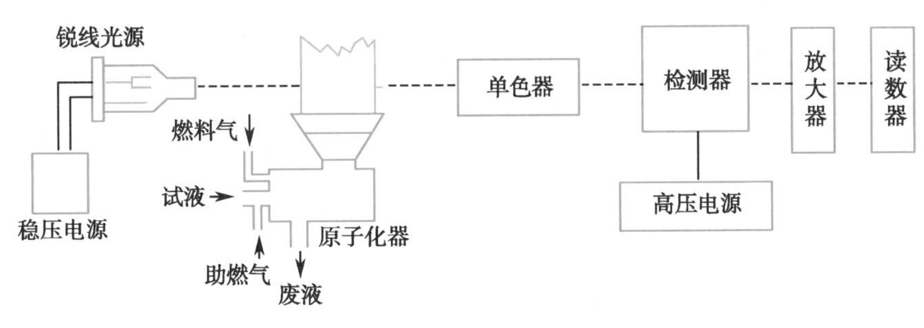

图 3-8　原子吸收光谱仪结构示意图

(一) 锐线光源

锐线光源的作用是发射待测元素基态原子所吸收的特征谱线。它必须满足以下要求:发射谱线宽度窄,一般小于 0.02nm;发射线强度稳定,30 分钟漂移不超过 1%;发射线强度大,背景小,低于特征谱线强度的 1%;结构牢靠,寿命长,在正常使用条件下,保证工作寿命在 5000mA·h 以上。

空心阴极灯、蒸气放电灯、高频无极放电灯及可调激光器等均符合上述要求。应用最广泛的是空心阴极灯。

空心阴极灯是一种低压气体放电管。如图 3-9 所示。主要有阳极和空腔圆筒形的阴极。阳极由钨棒或钛棒制成,上端连有钛、锆、钽等吸气性金属。阴极由待测元素的纯金属或合金制成。两电极密封于带有石英窗的硬质玻璃管内,管中充有低压惰性气体,常用氖或氩。当两极间加上 200～500V 电压时,电子由阴极高速射向阳极,途中遇管内的惰性气体原子发生碰撞,使部分惰性气体原子电离为正离子,便开始辉光放电。正离子在电场作用下飞向阴极,轰击阴极表面的待测元素的原子,使其以激发态的形式溅射出来,处于激发态的原子很不稳定,当它返回基态时,发射出待测元素的特征谱线。阴极只有一种元素,称为单元素空心阴极灯;当有多种元素时,称为多元素空心阴极灯。

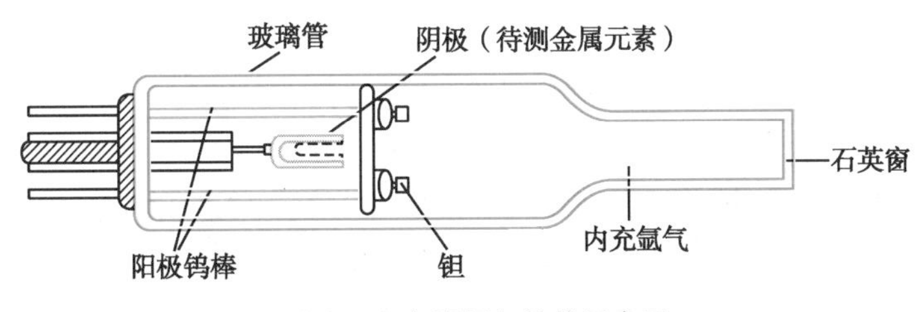

图 3-9　空心阴极灯结构示意图

(二) 原子化器

原子化器的作用是使待测元素转化为能吸收特征谱线的气态基态原子。它是原子吸收光谱仪中极其重要的部件。对其要求如下:灵敏度高,使试样原子化的效率尽可能地高,并且基态原子在测定区内要有适当长的停留时间;准确度高且记忆效应要小。前一份样品不影响后一份样品的测定;稳定性高,数据重现性好,噪声要低。

原子化器主要分为火焰原子化器和非火焰原子化器两大类。此外,还有氢化物原子化器和冷蒸气发生器原子化器。

1. 火焰原子化器　火焰原子化器的作用是将试样溶液雾化成气溶胶后,气溶胶与燃气混合,进入燃烧的火焰中,试样被干燥、蒸发、离解,其中的待测元素转化为气态的基态原子。它结构简单、操作方便、快速,重现性和准确度都比较好,对大多数元素都有较高的灵敏度,适用范围广。

火焰原子化器分为全消耗型和预混合型两种类型。全消耗型燃烧器系将试液直接喷入火

焰进行原子化。预混合型燃烧器是先将试液的雾滴、燃气和助燃气在进入火焰前，于雾化室内预先混合均匀，然后再进入火焰进行原子化。它气流稳定，噪声小，原子化效率较高，所以一般仪器都采用。它包括雾化器、雾化室和燃烧器三个部分。如图 3-10 所示。

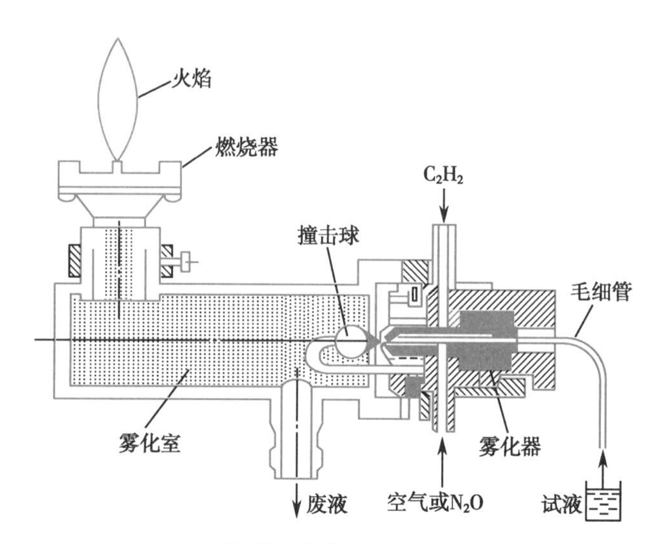

图 3-10　预混合型火焰原子化器结构示意图

（1）雾化器：雾化器是火焰原子化器的重要部件。雾化器的作用是将试液雾化，使其在火焰中产生更多的基态原子。因此要求雾化器喷雾稳定、雾滴微小而均匀以及雾化效率高。目前普遍采用的是同心型雾化器，它的雾化效率一般为 5% ~15%，这是影响火焰原子化吸收光谱仪灵敏度和检出限低的主要原因。雾化器采用特种不锈钢或聚四氟乙烯塑料制成，其中毛细管则多用贵金属（铂、铱、锗）的合金制成，能耐腐蚀。

（2）雾化室：雾化室的作用是使雾粒进一步雾化，同时与燃气、助燃气均匀混合后进入雾化器。其中较大的雾滴凝结在壁上，经预混合室下方废液管排出，而较细的雾滴则进入火焰中。

（3）燃烧器：燃烧器的作用是产生火焰，使试样气溶胶被原子化。它用不锈钢、金属钛等耐腐蚀、耐高温的材料制成，有孔型和长缝型两种。长缝型又有单缝和三缝两种。最常用两种规格的单缝燃烧器，一种是适用乙炔-空气火焰的 0.5mm×100mm 单缝燃烧器，另一种是适用乙炔-氧化亚氮火焰的 0.5mm×50mm 单缝燃烧器。燃烧器可以旋转一定的角度以获得最合适的吸收光程长度，它的高度也能上下调节以获得最大的吸收灵敏度。

在火焰原子化法中，火焰是使试样中的待测元素原子化的能源。火焰应有适当高的温度，使之既能保证待测元素原子化，又要尽量避免发生电离和激发。同时要求火焰的燃烧速度适中，使基态原子在火焰中有较长的停留时间。Ph、Cd、Zn、Sn、碱金属及碱土金属等元素，应使用低温且燃烧速度较慢的火焰。而对易生成耐高温难离解化合物的元素（如 Al、V、MO、Ti 及 W 等）应使用氧化亚氮-乙炔高温火焰。

2. 非火焰原子化器　非火焰原子化器有许多种，电热高温石墨管、石墨粉润、阴极溅射等离子体、激光等。下面对应用较多的电热高温石墨管原子化器作简单介绍。实际上，它是一个电加热器，利用电能加热盛放样品的石墨容器，使之达到高温，以实现试样的蒸发和原子化。它的特点是：①试样在体积很小的石墨管里直接原子化，有利于难熔氧化物的分解；固体样品与液体样品均可直接应用；②取样量小（固体 0.1 ~10mg，液体 1 ~50μl），原子化效率高，可达 100%；③原子在测定区的有效停留时间长，测定灵敏度高；④测定精度稍差于火焰原子化法，有强的背景，设备复杂，费用较高。

电热高温石墨管原子化器如图 3-11 所示。石墨管中央有一小孔，直径 1 ~2mm，试样用微量注射器从此注入。为了防止试样及石墨管被空气氧化，测定时要不断地通入惰性气体（氮或

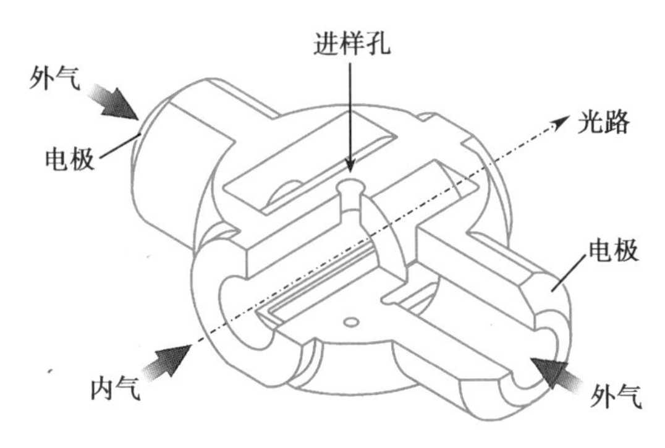

图3-11　电热高温石墨管原子化器结构示意图

氩)。气体从小孔进入石墨管,再从两端排出。通过铜电极向石墨管两端提供电压为10～15V、电流为400～600A的电源,供电加热试样。测定时分干燥、灰化、原子化和净化4个程序升温,用计算机控制。通过干燥先蒸发试液的溶剂;然后灰化进一步除去有机物或低沸点无机物,以减少基体组分对测定的干扰;之后原子化使待测元素成为气态基态原子;最后升温至大于3000℃的高温数秒,以除去残渣,净化石墨管。流水冷却后再进行下一个试样的测定。

(三)单色器

单色器的作用是将待测元素的特征谱线和邻近谱线分开。因为在原子吸收用的光源发射谱线中,除了待测元素的特征谱线外,还有该元素的其他非吸收线,以及充入气体、杂质元素和杂质气体的发射谱线。如果不将它们分开,测定时就要受到干扰。为了阻止来自原子吸收池的所有辐射不加选择地都进入检测器,单色器通常配置在原子化器以后的光路中,波长范围为190～900nm的紫外-可见光区。单色器有多种形式,单色器中的关键部件是色散元件,现多用光栅。

(四)检测系统

检测系统的作用是将单色器分出的光信号转换成为电信号,经放大器处理后,由读数器显示分析结果。它主要由检测器、放大器和读数器三部分组成。原子吸收分光光度计常用光电倍增管作检测器,使用时,不要让太强的光照射,否则会引起"疲劳效应",使检测灵敏度降低。新仪器也用电荷耦合器件(CCD)、电荷注入器件(CID)和光电二极管阵列等其他类型的检测器。

四、原子吸收光谱仪的性能指标

1. 灵敏度　灵敏度是标准曲线的斜率。在原子吸收光谱法中,常用1%吸收灵敏度表示,称为特征灵敏度。它是指能产生1%吸收(即吸光度为0.0044)信号时所对应的待测元素的浓度或质量。特征浓度或特征质量越小,灵敏度越高。

2. 检出限　检出限是原子吸收光谱仪很重要的综合性指标,它既反映仪器质量和稳定性,也反映仪器对某元素在一定条件下的检测能力。检测限越低,说明仪器的性能越好,对待测元素的检出能力越强。

五、原子吸收光谱仪的使用与维护

(一)原子吸收光谱仪的操作

1. 火焰原子吸收光谱仪

(1)开机:安装待测元素的空心阴极灯,打开电源开关,开主机开关,打开计算机,进入仪器工作界面。

(2)开空气压缩机开关,开乙炔气钢瓶开关。

(3)编辑仪器操作方法:打开空心阴极灯,调整灯的位置及电流强度。设定空气及乙炔气体流量。点火,调整燃烧头位置。选择测定方法,如标准曲线法,输入标准溶液的浓度。输入试样溶液信息。

(4)测试:先测空白溶液,再测标准溶液,最后测定试样溶液。打印分析结果。

(5)关机:用超纯水洗涤进样管路,关火,关灯,关乙炔气钢瓶开关,关空气压缩机开关,退

出仪器工作界面。关计算机。关主机。关电源开关。

2. 非火焰原子吸收光谱仪

（1）开机：安装待测元素的空心阴极灯，打开电源开关，开主机开关，打开计算机，进入仪器工作界面。

（2）开氩气钢瓶开关，开循环冷却水开关。

（3）编辑仪器操作方法：打开空心阴极灯，调整灯的位置及电流强度。设定氩气流量及压力。调整石墨炉及进样针的位置。选择测定方法，如标准曲线法，输入标准溶液的浓度。输入试样溶液信息。

（4）测试：先测空白溶液，再测标准溶液，最后测定试样溶液。打印分析结果。

（5）关机：用超纯水洗涤进样管路，关氩气钢瓶开关，关循环冷却水开关，关灯，退出仪器工作界面。关计算机。关主机。关电源开关。

（二）原子吸收光谱的维护

1. 空心阴极灯的维护　安装或取放空心阴极灯时，应拿灯座。测定完毕，空心阴极灯冷却后，才能取下。空心阴极灯应定期检查质量，用光谱扫描法测定光强、背景及稳定性，定性检查灯的辉光颜色，测定灵敏度。

2. 火焰原子吸收光谱仪的维护　定期清洗雾化室和燃烧室，检查撞击球是否缺损和毛细管是否堵塞，检查乙炔气钢瓶是否漏气及表头是否能正常工作。

3. 非火焰原子吸收光谱仪的维护　更换石墨管时要清洗石墨锥的内表面。新的石墨管安装后，要进行热处理，即空烧。对基体较复杂的试样，要进行灰化处理。为获得最佳性能，热解石墨管的原子化温度一般不应超过2650℃。

六、原子吸收光谱仪的使用注意事项

1. 定期检查管路是否漏气，气体钢瓶及表头是否正常。
2. 标准溶液和试样溶液的浓度应在线性范围内。
3. 标准溶液应在国家指定部门购买，使用时不要超过保质期。
4. 实验室应保持清洁，防止试样及器皿被污染。

（赵世芬）

第三节　荧光光谱仪

荧光光谱仪（fluorescent spectrum analyzer）是常用的发射光谱分析仪器，在化学、生物学、环境监测、食品检验和医学检验等方面都有广泛的应用。可以对体液中的激素、维生素、氨基酸等多种微量物质进行测定。

一、荧光光谱仪的工作原理

（一）荧光的产生

构成物质的分子或原子中存在电子，一般情况下电子总是处在能量最低的能级（基态）。当某种波长的入射光（紫外线或X线）照射常温物质时，物质即吸收光能进入激发态，而后立即退激发从高能级状态返回基态，并发出比入射光的波长长的出射光（通常波长在可见光波段），而一旦停止入射光，发光现象也随之立即消失。具有这种性质的出射光就被称之为荧光（fluorescence）。

（二）激发光谱和发射光谱

发射荧光的物质都具有两个特征光谱，即激发光谱和荧光光谱。荧光是一种光致发光现象，只有选择合适的激发光，才可能得到合适的荧光光谱。若固定测量波长为荧光的最大发射

波长，改变激发波长并记录相应的荧光强度，绘制出荧光强度对激发波长关系图，即为激发光谱，从激发光谱图上可找到某荧光物质的最强激发波长。荧光光谱是发射光谱，是用固定强度的最强激发波长所激发的不同波长的发射荧光强度，荧光的强度对波长关系图就是荧光光谱。荧光光谱反映待测物质分子或原子的电子由激发态回到基态时的放能特性，荧光光谱中荧光强度最强时的波长称为最大发射波长。

（三）定性定量原理

荧光物质的激发光谱和发射光谱特性（如光谱图、最强激发波长、最强发射波长等）是鉴定荧光物质的依据，将样品的这些信息与标准物质进行比较可进行物质的鉴定。

最强激发波长、最强发射波长也是定量测定最常用、最灵敏的参数，在激发光强度和液层厚度不变的情况下，荧光物质的稀溶液所发出的荧光强度与其浓度成正比。由此可以通过测定荧光强度来求出该物质的含量。

知识链接

影响荧光强度的因素

一些外部因素会影响荧光物质发射的荧光强度，进而干扰对荧光物质的定量测定。这些因素主要包括：①溶剂的特性：如极性大小、介电常数和折射率等；②温度的变化：温度升高使荧光强度下降；③pH 变化：酸碱度变化会影响不同化合物分子或离子的电子构型，进而影响荧光强度或荧光光谱；④内滤光作用、白吸收现象和溶液荧光淬灭：这些因素与荧光物质的特性、溶液的纯度、激发光谱及发射光谱的特征等有关。

二、荧光光谱仪的基本结构

荧光光谱仪有分子荧光光谱仪和原子荧光光谱仪两种类型，常用的荧光光谱仪有荧光光度计、荧光分光光度计、原子荧光光谱仪、X 荧光光谱仪（图 3-12）。其中荧光光度计和荧光分光光度计是分子荧光光谱仪，X 荧光光谱仪属原子荧光光谱仪类型。

图 3-12 荧光光谱仪

各类荧光光谱仪虽性能不同，但都由光学系统和数据记录与分析系统两部分组成（图 3-13）。

荧光光度计由于使用滤光片为单色器，波长精度差，测定结果准确度不高，使用范围有限，但结构简单，使用方便，价格便宜，可以用于恒温和流动监测；荧光分光光度计灵敏度高，选择性强，有利于混合物的多组分分析，在医学检验、环境监测和食品检验等领域应用较多；原子荧光光谱仪和 X 荧光光谱仪是比较新型的原子荧光分析仪器，主要用于化学元素鉴定及含量分析，

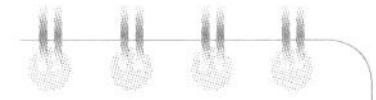

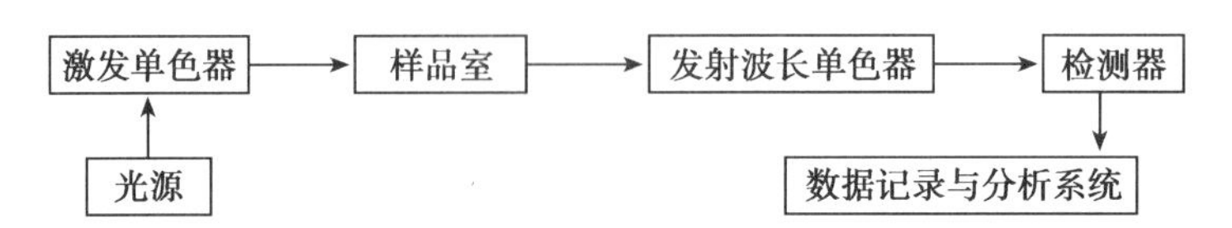

图 3-13　荧光光谱仪基本结构示意图

在冶金、地质、商检、环保、卫生等领域应用。本节主要介绍荧光分光光度计的构造及使用。

（一）激发光源

用来激发荧光物质产生荧光，可以用氙灯、汞灯、氙-汞弧灯、激光等。氙灯最常用，它是一种短弧气体放电灯，氙灯的外套为石英，内充氙气，可以在 250～800nm 之间产生连续光谱，使用寿命约 4000 小时，闪烁氙灯寿命更长，可达 20 000 小时。目前高性能的荧光光谱仪多使用激光器作为激发光源，包括紫外激光器、固体激光器、可调谐染料激光器和二极管激光器等，用激光激发可以提高检测灵敏度，实现单分子检测。

（二）单色器

荧光光谱仪的单色器分为激发单色器和发射单色器，分别将入射的激发光和发射的荧光变成单色光。最常用的单色器是光栅。

（三）样品池

用来盛放测试样品，一般用石英制成。样品池的形状以散射光较少的方形为宜，最常用的厚度为 1cm。有的荧光计附有恒温装置，测定低温荧光时，在样品池外套上一个盛有液氮的石英真空瓶，以便降低温度。

（四）检测器

检测器的作用是接受光信号，并将其转变为电信号，检测器出来的电信号须经过放大器放大后，再传递给数据记录与分析系统。最常用的检测器是光电倍增管，在一定的条件下，其电流量与入射光强度成正比。电荷耦合器件阵列检测器是一类新型的光学多通道检测器，它具有光谱范围宽、量子效率高、暗电流小、噪声低、灵敏度高、线性范围宽，同时可获取彩色、三维图像等特点。

三、荧光光谱仪的主要性能指标与评价

荧光光谱仪的性能指标包括灵敏度、波长准确度、分辨率、光谱带宽、检出限、线性、光谱校正误差、荧光池的成套性、光谱仪探测范围等。通过这些参数可以对仪器的基本性能有大致的了解。这些参数的测试方法可参照国家计量相关检定规程或仪器生产商提供的验收方法进行。

（一）灵敏度

荧光光谱仪的灵敏度是指能被仪器检出的最低信号，或某一标准荧光物质稀溶液在选定波长的激发光照射下能检出的最低浓度，是仪器最重要的性能指标之一。多数荧光光谱仪的灵敏度可达 10^{-12}～10^{-10}g 水平，有利于检测体液中的微量物质。通常以硫酸奎宁的检出限或纯水的拉曼光的信噪比来表示其检测灵敏度。

（二）波长范围

波长范围指荧光光谱仪的有效工作波段，包括激发通道波长范围、投射通道波长范围和荧光通道波长范围。波长范围越大，应用范围越广。即发光波长范围与发射光波长范围重叠越少，自吸收现象越弱，测定结果越准确。一般荧光分光光度计都采用氙灯作光源，光栅为单色器分光元件，其有效工作波段在 200～1000nm 范围之内。

（三）波长精度

波长精度指其波长计数器的指示值与真实光波长的数值相符的程度。特定的激发波长和发射波长是定性分析和定量测定的基础，因此波长精度也是荧光光谱仪的核心指标之一。目前荧光分光光度计的波长精度误差在±(0.2～2nm)范围之内，波长校正一般使用标准光源汞灯的谱线。

（四）分辨率

分辨率是指荧光仪器对靠近的峰尖分开的能力，它与波长精度有密切关系，决定着对混合物成分分析特异性的好坏。目前常用仪器的分辨率在0.2～5nm，主要由光栅的每毫米刻线数决定。高性能的荧光光谱仪的激发光部分和荧光发射部分均采用900条/毫米以上的凹面衍射光栅，检测器采用高灵敏度光电倍增管，倍增信号送计算机处理，最后将分析结果转入显示器的屏幕上显示，大大提高了分辨率。

（五）光谱带宽

光谱带宽是仪器主机狭缝宽窄程度的指数。狭缝的宽度是机械几何尺寸，不能明确表明光谱纯度，所以，商品化仪器都以一定狭缝几何密度对应的光谱半宽度来直接表示光谱纯度。光谱纯度直接影响仪器的分辨率、灵敏度以及背景干扰。目前的荧光分光光度计的光谱带通常在0.15～20nm，一般都采用连续可调方式，个别仪器分几个固定的挡。

（六）信噪比与响应速度

用空白样品测得的峰值叫做噪声峰值，待测样品测得的峰值和噪声峰值之比就叫做信噪比。信噪比越高，检测结果的准确性也越高。荧光光谱仪的信噪比与分辨率有关，一般分辨率为8nm的仪器，信噪比约为100，分辨率为15nm的仪器，信噪比约为200。仪器的响应速度是指电路样品通道对光电信号反应的快慢。响应速度关系到波长扫描速度的选择、光谱峰的尖锐程度以及随机噪声的大小。

四、荧光光谱仪的使用、日常维护与常见故障处理

（一）荧光光谱仪的使用

荧光光谱仪属于大型精密仪器，自动化程度较高，应严格按照仪器说明书进行使用（图3-14）。

（二）荧光光谱仪的日常维护

1. 仪器主机的日常保养　每天检查室内的防尘设施，发现纰漏及时维修；每天清理仪器及周边的灰尘，仪器外壳使用干净的湿布，其他地方建议使用吸尘器；荧光仪的电源要稳定，配备稳压器；荧光仪应放置在不潮湿、无震动的地方；荧光仪的放置应水平；荧光仪周围保留0.3m以上空间，便于散热；不要在荧光仪上放置重物；不要用水及其他洗涤剂冲洗荧光仪；检测结束后，请关闭荧光仪的电源，从而延长其使用寿命；未经授权，不得擅自拆机；荧光仪一旦出现任何异

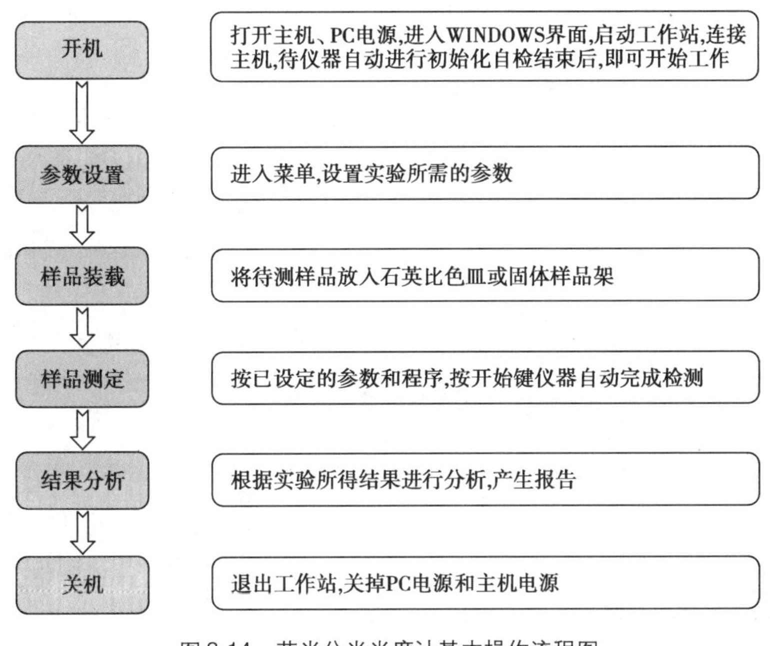

图3-14　荧光分光光度计基本操作流程图

常现象，及时汇报科室负责人。

2. 氙灯的保养与维护　氙灯的正常使用寿命通常为500小时。光源仪器启动后应先预热约20分钟，待光源稳定发光后方可开始测试。氙灯在使用时不宜频繁开关，氙灯关闭，需要重新开启前，请确保氙灯完全冷却后再开启，以免缩短其寿命。而且关机时最好不要马上切断总电源，让风扇多转一段时间，降低灯的温度，可延长灯的寿命。在氙灯达到正常使用寿命时应及时更换新的氙灯，在更换新氙灯前，务必关断所有电源，而且要等氙灯完全冷却后再更换，这通常需要2小时，以防烫伤。更换氙灯时，注意不要用手触摸灯的表面，以防留下指纹、汗液，可戴手套操作，如果不小心用手触碰到了，可用擦镜纸或脱脂棉蘸无水乙醇拭去。另外，注意不要用太大力或撞到氙灯，安装氙灯时注意不能接反正负极，否则可能引起爆炸事故。最后，注意不要用眼睛直视氙灯光，以免对眼睛造成损伤。被更换下来的旧氙灯内同样充有高压氩气，务必要妥善处理旧灯。通常的做法是：用厚布包住旧灯三层，然后再用锤头打烂灯上的玻璃窗。

3. 单色器的保养与维护　单色器应随时注意防潮、防尘、防污和防机械损伤。如果出峰位置不正确，可能是光路发生偏移，应按照说明书调节光栅到正确位置。若单色器出故障，应请专门人员检修或严格按仪器说明书规定的步骤检修。

4. 样品室和样品池的保养与维护　在使用中，样品室的污染是经常出现的，如不采取必要的措施，会直接影响到测试的正常进行，甚至会造成仪器损坏，所以需要特别注意保护样品室不受样品污染。荧光样品池清洁、透光面擦洗等方面要求比较严格，使用时应为同一个方向插放，不能经常摩擦，新样品池可泡在3mol/L盐酸和50%乙醇的混合液中一段时间，使用前应认真清洗，最好用硝酸处理后，再用水冲洗干净，于无尘处晾干备用。

5. 光电倍增管(PMT)的维护要点　在切换光源、修改设置或放置样品之前必须把狭缝(△A)关到最小，防止强光照射时，通过光阴极的电流超过PMT的容许值，导致光阴极的光敏性下降，甚至损坏光电倍增管。经常清洁PMT外壳，保持干净无尘；也不要用手直接触摸其外壳。PMT的光阴极具有光敏性，注意对其所有的操作都在弱光下进行。

（三）荧光光谱仪常见故障处理

仪器管理员除了对仪器进行保养维护以外，也需要能够对一些简单的仪器故障进行合理的判断和维修，自己解决不了的故障再报仪器公司的专业技术人员进行维修(表3-2)。这有助于故障得到更快的维修排除，也大大减少了因仪器故障而带来的工作不便。

表3-2　荧光光谱仪的常见故障及处理方法

故障现象	原因	处理方法
仪器开机自检不通过	计算机系统出错	关机重新开启
	主机与计算机连接电缆没接好	重新连接
	电机故障	联系服务技术工程师维修
测试数据不稳定	光源不稳定	查看氙灯的使用记录，看是否快到或者已到额定寿命，如果是，更换新灯
	测试样品本身不稳定	
无结果显示	无激发光源	查看氙灯是否被点亮；如果氙灯已被点亮，查看狭缝是否关闭
	信号传输线断开	联系生产厂家技术工程师维修
	样品没有荧光，或者荧光太弱，检测不到	重新设置测量参数
	样品有荧光，只是因为测量参数设置错误而导致测不到峰	
氙灯未点亮	主机电源未接通	接通主机电源
	氙灯的保险丝已断	断开电源后查氙灯的保险丝，如已断，更换新保险丝
	氙灯损坏	更换新的氙灯
操作中设置出错		按计算机提示改正

（彭裕红）

第四节　气相色谱仪

气相色谱仪是利用色谱分离技术和检测技术，对多组分的复杂混合物进行定性和定量分析的仪器（图 3-15）。气相色谱法（gas chromatography，GC）是以气体为流动相的色谱分析方法，主要用于分离分析易挥发的物质。目前，气相色谱法已成为极为重要的分离分析方法之一，在医药卫生、石油化工、环境监测、生物化学等领域得到广泛的应用。气相色谱仪具有：高灵敏度、高效能、高选择性、分析速度快、所需试样量少、应用范围广等优点。

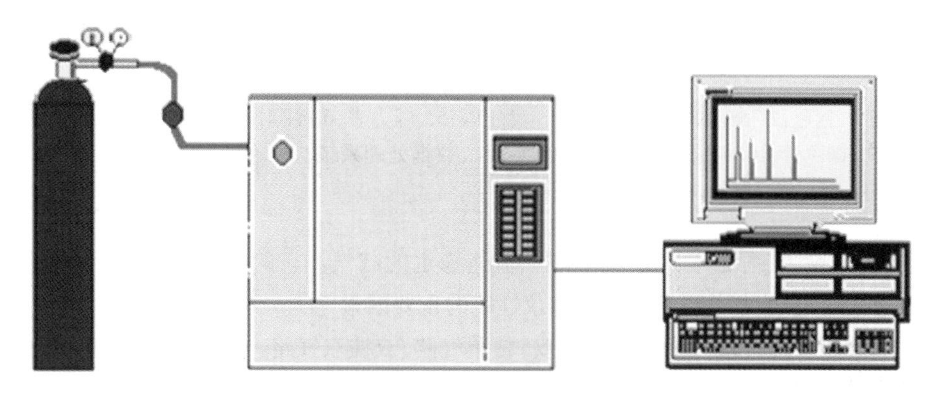

图 3-15　气相色谱仪

知识链接

近代气相色谱的发展

20 世纪 80 年代，由于弹性石英毛细管柱的快速广泛应用和计算机软件的发展，使热导检测器、氢火焰离子化检测器、电子捕获检测器、氮磷检测器的灵敏度和稳定性均有很大提高，热导检测器和电子捕获检测器的池体积大大缩小。进入 20 世纪 90 年代，由于电子技术、计算机和软件的飞速发展使质谱检测器生产成本和复杂性下降，以及稳定性和耐用性增加，从而成为最通用的气相色谱检测器之一。至今，快速气相色谱法和全二维气相色谱法等快速分离技术的迅猛发展，促使快速气相色谱检测方法逐渐成熟。

一、气相色谱仪的工作原理

气相色谱仪是以气体作为流动相（载气）。当样品由微量注射器“注射”进入进样器后，被载气携带进入填充柱或毛细管色谱柱。由于样品中各组分在色谱柱中的流动相（气相）和固定相（液相或固相）间分配或吸附系数的差异，在载气的冲洗下，各组分在两相间作反复多次分配，使各组分在柱中得到分离，然后用接在柱后的检测器根据组分的物理化学特性将各组分按顺序检测出来（图 3-16）。

二、气相色谱仪的基本结构

气相色谱仪的种类繁多，功能各异，但其基本结构相似。气相色谱仪一般由气路系统、进样系统、分离系统（色谱柱系统）、检测及温控系统、记录系统组成（图 3-16）。

（一）气路系统

气路系统包括气源、净化干燥管和载气流速控制及气体化装置，是一个载气连续运行的密

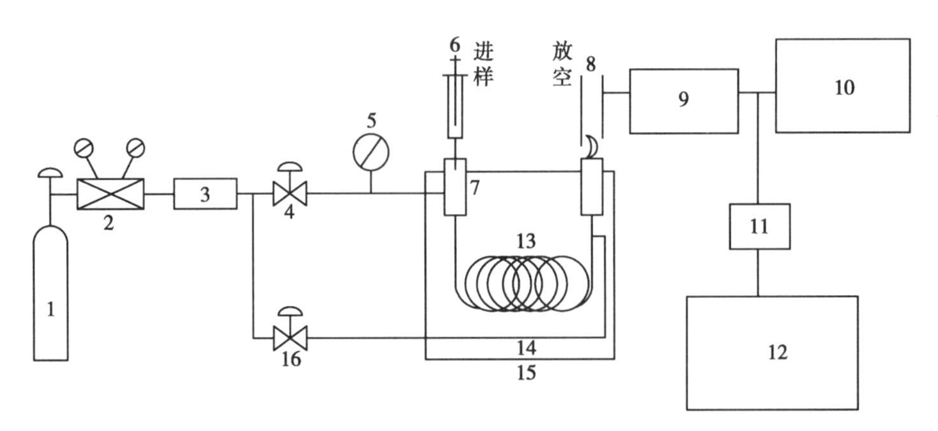

图 3-16　气相色谱仪原理及结构示意图

1. 载气钢瓶;2. 减压阀;3. 净化器;4. 稳压阀;5. 压力表;6. 注射器;7. 气化室;8. 检测器;9. 静电计;10. 记录仪;11. 数模转换;12. 数据处理系统;13. 色谱柱;14. 补充气(尾吹气);15. 柱恒温器;16. 针形阀

闭管路系统。通过该系统可以获得纯净的、流速稳定的载气。它的气密性、流量测量的准确性及载气流速的稳定性,都是影响气相色谱仪性能的重要因素。

常见的气路系统有单柱单气路、多(双)柱单气路、双柱双气路。

1. 单柱单气路　一个柱子、一条气路,最简单、多用。

2. 多(双)柱单气路　将两根装有不同固定相柱子串联起来,解决单柱不易解决的问题。

3. 双柱双气路　将载气分成两路,分别进入两个装填完全相同的柱子,再分别进入检测器的两臂或进入两个检测器,其中一路作为分析用,一路供补偿用,消除条件误差。

气相色谱中常用的载气有氢气、氮气、氦气、氩气,纯度要求 99.999% 以上,化学惰性好,不与有关物质反应。载气的选择除了要求考虑对柱效的影响外,还要与分析对象和所用的检测器相配。载气的净化是除去载气中的水、氧等不利的杂质。载气流速的调节和稳定是通过减压阀、稳压阀、稳流阀和针形阀串联使用后达到。

(二) 进样系统

进样系统包括进样器、气化室和加热系统。进样的大小、进样时间的长短、试样的气化速度等都会影响色谱的分离效果和分析结果的准确性及重现性。

1. 进样器　根据试样的状态不同,采用不同的进样器。液体样品的进样一般采用微量注射器。气体样品的进样常用色谱仪本身配置的推拉式六通阀或旋转式六通阀。固体试样一般先溶解于适当试剂中,然后用微量注射器进样。毛细管柱要求的试样量为 $10^{-2}\sim10^{-3}\mu l$ 数量级,这样少的试样必须采用分流器进样。

2. 气化室　气化室一般由一根不锈钢管制成,管外绕有加热丝,其作用是将液体或固体试样瞬间气化为蒸气。为了让样品在气化室中瞬间气化而不分解,因此要求气化室热容量大,无催化效应。为了尽量减少柱前谱峰变宽,气化室的死腔应尽可能小。

3. 加热系统　用以保证试样气化,其作用是将液体或固体试样在进入色谱柱之前瞬间气化,然后快速定量地转入到色谱柱中。

(三) 分离系统

分离系统是色谱仪的心脏部分。其作用就是把样品中的各个组分分离开来。分离系统由柱室、色谱柱、温控部件组成。其中色谱柱是色谱仪的核心部件。色谱柱主要有两类:填充柱和毛细管柱(开管柱)。柱材料包括金属、玻璃、融熔石英、聚四氟等。色谱柱的分离效果除与柱长、柱径和柱形有关外,还与所选用的固定相和柱填料的制备技术以及操作条件等许多因素有关。

1. 填充柱　由不锈钢、铜镀镍或聚四氟乙烯制成，多为U形或螺旋形，内径2～4mm，长1～10m，常用的为1～3m，内填固定相。

2. 毛细管柱　又叫开管柱，分为涂壁、多孔层和涂载体空心柱，是一种高效能色谱柱。空心毛细管柱材质为玻璃或石英，呈螺旋形，内径为0.2～0.5mm、长30～300m，具有分析速度快、柱效高、样品用量少、分离效果好等特点。过去是填充柱占主要，现在这种情况正在迅速发生变化，除了一些特定的分析之外，填充柱将会被更高效、更快速的开管柱所取代。

（四）检测系统

检测器是将经色谱柱分离出的各组分的浓度或质量（含量）转变成易被测量的电信号（如电压、电流等），并进行信号处理的一种装置，是色谱仪的眼睛。通常由检测元件、放大器、数模转换器三部分组成。被色谱柱分离后的组分依次进入检测器，按其浓度或质量随时间的变化，转化成相应电信号，经放大后记录和显示，绘出色谱图。检测器性能的好坏将直接影响到色谱仪器最终分析结果的准确性。

根据检测器的响应原理，可将其分为浓度型检测器和质量型检测器。

1. 浓度型检测器　测量的是载气中组分浓度的瞬间变化，即检测器的响应值正比于组分的浓度。如热导检测器、电子捕获检测器。

（1）热导检测器：是气相色谱仪中最早出现和应用最广的检测器。其结构是由热导池、测量桥路、热敏元件、稳压电路、信号衰减及基线调节等部分组成。热导检测器的基本检测原理是利用载气和被测组分的热导系数不同。热导检测器是一种通用的非破坏性浓度型检测器，理论上可应用于任何组分的检测，但因其灵敏度较低，故一般用于常量分析。

（2）电子捕获检测器：其灵敏度最高，同时又是最早出现的选择性检测器。其结构是检测室内有正负电极与β射线源。电子捕获检测器对负电性的组分能给出极显著的响应信号，用于分析卤素化合物、多核芳烃、一些金属螯合物和甾族化合物。

2. 质量型检测器　测量的是载气中所携带的样品进入检测器的速度变化，即检测器的响应信号正比于单位时间内组分进入检测器的质量。如氢焰离子化检测器和火焰光度检测器。

（1）氢火焰离子化检测器：氢火焰离子化检测器（FID）的工作原理是以氢气在空气中燃烧为能源，载气（N_2）携带被分析组分和可燃气（H_2）从喷嘴进入检测器，助燃气（空气）从四周导入，被测组分在火焰中被解离成正负离子，在极化电压形成的电场中，正负离子向各自相反的电极移动，形成的离子流被收集、输出，经阻抗转化，放大器放大后便获得可测量的电信号。氢火焰离子化检测器灵敏度高，线性范围宽，广泛应用于有机物的常量和微量检测（图3-17）。

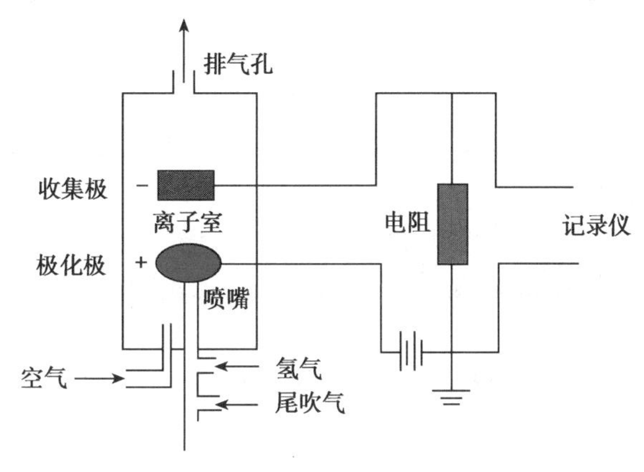

图3-17　氢火焰离子化检测器原理结构图

（2）火焰光度检测器：火焰光度检测器是对含硫或含磷化合物具有高灵敏度和高选择性的检测器。其结构类似于一台简单的发射光谱仪，由火焰发射源、滤光片和光电倍增管等组成。

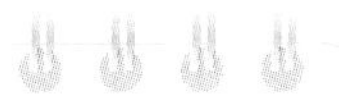

火焰光度检测器主要用于测定含硫、含磷化合物，其信号比碳氢化合物几乎高一万倍。

此外，还有氦离子化检测器、热离子检测器等多种。应根据检测样品选择检测器，并掌握其基本检测原理，才能准确、合理地使用好检测器。

（五）温度控制系统

在气相色谱测定中，温度控制是重要的指标，它直接影响柱的分离效能、检测器的灵敏度和稳定性。温度控制系统主要指对气化室、色谱柱、检测器三处的温度控制。在气化室要保证液体试样瞬间气化；在色谱柱室要准确控制分离需要的温度，当试样复杂时，分离室温度需要按一定程序控制温度变化，各组分在最佳温度下分离；在检测器要使被分离后的组分通过时不在此冷凝。

控温方式分恒温和程序升温两种。

1. 恒温　对于沸程不太宽的简单样品，可采用恒温模式。一般的气体分析和简单液体样品分析都采用恒温模式。

2. 程序升温　所谓程序升温，是指在一个分析周期里色谱柱的温度随时间由低温到高温呈线性或非线性地变化，使沸点不同的组分，各在其最佳柱温下流出，从而改善分离效果，缩短分析时间。对于沸程较宽的复杂样品，如果在恒温下分离很难达到好的分离效果，应使用程序升温方法。

（六）记录系统

记录系统是记录检测器的检测信号，进行定量数据处理。一般采用自动平衡式电子电位差计进行记录，绘制出色谱图。一些色谱仪配备有积分仪，可测量色谱峰的面积，直接提供定量分析的准确数据。先进的气相色谱仪还配有电子计算机，能自动对色谱分析数据进行处理。

三、气相色谱仪的性能指标

气相色谱仪检测器的性能指标包括噪声、响应时间、线性范围、灵敏度、检出限等。

1. 噪声　在没有样品进入检测器时，基线在短期内发生起伏的信号称为噪声。噪声是因仪器本身及其他操作条件所引起，如载气、温度、电压等的波动。

2. 响应时间　响应时间指进入检测器的某一组分的输出信号达到其真值的63%所需的时间。检测器的死体积小，电路系统的滞后现象少，响应速度就快。

3. 线性范围　线性范围指利用一种方法取得精密度、准确度均符合要求的试验结果，呈线性的待测物浓度的变化范围，也就是其最大量与最小量之间的间隔。线性范围的确定可用作图法或计算回归方程来研究建立。线性范围越大，越有利于准确测定。样品种类不同，检测器不同，线性范围可能不同。

4. 灵敏度　在一定范围内，信号与进入检测器的样品量呈线性关系，灵敏度就是响应信号对进样量的变化率。即单位量的物质通过检测器时，产生响应信号的大小。标准曲线中线性部分的斜率越大，灵敏度越高。

5. 检出限（敏感度）　检出限是指检测器恰能产生三倍于噪声信号时的单位时间内引入检测器的样品量（质量型）或单位体积载气中样品的含量（浓度型）。检出限越低，说明该检测器性能越好。

理想的检测器应具有的条件：稳定性好、噪声低；灵敏度高；线性范围宽；死体积小、响应快；检出限低。

四、气相色谱仪的使用、日常维护与常见故障处理

（一）气相色谱仪的使用

气相色谱仪的一般分析流程：载气由高压钢瓶中流出，经减压阀降压到所需压力后，通过净

化干燥管使载气净化，再经稳压阀和转子流量计后，以稳定的压力、恒定的速度流经气化室与气化的样品混合，将样品气体带入色谱柱中进行分离。分离后的各组分随着载气先后流入检测器，然后载气放空。检测器将物质的浓度或质量的变化转变为一定的电信号，经放大后在记录仪上记录下来，就得到色谱流出曲线。根据色谱流出曲线上得到的每个峰的保留时间，可以进行定性分析，根据峰面积或峰高的大小，可以进行定量分析。

气相色谱仪种类较多，使用前须经过严格的仪器操作培训，按仪器使用说明书进行，其基本操作流程见图 3-18。

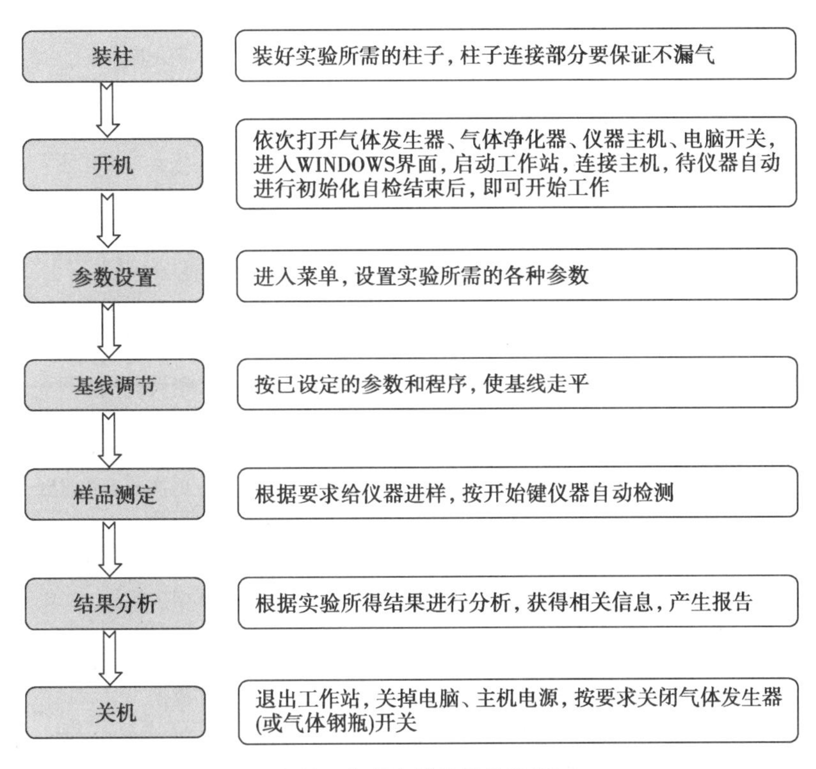

图 3-18　气相色谱仪操作流程图

（二）气相色谱仪的日常维护

为保证气相色谱仪能够正常运行，确保分析数据的准确性、及时性，需要对气相色谱仪进行定期维护。

1. 气源检查　检查发生器或者气体钢瓶是否处于正常状态；检查脱水过滤器、活性炭以及脱氧过滤器，定期更换其中的填料。

2. 管线泄漏检查　定期检查管线是否泄漏，可使用肥皂沫滴到接口处检查。

3. 气化室的维护　气化室包括：进样室螺帽、隔垫吹扫出口、载气入口、分流气出口、进样衬管。不同的部件有不同的维护方式：①进样室螺帽、隔垫吹扫出口、载气入口及分流气出口 4 个部件需按厂家要求定期清洗：把这几个部件从气化室上拆卸下来，放在盛有丙酮溶液的烧杯中浸泡并超声 2 小时，晾干后使用；若有损坏应及时更换；②进样衬管必须定期进行清洗，先用洗液清洗，然后用丙酮溶液浸泡，再用电吹风吹干备用，及时添加石英棉；若有损坏应及时更换。

4. 检测器的维护　检测器的收集器、检测器接收塔、火焰喷嘴、检测器基部、色谱柱螺帽等处，须用丙酮溶液清洗，一般超声 2 小时，直至清洗干净，清洗后用电吹风吹干备用。

5. 柱温箱的维护　柱温箱的外壳、容积区间，可用脱脂棉蘸乙醇擦洗。

6. 维护周期　气相色谱仪维护周期一般定为 3 个月。实际工作中可根据仪器工作量和运转情况适当延长或缩短维护周期。

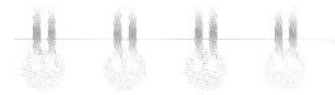

（三）气相色谱仪的常见故障处理

气相色谱仪的常见故障处理见表3-3。

表3-3　气相色谱仪的常见故障及处理方法

故障现象	故障原因	故障排除
仪器不能工作	1. 电源不通电 2. 保险丝烧坏	1. 检查电源 2. 更换保险丝
各部位不升温	1. 加热器坏 2. 触发板坏 3. 保险丝坏 4. 双向可控硅坏 5. 温控电路板故障	1. 换加热器 2. 换触发板 3. 换保险丝 4. 换双向可控硅 5. 维修或更换
各部位升温失控	1. 加热器对地短路 2. 可控硅或触发板故障 3. 温控电路板故障	1. 检查 2. 更换 3. 维修或更换
各部位温度不正常	1. 铂电阻坏 2. 温控电路板故障 3. 接线端松动	1. 换铂电阻 2. 维修或更换 3. 拧紧接线端螺丝
峰变宽	1. 载气流量低 2. 柱温低 3. 存在死体积 4. 柱污染 5. 柱选样错误 6. 进样器或检测器温低	1. 增大流量 2. 提高柱温 3. 检查柱接头 4. 更换或老化柱子 5. 更换 6. 升温
峰变尖	1. 载气流量低 2. 柱温高 3. 柱污染 4. 柱选样错误	1. 增大流量 2. 降温 3. 更换或老化柱子 4. 更换
FID不能点火	1. 载气、氢气、空气流量不适 2. 检测器温度低 3. 喷嘴堵塞 4. 氢气或空气泄漏 5. 氢气或空气流路堵	1. 用流量计检查 2. 升高温度 3. 清洗或更换 4. 检漏 5. 检查
不出峰	1. 火焰熄灭 2. 喷嘴无高压 3. 漏气 4. 灵敏度太低 5. 样品吸收 6. 数据处理机的毛病	1. 重新点火 2. 检查 3. 检漏 4. 检查灵敏度量程与样品量 5. 换柱 6. 检查数据处理机
基线不稳	1. 供电电源波动 2. 数据处理机的毛病 3. 信号接头接触不良 4. 漏气 5. 检测器污染 6. 管道污染 7. 柱污染 8. 气化室污染 9. 载气不纯 10. 气路阀件毛病 11. FID电路板故障	1. 用交流稳压器 2. 检查数据处理机 3. 重新连接信号接头 4. 检漏 5. 清洗检测器 6. 清洗管道 7. 更换或老化柱子 8. 清洗气化室 9. 更换或过滤 10. 更换阀件 11. 维修或更换

续表

故障现象	故障原因	故障排除
出现噪声	1. 供电电源波动 2. 数据处理机的毛病 3. FID 电路板故障 4. 喷嘴污染	1. 用交流稳压器 2. 检查数据处理机 3. 维修或更换 4. 更换或清洗
样品不能分离	1. 柱温太高 2. 色谱柱太短 3. 固定液流失 4. 载气流速太高 5. 进样技术差	1. 降低柱温 2. 选择较长的色谱柱 3. 更换或老化柱子 4. 调整至适当值 5. 重复进样,提高技术
峰拖尾或前突	1. 进样量过大 2. 柱选择错误 3. 气化室污染 4. 气化室和柱温箱温度不当 5. 进样技术差	1. 减少进样量 2. 重新选择色谱柱 3. 清洗 4. 重新设定适当值 5. 重复进样,提高技术
平顶峰	1. 样品量超出检测器线性范围 2. 超出数据处理机测量范围	1. 减少样品量 2. 改变衰减值或减少样品量
怪峰	1. 前一次进样的流出物 2. 进样垫的挥发或污染 3. 样品分解 4. 柱污染	1. 待所有组分流出后再进样 2. 更换或老化进样垫 3. 改变分析条件 4. 更换或老化柱子

（刘玉枝）

第五节　高效液相色谱仪

高效液相色谱(high performance liquid chromatography,HPLC)仪,是应用高效液相色谱原理,主要用于分析高沸点不易挥发的、受热不稳定的和分子量大的有机化合物的仪器。它具有分离效率高、选择性好、检测灵敏度高和分析速度快等优点。HPLC 广泛应用于生命科学、食品科学、药物研究以及环境研究中。

一、高效液相色谱仪的工作原理

高压输液泵将储液器中的流动相泵入系统,样品溶液经由进样器进入流动相,并被流动相载入色谱柱(固定相)内。由于样品液在两相中做相对运动时,经历多次反复的吸附-解吸附分配过程,而各组分在流动相和固定相中分配系数不同,其移动速度差别较大,因此被分离成单个组分依次从柱内流出。通过检测器时样品浓度被转换成电信号并传送到记录仪,数据以图谱形式打印出来(图 3-19,图 3-20)。

根据分离机制的不同,HPLC 原理可分为液固吸附色谱法、液液分配色谱法(正相与反相)、离子交换色谱法、离子对色谱法及分子排阻色谱法。

1. 液固吸附色谱法　使用固体吸附剂。根据固定相对组分吸附力大小不同而使组分得以分离。常用的吸附剂为硅胶或氧化铝,适用于分离分子量 200 ~ 1000 的组分,大多数用于非离子型化合物。

2. 液液分配色谱法　使用将特定的液态物质涂于担体表面,或化学键合于担体表面而形成的固定相。根据被分离的组分在流动相和固定相中溶解度不同而分离。依固定相和流动相的极性不同可分为正相色谱法和反相色谱法。正相色谱法采用极性固定相,流动相为相对非极性的疏水性溶剂,常用于分离中等极性和极性较强的化合物;反相色谱法一般用非极性固定相(如

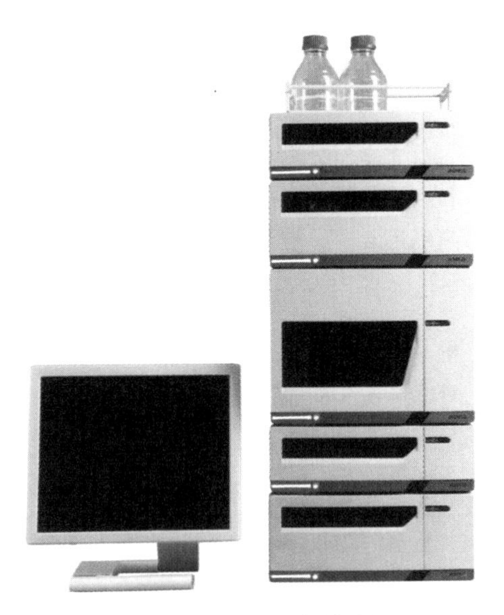

图 3-19　HPLC 仪外观

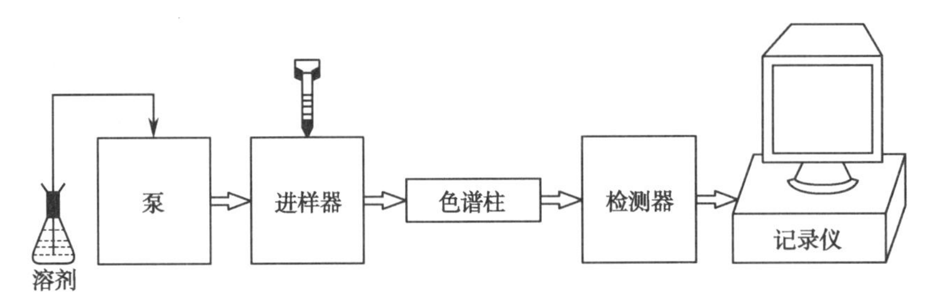

图 3-20　HPLC 仪检测原理示意图

C_{18}、C_8)，流动相为水或缓冲液，适用于分离非极性和极性较弱的化合物。后者在现代液相色谱中应用最为广泛。

3. 离子交换色谱法　固定相是离子交换树脂。树脂上可电离离子与流动相中具有相同电荷的离子及被测组分的离子进行可逆交换，根据各离子与离子交换基团具有不同的电荷吸引力而分离。离子交换色谱法主要用于分析有机酸、氨基酸、多肽及核酸。

4. 离子对色谱法　是液液色谱法的分支。被测组分离子与离子对试剂离子形成中性的离子对化合物后，在非极性固定相中溶解度增大，从而使其分离效果改善。主要用于分析离子强度大的酸碱物质。

5. 分子排阻色谱法　固定相是有一定孔径的多孔性填料，流动相可以溶解样品的溶剂。它利用分子筛对分子量大小不同的各组分排阻能力的差异而完成分离。常用于分离高分子化合物，如组织提取物、多肽、蛋白质、核酸等。

知识链接

液相色谱的发展历史

20 世纪 60 年代末科克兰(Kirkland)等人研制了世界上第一台 HPLC 仪，以高压驱动流动相，使得经典液相色谱需要数日乃至数月完成的分离工作得以在几小时甚至几十分钟内完成。1971 年科克兰《液相色谱的现代实践》一书标志着 HPLC 法正式建立。

离子色谱是 HPLC 的一种，其有别于传统液相的是树脂具有很高的交联度和较低的交换容量，进样体积很小，用柱塞泵输送淋洗液，对淋出液在线自动连续检测。

二、高效液相色谱仪的基本结构

HPLC 仪一般由溶剂输送系统、进样系统、分离系统(色谱柱)、检测系统和数据处理与记录系统组成,具体包括储液器、输液泵、进样器、色谱柱、检测器、记录仪或数据工作站等几部分。其中输液泵、色谱柱和检测器是 HPLC 仪的关键部件。随着研究的进展,HPLC 仪器还配备了梯度洗脱装置、在线真空脱气机、自动进样器、预柱或保护柱、柱温控制器等。HPLC 仪的基本结构如图 3-21 所示。

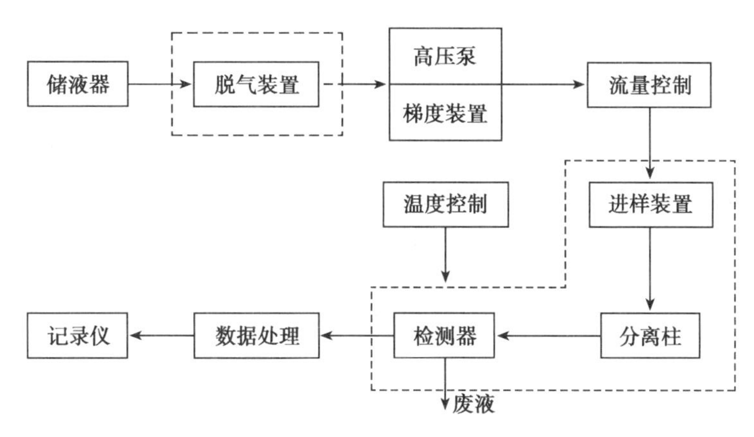

图 3-21　HPLC 仪结构图

(一) 溶剂输送系统

又称输液系统,它能有效得容纳溶剂(流动相),并将溶剂输送到系统的各个有关部位,应具备宽的流速范围和入口压力范围。该系统主要由储液器、脱气装置、输液泵、流量控制器及梯度洗脱装置等构成。

1. 储液器　储液器容量为 1～2L,用来贮存数量足够、符合要求的流动相。其材质一般为玻璃、不锈钢或氟塑料。储液器对溶剂必须惰性,且需经常清洗储液器并更换流动相,以防止长霉。

2. 脱气装置　HPLC 仪的流动相中若存在气泡将影响泵的工作、柱的分离效率、检测器的灵敏度、基线稳定性,甚至导致仪器无法检测。在荧光检测中,流动相中的溶解氧还可能会引起荧光淬灭。因此,流动相应脱气。一般采用真空脱气机进行在线脱气,具体如图 3-22 所示。

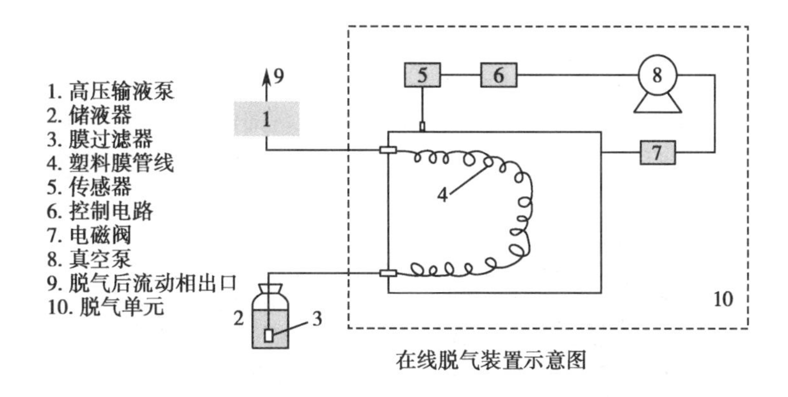

图 3-22　真空在线脱气机示意图

3. 输液泵　输液泵是 HPLC 仪的关键部件之一,它将储液器中的流动相连续不断地以高压形式送入液路系统,使样品在色谱柱中完成分离过程。因为 HPLC 仪的色谱柱柱径较细,填充的固定相粒度小,因此对流动相的阻力较大,故为使流动相能较快地流过色谱柱,常采用高压泵注

入流动相。

输液泵的种类很多，按其性质可分为恒压泵和恒流泵。恒压泵如隔膜泵受柱阻影响，流量不稳定。恒流泵按结构又可分为螺旋注射泵和柱塞往复泵，但螺旋泵缸体太大，因此隔膜泵和螺旋泵已被淘汰。目前应用最多的是柱塞往复泵（图 3-23）。

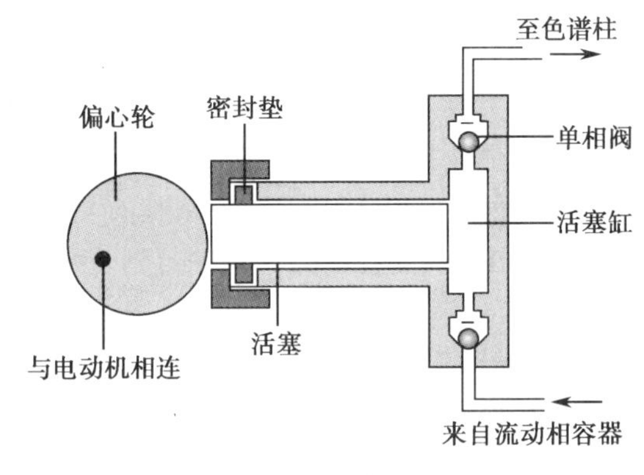

图 3-23　柱塞往复泵示意图

柱塞往复泵液缸容积小（可至 0.1ml），易于清洗和更换流动相，适合于再循环和梯度洗脱；泵压可高达 4×10^7Pa，实际应用中多采用并联或串联双泵。

4. 梯度洗脱装置　HPLC 仪有两种洗脱方式：等强度和梯度。前者适合于组分较少、性质差别不大的样品；后者用于分析组分较多、性质差异较大的复杂样品。梯度洗脱可提高分离度和检测灵敏度，并可改善峰形，缩短分析时间。

而实际应用中梯度洗脱可通过两种方式实现：高压梯度（内梯度）和低压梯度（外梯度）（图 3-24）。

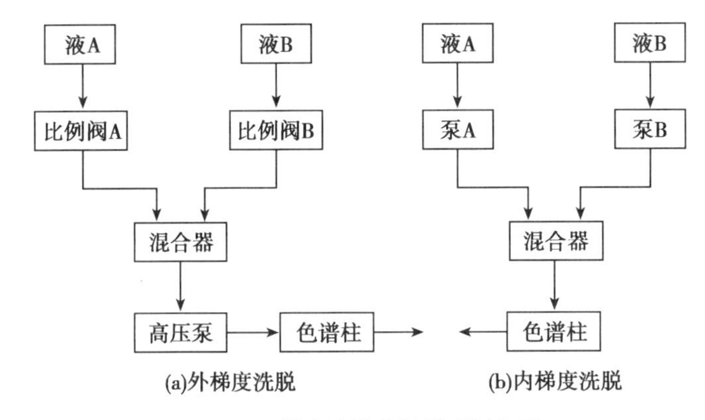

图 3-24　梯度洗脱装置原理示意图

（二）进样系统

HPLC 仪进样方式多样，早期使用隔膜和停流进样器，现在大都使用六通进样阀（图 3-25）或自动进样器（图 3-26）。

1. 阀进样　一般 HPLC 仪分析常用六通进样阀，其关键部件由圆形密封垫（转子）和固定底座（定子）组成。由于阀接头和连接管死体积的存在，柱效率低于隔膜进样（约下降 5% ~

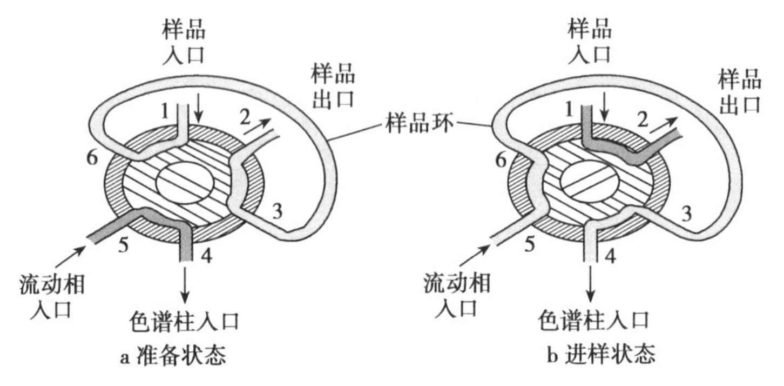

图 3-25　六通阀进样示意图

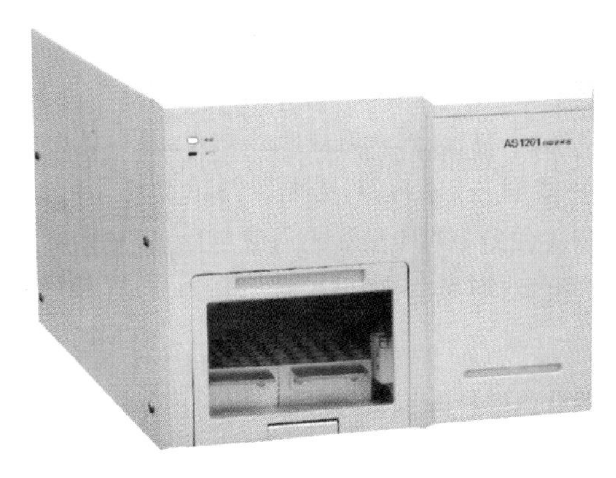

图 3-26　自动进样器

10%），但耐高压，进样量准确，重复性好，操作方便。

2. 自动进样　取样、进样、复位、清洗和样品盘的转动等都按预置的程序由系统控制自动进行，重现性好，用于大量样品的常规分析。目前自动进样器有圆盘式和链式两种。

（三）色谱柱

色谱柱是高效液相色谱仪的心脏。色谱柱要求柱效高、选择性好，分析速度快。

1. 构造　色谱柱由柱管、填料、密封垫、滤片、柱接头和螺丝等组成（图 3-27）。柱管多用不锈钢制成（压力低于 7×10^6Pa 时也可采用厚壁玻璃或石英管），管内壁要求光洁。色谱柱两端的柱接头内装有滤片防止填料漏出，其材质为烧结不锈钢或钛合金，孔径 0.2～20μm，取决于填料粒度。

2. 填料　色谱柱多使用多孔硅胶及以硅胶为基质的键合相、氧化铝、有机聚合物微球（包括离子交换树脂）、多孔碳等各种微粒填料，一般 10～30cm 左右的柱长就能满足复杂混合物分析的需要。

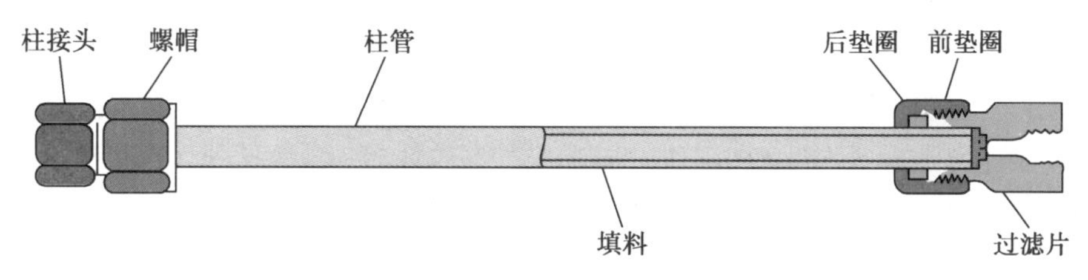

图 3-27　色谱柱结构示意图

（四）检测器

按检测原理可分为光学检测器（如紫外、荧光、示差折光、蒸发光散射）、热学检测器（如吸附热）、电化学检测器（如极谱、库仑、安培）、电学检测器（电导、介电常数、压电石英频率）、放射性检测器（闪烁计数、电子捕获、氦离子化）以及氢火焰离子化检测器。

1. 紫外检测器（ultraviolet detector，UVD）　是 HPLC 中应用最广泛的检测器，当其检测波长范围包括可见光时，又称为紫外-可见检测器（图 3-28）。UVD 灵敏度高，噪声低，线性范围宽，对流速和温度均不敏感，适用于梯度洗脱，不破坏样品，可进行连续检测。UVD 分为固定波长检测器、可变波长检测器和光电二极管阵列检测器（photodiode array detector，PDAD）。

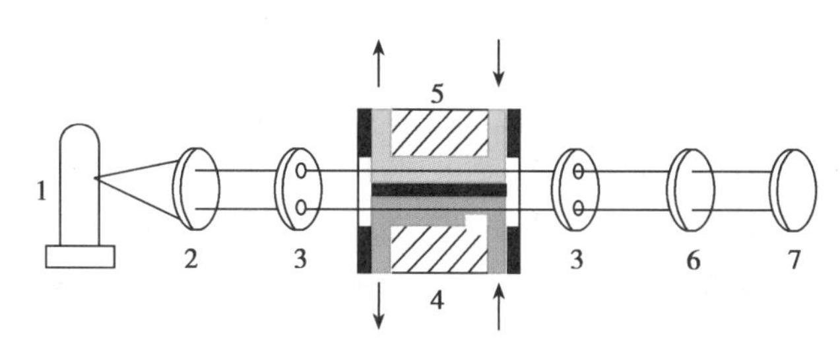

图 3-28　紫外检测器示意图

1. 低压汞灯；2. 透镜；3. 遮光板；4. 测量池；5. 参比池；6. 紫外滤光片；7. 双紫外光敏电阻

2. 荧光检测器(fluorescence detector,FD) 采用激发光照射样品,通过光电倍增管检测样品所发出的荧光,记录色谱图。FD(图3-29)根据单色器的不同,分为多波长荧光检测器(由多个滤光片构成单色器)和荧光分光检测器(由光栅构成单色器)。荧光检测器在选择性和灵敏度方面优于紫外检测器,但它多适用于能够被激发产生荧光的样品。而对于本身无荧光的物质,也可通过衍生化反应产生荧光而进行测定。

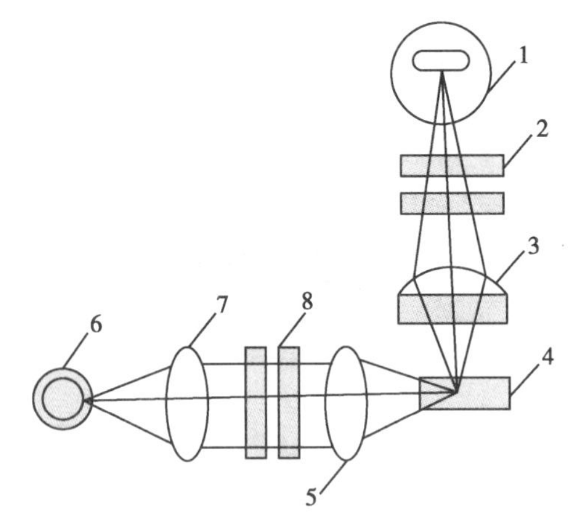

图3-29　荧光检测器示意图

1. 光电倍增管;2. 发射滤光片;3. 透镜;4. 样品流通池;5. 透镜;6. 光源;7. 透镜;8. 激发滤光片

3. 电化学检测器(electrochemical detector,ECD) 根据电化学原理和物质的电化学性质进行检测。在高效液相色谱中对那些没有紫外吸收或不能发出荧光但具有电活性的物质,可采用电化学检测法。若在分离柱后采用衍生技术,亦可将其扩展到非电活性物质的检测。

4. 示差折光检测器(differential refractive index detector,DRID) 通过检测不同物质折射率的变化而进行样品各组分的分析。DRID是一种非选择性检测器,几乎对所有被测对象均有响应,且不破坏被测物质的性质。但灵敏度较低,不适于做痕量分析,不适于梯度洗脱。

(五)数据处理和计算机控制系统

现在已广泛运用工作站处理数据。工作站包括硬件和软件,硬件部分主要为计算机,并且多与HPLC仪连为一体;软件主要由系统、控制、采样等软件和各种数据处理包组成。除进行色谱数据处理外,工作站还参与HPLC仪器的自动控制。

三、高效液相色谱仪操作条件的选择

选择最佳的色谱条件以实现待检成分的最理想分离,是HPLC分析方法建立和优化的任务之一。以下主要讨论填料基质、化学键合固定相、流动相和柱温的性质及其选择。

(一)基质(担体)

HPLC固定相填料包括陶瓷性质的无机物基质,以及有机聚合物基质。无机物基质主要是硅胶和氧化铝,要求检测器的灵敏度高。有机聚合物基质主要有交联苯乙烯-二乙烯苯、聚甲基丙烯酸酯。

1. 基质的种类

(1)硅胶:硅胶是HPLC填料中最常用的基质,其常规分析pH范围为2~8。硅胶强度高,可以键合上各种配基,制成反相、离子交换、疏水作用、亲水作用或分子排阻色谱用填料。硅胶基质填料广泛适用于极性和非极性溶剂,但是在碱性水溶性流动相中不稳定。

(2)氧化铝:与硅胶物理性质类似,也能耐较大的pH范围。

(3)聚合物:如高交联度的苯乙烯-二乙烯苯或聚甲基丙烯酸酯,在整个pH范围内稳定。聚合物基质被广泛用于分离大分子物质。

2. 基质的选择 大部分的HPLC分析使用硅胶填料,尤其是小分子量的被测物;聚合物填料用于大分子量的被测物质,主要用来制成分子排阻和离子交换柱(表3-4)。

(二)化学键合固定相

将有机官能团通过化学反应共价键合到硅胶表面的游离羟基上而形成的固定相称为化学键合相。这类固定相的突出特点是耐溶剂冲洗,并且可以通过改变键合相有机官能团的类型来改变分离的选择性。

表3-4　基质种类及其性质

	硅胶	氧化铝	苯乙烯-二乙烯苯	甲基丙烯酸酯
耐有机溶剂	+++	+++	++	++
适用 pH 范围	+	++	+++	++
抗膨胀/收缩	+++	+++	+	+
耐压	+++	+++	++	+
表面化学性质	+++	+	++	+++
效能	+++	++	+	+

注:+++好;++一般;+差

1. 键合相的性质　化学键合相广泛采用微粒多孔硅胶为基体,用烷烃二甲基氯硅烷或烷氧基硅烷与硅胶表面的游离硅醇基反应,形成 Si-O-Si-C 键形的单分子膜而制得。反应的完全度以及 pH 对以硅胶为基质的键合相的稳定性有很大影响,硅胶键合相应在 pH 2 ~ 8 的介质中使用。

2. 键合相的种类　化学键合相按键合官能团分为极性和非极性两种。常用的极性键合相主要有氰基(—CN)、氨基($—NH_2$)和二醇基(DIOL)键合相。极性键合相一般用于正相色谱,极性强的组分保留值较大。常用的非极性键合相主要有各种烷基(C_1 ~ C_{18})和苯基、苯甲基等,以 C_{18}应用最广。

(三) 流动相

1. 流动相的要求　理想的流动相溶剂应具备的特征有:不改变填料的性质;高纯度;必须与检测器匹配;低黏度;对样品较好的溶解度;样品易于回收。

2. 流动相的选择　在化学键合相色谱中,溶剂的洗脱能力直接与它的极性相关。在正相色谱中,溶剂的洗脱强度随极性的增强而增加;在反相色谱中,溶剂的洗脱强度随极性的增强而减弱。

3. 水质要求　HPLC 仪应用中要求超纯水。

(四) 柱温

温度对溶剂的溶解能力、色谱柱的性能、流动相的黏度都有影响,因此色谱柱要求恒温,恒温精度在±0.5℃之间。为保持柱温的恒定,HPLC 仪一般都配置有柱温箱,根据检测方法要求设置柱温,以获得较好的分离度和谱图。

四、高效液相色谱仪的日常维护与常见故障处理

(一) 输液泵

1. 输液泵的维护

(1) 试验室应常备各种配件用于更换。

(2) 腐蚀性溶剂或缓冲液在泵内不可过夜,否则会腐蚀泵。若使用腐蚀性物质后应冲洗,先用水,再用水-甲醇混合液,最后用纯甲醇。

(3) 每次更换溶剂都须记录。

(4) 避免电机过热,带电机的泵要定期加油。

(5) 流动相在使用前要脱气,同时避免使用挥发性很大的溶剂(戊烷、乙醚等)防止系统产生气泡。

(6) 经常检查压力限制开关,检查流速。

2. 输液泵常见故障及排除方法

(1) 既无压力指示,又无液体流过:泵密封垫圈磨损,需更换;或有大量气泡进入泵体。可在泵工作时用玻璃针筒在泵出口处抽气泡。

（2）压力波动大，流量不稳定：系统中有空气，排除。

（3）压力异常升高：输液管被堵塞。多在细径的管道和经过滤器处发生，需及时清除异物并彻底洗净。

（4）压力降低：系统有泄漏，凡有接头螺帽处均以拧至不漏液为度，不宜过分拧紧，以免损坏接合处的密封。

（二）进样阀

进样阀注射孔的导管不宜拧得太紧，否则垫圈被挤压过度而封死，无法进样。进样阀的通道十分微细，样品须预先处理（过滤），同时避免注射浓溶液，防止其在进样阀内析出结晶引起堵塞，使系统压力异常上升。

（三）色谱柱

1. 开机时，流速和柱压要逐渐加强，避免柱头凹陷。
2. 在注射样品前色谱系统须平衡。
3. 柱头不要拧得太紧，过紧易损坏接头螺纹引起渗漏。
4. 气流和阳光都会使色谱柱产生温度梯度，造成基线漂移。
5. 若色谱柱被样品污染，可用溶剂慢慢冲柱过夜。然后再用流动相重新平衡柱30分钟。
6. 装卸、更换、贮存需挪动色谱柱时，动作宜轻，勿碰撞，以免柱床因震动而产生空隙。
7. 使用硅胶为基底的色谱柱，流动相的pH一般为2～8。
8. 色谱柱在使用过程中，柱压逐步升高，可能的原因有：柱子被污染或流路堵塞；固定相颗粒破碎或骨架被溶解。解决的办法：在分析柱前加预柱；避免使用碱性强的流动相。
9. 色谱柱要加标签，做好记录，新旧分开。

（四）检测器

1. **异常峰和噪声**　更换光源并检查上述现象是否消失。也可为流动相被污染或混有气泡，此时应去除气泡。

2. **基线漂移**　样品池、参比池或色谱柱被污染，应彻底清洗；环境温度变化也会引起漂移，应恒温。

3. **紫外吸收响应值出现负峰**　样品的紫外吸收值低于流动相的响应值而出现负峰，试剂纯度不足。

（胡雪琴）

第六节　质　谱　仪

质谱法（mass spectrometer）是一种通过制备、分离、检测气相离子来鉴定化合物的一种专门技术，质谱分析具有灵敏度高，样品用量少，分析速度快，与色谱联用可以分离和鉴定同时进行等优点，广泛应用于化工、环境、能源、医药、运动医学、刑侦科学、生命科学、材料科学等各个领域，特别是色谱-质谱联用法已经成为生物医药领域研究中的主要分析手段。

一、质谱仪的工作原理

质谱仪离子源使试样分子在高真空条件下离子化，分子电离后因接受了过多的能量进一步碎裂成较小质量的多种碎片离子和中性粒子，它们在加速电场作用下获取具有相同能量的平均动能而进入质量分析器，质量分析器将同时进入其中的不同质量的离子，按质荷比 m/e 大小进行分离，分离后的离子依次进入离子检测器，采集放大离子信号，经计算机处理，绘制成质谱图（mass spectrum）。

在质谱图中，横坐标表示离子的质荷比（m/e）值，纵坐标表示离子流的强度，通常用相对强

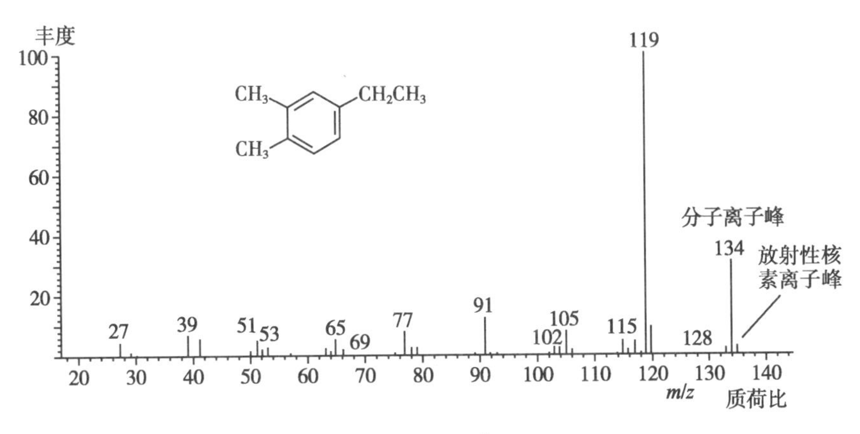

图 3-30　质谱图

度来表示(图 3-30)。

二、质谱仪的基本结构

质谱仪一般由样品导入系统、离子源、质量分析器、检测器、数据处理系统等部分组成(图 3-31,图 3-32)。离子源、质量分析器和离子检测器都各有多种类型。

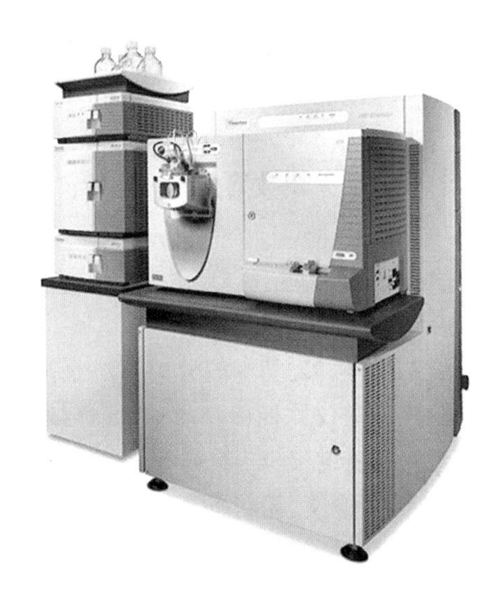

图 3-31　质谱仪

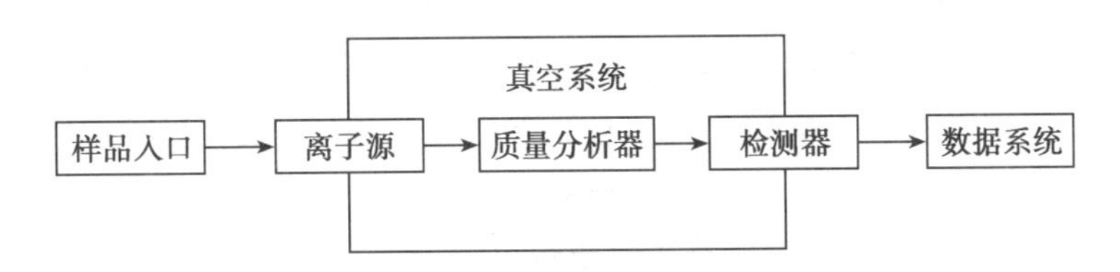

图 3-32　质谱仪的基本结构示意图

在质谱仪中凡是有样品分子和离子存在的区域必须处于真空状态,以降低背景和减少离子间或离子与分子间碰撞所产生的干扰(如散射、离子飞行偏离、质谱图变宽等),且残余空气中的氧气还会烧坏离子源的灯丝。真空度不能过低,否则会使本底增高,甚至会引起分析系统内的电极之间放电。质谱仪的真空度一般保持在 $1.0\times10^{-7}\sim1.0\times10^{-4}$Pa。其中尤以质量分析器对真空度的要求最高。

（一）进样系统

将样品导入质谱仪可分为直接进样和通过接口两种方式实现。

1. 直接进样　在室温和常压下，气态或液态样品可通过一个可调喷口装置以中性流的形式导入离子源。

2. 通过接口技术进样　目前质谱进样系统发展较快的是多种色谱-质谱联用的接口技术，将色谱流出物导入质谱，经离子化后供质谱分析。

（二）离子源

离子源是使样品电离产生带电粒子（离子）束的装置。应用最广的电离方法是电子轰击法，其他还有化学电离、光致电离、场致电离、大气压电离、基质辅助激光解吸离子化、电感耦合等离子体离子化、场解吸电离和快原子轰击电离等。离子源的性能很大程度上决定了质谱仪的灵敏度。

（三）质量分析器

在离子源中产生的不同动能的正离子，在加速器中加速，增加能量后在质量分析器将带电离子根据其质荷比加以分离，常用质量分析器有单聚焦分析器、双聚焦分析器、四极杆分析器、离子阱分析器、飞行时间分析器、傅里叶变换分析器等类型。

（四）检测器

检测器接收和检测分离后的离子。常用的有：电子倍增器、光电倍增管、电荷耦合器件。此外，离子阱、傅里叶变换器本身就是一个检测器。还有离子计数器、法拉第杯、低温检测器等。

（五）数据系统

运用工作站软件控制样品测定程序，采集数据与计算结果、分析与判断结果、显示与输出质谱图（表）、数据储存与调用等。

三、质谱仪的分类

质谱仪种类非常多，分类方法也较多。最基本的分类方法是按所使用的质量分析器类型分为：磁质谱仪（单聚焦质谱仪、双聚焦质谱仪）、四极杆质谱仪（Q-MS）、离子阱质谱仪（IT-MS）、飞行时间质谱仪（FOF-MS）和傅里叶变换质谱仪（FT-MS）等。

按应用范围可分为放射性核素质谱仪、无机质谱仪和有机质谱仪。有机质谱仪基本工作原理是以电子轰击或其他的方式使被测物质离子化，形成各种质荷比（m/e）的离子，然后利用电磁学原理使离子按不同的质荷比分离并测量各种离子的强度，从而确定被测物质的分子量和结构。有机质谱仪主要用于有机化合物的结构鉴定，它能提供化合物的分子量、元素组成以及官能团等结构信息。无机质谱仪与有机质谱仪工作原理不同的是物质离子化的方式不一样，无机质谱仪是以电感耦合高频放电（ICP）或其他的方式使被测物质离子化。无机质谱仪主要用于无机元素微量分析和放射性核素分析等方面。放射性核素质谱分析法的特点是测试速度快，结果精确，样品用量少（微克量级）。能精确测定元素的放射性核素比值。广泛用于核科学，地质年代测定，放射性核素稀释质谱分析，放射性核素示踪分析。

其中，数量最多、用途最广的是有机质谱仪，还较多地与色谱联用，如GC-MS、LC-MS，它的基本工作原理是：利用一种具有分离技术的仪器，作为质谱仪的“进样器”，先将有机混合物分离成纯组分后再进入质谱仪分析，充分发挥色谱仪分离特长与质谱仪的定性鉴定特长，使分离和鉴定同时进行。

按分辨本领还可分为高分辨、中分辨和低分辨质谱仪；按工作原理可分为静态仪器和动态仪器。

相关链接

串联质谱

两个或更多的质谱连接在一起，称为串联质谱。最简单的串联质谱(MS/MS)由两个质谱串联而成，其中第一个质量分析器(MS1)将离子预分离或加能量修饰，由第二级质量分析器(MS2)分析结果。如：三级四极杆串联质谱、四极杆-飞行时间串联质谱(Q-TOF)和飞行时间-飞行时间(TOF-TOF)串联质谱等，大大扩展了应用范围。

四、质谱仪的性能指标

质谱仪的主要性能指标是分辨率、灵敏度、质量范围、质量稳定性和质量精度等。

（一）分辨率

质谱仪的分辨率是指把相邻两个质谱峰分开的能力，常用 R 表示。质谱仪的分辨率由离子源的性质、离子通道的半径、狭缝宽度与质量分析器的类型等因素决定。质谱仪的分辨本领决定了仪器的性能和价格。分辨率在 500 左右的质谱仪可以满足一般有机分析的需要，仪器价格相对较低；若要进行放射性核素质量及有机分子质量的准确测定，则需要使用分辨率 5000～10 000及以上的高分辨率质谱仪，其价格会是低分辨率仪器的数倍以上。

（二）灵敏度

质谱仪的灵敏度有绝对灵敏度、相对灵敏度和分析灵敏度等几种表示方法。绝对灵敏度是指产生具有一定信噪比的分子离子峰所需的样品量；相对灵敏度是指仪器可以同时检测的大组分与小组分含量之比；分析灵敏度则是指仪器在稳态下输出信号变化与样品输入量变化之比。

常用绝对灵敏度表示质谱仪的灵敏度。其中，信噪比＝检测信号/背景噪声，一般要求信噪比大于 10∶1。还可以同时规定检测信号的绝对值，如峰高或峰面积下限。

（三）质量范围

质谱仪的质量范围是指其所检测的离子质荷比(m/e)范围。如果是单电荷离子即表示质谱仪检测样品的相对原子质量(或相对分子质量)范围，采用以^{12}C定义的原子质量单位(atomic mass unit，amu，1amu＝1u＝1Da)来量度。

质量范围的大小取决于质量分析器。不同的分析器有不同的质量范围，彼此间比较没有任何意义。同类型分析器则在一定程度上反映质谱仪的性能。

（四）质量稳定性和质量精度

质量稳定性主要是指仪器在工作时质量稳定的情况，通常用一定时间内质量漂移的质量单位来表示。例如某仪器的质量稳定性为：0.1amu/12h，含义是该仪器在 12 小时之内，质量漂移不超过 0.1amu。

质量精度是指测定质量的精确程度，常用相对百分比表示。例如，某化合物的质量为 1 520 473amu，用某质谱仪多次测定该化合物，测得的质量与该化合物理论质量之差在 0.003amu 之内，则该仪器的质量精度约为十亿分之二(2ppb)。但质量精度只是高分辨质谱仪的一项重要指标，对低分辨质谱仪没有太大意义。

五、质谱仪的使用、日常维护与常见故障处理

以电感耦合等离子体质谱仪为例。

（一）电感耦合等离子体质谱仪的使用

不同类型的质谱仪，操作规程有差异，同一类型质谱仪不同仪器品牌，操作步骤也略有不

同。下面以电感耦合等离子体质谱仪(ICP-MS)为例,简要介绍其分析操作流程如下(图3-33、图3-34):

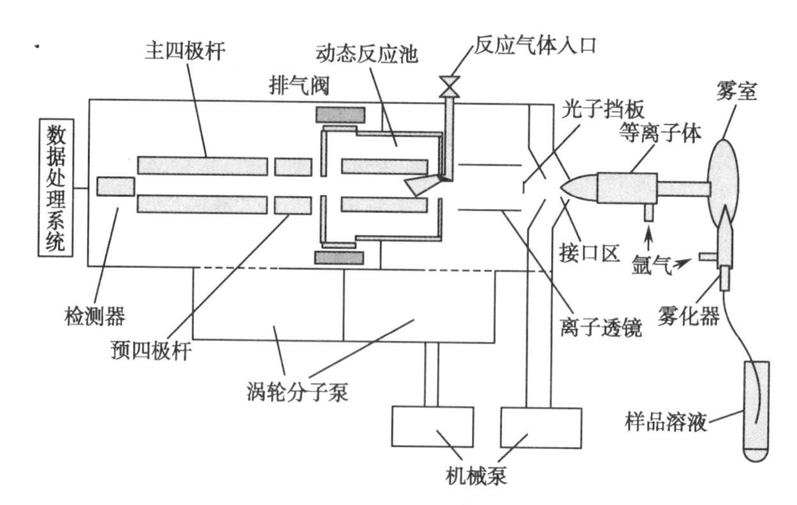

图3-33　电感耦合等离子体质谱仪结构示意图

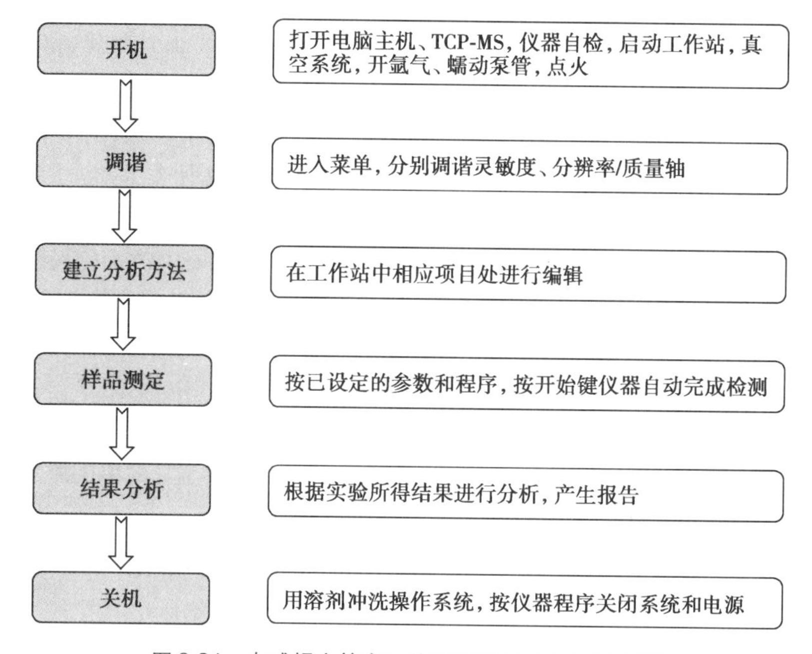

图3-34　电感耦合等离子体质谱仪基本操作流程图

(二) 电感耦合等离子体质谱仪的维护

1. 仪器安装环境　防震,防尘,避光,稳定电压,15~25℃,湿度5%~80%RH。

2. 仪器维护　电感耦合等离子体质谱仪(ICP-MS)是一台复杂的设备,样品由进样系统引入,在等离子体中形成离子,通过接口区和离子透镜系统导控到质量分析器中。ICP-MS的组成部件一般比其他原子谱仪器复杂。为确保仪器处于最佳状态,日常维护对于ICP-MS而言是极为重要的,这将影响ICP-MS的性能和使用寿命。

(1) 进样系统:进样系统由蠕动泵、雾化器、雾室和排废液系统等部分组成,进样系统最先接触样品基体,因而是ICP-MS中需要很多维护和注意的地方:①蠕动泵泵管:在ICP-MS中,用蠕动泵以大约1ml/min的提升量,将样品泵入雾化器。蠕动泵泵管一般由聚合物材料制成,每隔几天应该检查泵管的状态,尤其是实验室分析的样品量大或者分析腐蚀性极强的溶液,仪器不进样时,及时释放泵管上的压力。②雾化器:具体选择哪一种雾化器通常由样品的类型和分

析的数据质量目标而定。但是,不管采用哪一种,应该注意确保雾化器的喷嘴没有被堵塞。③雾室:雾室的维护重要的是确保排废液管正常排液。排废液管发生故障或泄漏可能导致雾室内的压力发生变化,使得待测元素的信号产生波动,导致数据不稳定或不准确,精密度变差。雾室和等离子体炬管中样品喷射管之间的 O-形圈发生老化也会出现类似问题,但后者老化出现的概率较小。

(2) 等离子体炬管:对炬管的维护有以下方面:①检查石英炬管外管上的变色、沉积情况、热变形情况;②检查样品喷射管的堵塞情况;③重新安装炬管时,确保炬管放置在负载线圈的中心,并与采样锥之间保持正确的距离;④检查 O-形圈和球形磨口接头的磨损和腐蚀情况;⑤如果采用金属屏蔽炬与线圈接地,需确保屏蔽炬处于正常的运行状态。

(3) 接口区域:接口区是 ICP 和 MS 的连接区域,下面这些提示有助于延长接口和锥的寿命:①检查采样锥和截取锥是否洁净,是否有样品沉淀;②应用仪器制造商推荐的方法拆卸和清洗锥;③不要用任何金属丝来戳锥孔;④分析某些样品基体时镍锥会很快退化,建议使用铂锥分析强腐蚀性溶液和有机溶剂;⑤用 10 ~ 20 倍的放大镜周期性检查锥孔的直径和形状;⑥待锥彻底干燥后方能安装回仪器;⑦检查循环水系统的冷却水,可以发现接口区域腐蚀的信息。

(4) 离子光学系统:每 2 ~ 3 个月(取决于工作负荷和样品类型)检查和清洗该系统,这一步骤应该是完整的预防性维护计划的一个重要组成部分。

(5) 机械泵:泵油已呈暗棕色,表明泵油的润滑特性已下降,需要更换。更换泵油时切记关闭仪器电源。

(6) 空气过滤器和循环水过滤器:空气过滤器必须经常进行检查、清洗或更换。

(7) 需要定期检查的组件:需要重点强调的是,ICP-MS 中其他的组件都有使用寿命,一定时间内需要更换,或至少每隔一段时间视察。这些组件不列为常规维护程序,通常由一名维修工程人员进行清洗或更换。这些组件包括检测器、涡轮分子泵和质量分析器等。

(三) 电感耦合等离子体质谱仪常见故障及排除方法

ICP-MS 仪器因厂商品牌的不同,其故障与排除方式略有不同。现代 ICP-MS 的计算机操作软件,普遍带有 F1 在线帮助功能,这通常是一套最直接、最完整、最全面的仪器应用教材。按"F1"弹出帮助文档,方便操作人员在线查阅需要的资料,及时解决问题。

(彭裕红)

本章小结

本章重点介绍了紫外-可见分光光度计、原子吸收光谱仪、荧光光谱仪、气相色谱仪、高效液相色谱仪、质谱仪等为代表的六种临床分析化学仪器。紫外-可见分光光度计是用于测量和记录物质分子对紫外光、可见光的吸光度及紫外-可见吸收光谱,并进行定性定量以及结构分析的仪器。原子吸收光谱仪依据原子化方法不同,主要分为火焰原子吸收光谱仪、非火焰原子吸收光谱仪和低温原子吸收光谱仪三类。荧光光谱仪是常用的发射光谱分析仪器,是利用测定物质产生的荧光强度来进行物质的定性定量分析的仪器。常用的荧光光谱仪有荧光光度计、荧光分光光度计、X 荧光光谱仪。气相色谱仪是一种多组分混合物的分离、分析工具,它是以气体为流动相,采用冲洗法的柱色谱技术。高效液相色谱仪依据色谱法原理研制而成,为获得较好的分离分析效果,HPLC 仪在使用过程中应进行如检测器、固定相、流动相、柱温等检测条件的选择和优化。质谱仪是将分析物气化成离子后,按质荷比(m/e)分开并进行定性、定量和结构分析的仪器,其核心是离子源和质量分析器。

(刘玉枝)

复　习　题

一、单项选择题

1. 紫外-可见分光光度计测量吸光度的元件是

A. 棱镜　　B. 光电管　　C. 钨灯
D. 比色皿　　E. 比色池

2. 原子吸收分光光度计产生的光谱是

A. 电子光谱　　B. 原子吸收光谱　　C. 转动光谱
D. 振动光谱　　E. 分子发射光谱

3. 在荧光分光光度计使用中,操作不正确的是

A. 氙灯的使用寿命有限,在不使用时应立即关闭
B. 在切换光源、修改设置或放样品之前必须把狭缝(△A)关到最小
C. 仪器开机自检不通过时,可以关机重新开启
D. 检测结束后,关机时最好不要马上切断总电源,让风扇多转一段时间,再关闭电源
E. 荧光分光光度计发生故障,未经授权,不要擅自拆机

4. 高效液相色谱仪与气相色谱仪比较增加了

A. 恒温箱　　B. 进样装置　　C. 程序升温
D. 梯度洗脱装置　　E. 检测器

5. 质谱仪的真空系统不包括下列单元

A. 数据处理系统　　B. 离子源　　C. 质量分析器
D. 检测器　　E. 进样系统

二、案例分析

根据质谱仪的仪器基本组成框架结构,画出液质联用仪器的基本组成框架结构,通过查阅资料列举1个至2个液质联用在医学检验中的应用。

第四章

临床形态学检测仪器

学习目标

1. 掌握:光学显微镜、血细胞分析仪、尿沉渣分析仪、精液分析仪的工作原理、各类仪器的基本结构。

2. 熟悉:光学显微镜种类、使用与维护;血细胞分析仪的使用方法、维护和故障排除;流式细胞仪的光学系统组成、主要性能指标及测量方法;流式细胞仪分选器的组成和分选原理及影响因素;各类尿沉渣分析仪的使用方法、仪器的安装、校准和简单故障的排除;精液分析仪的主要性能指标及测量方法。

3. 了解:电子显微镜的类型;流式细胞仪信号所代表的意义;血细胞分析仪、尿沉渣分析仪的检测项目及相应参数;各类仪器的维护与保养方法。

临床形态学检测仪器的共同特点是:通过识别待测对象形态结构上直接的或经技术处理后间接表现的差异,来达到定性、定量或了解其理化性质、空间构成、免疫特性等信息的目的。本章主要介绍常见的临床形态学检测仪器,包括显微镜、血细胞分析仪、流式细胞仪、尿沉渣分析仪、精液分析仪,对它们的工作原理、种类特点、基本结构、性能参数、使用维护及故障排除等内容。

第一节 显 微 镜

显微镜(microscope)是能将肉眼无法分辨的微小物质放大成肉眼可辨物像的设备,具有很高的放大率和分辨率,是研究微观世界的有力工具。显微镜经历了光学显微镜、电子显微镜、扫描隧道显微镜三个发展阶段。光学显微镜是临床实验室的基础设备,常用于各种细胞、微生物、有形成分的观察鉴别。本节主要介绍光学显微镜的工作原理、结构、性能、种类、使用维护。

一、光学显微镜的原理和结构

(一)光学显微镜的工作原理

光学显微镜利用物镜和目镜组合后产生两次放大而成像。物镜焦距较短,靠近标本,是成实像的透镜组;目镜焦距较长,靠近眼睛,是成虚像的透镜组。标本 AB 放置于物镜前方焦点附近,由物镜作第一级放大后成一倒立实像 A′B′,该像再经目镜作第二级放大形成倒立的虚像 A″B″,位于人眼明视距离处,并可被人眼观察到(图 4-1)。

(二)光学显微镜的基本结构

光学显微镜由光学系统和机械系统组成(图 4-2)。

1. 光学系统 是显微镜的核心,由物镜、目镜、聚光器、光源及其他附属装置组成,其中物镜、目镜组成成像系统,聚光器、光源组成照明系统。

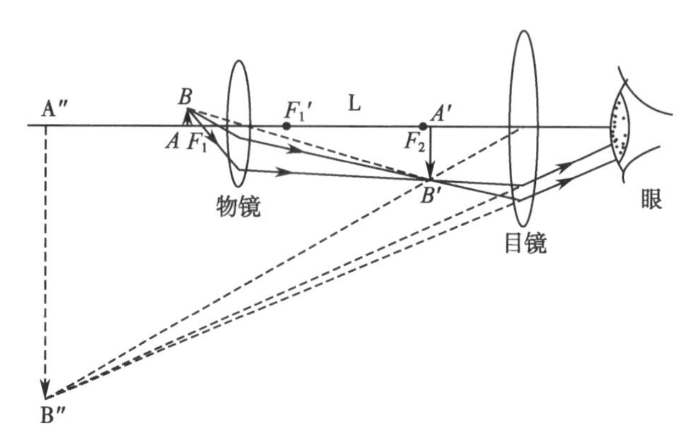

图 4-1　光学显微镜成像原理

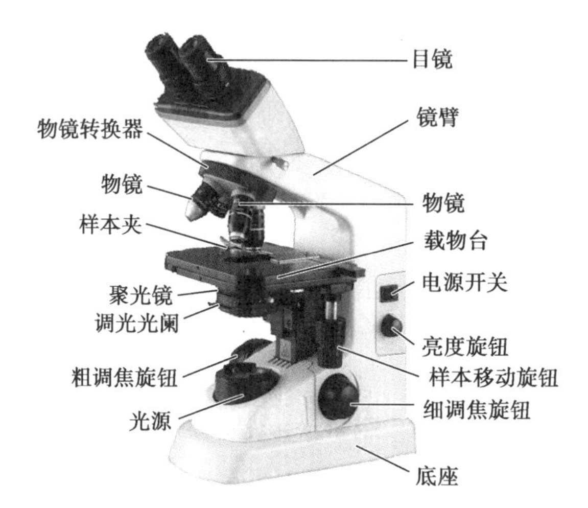

图 4-2　普通光学显微镜基本结构

（1）物镜：是光学系统的核心，直接影响光学性能。它由几个透镜组合集成在金属筒内构成，安装在物镜转换器上，通过转换可和目镜组成不同放大率的成像系统。物镜的分类：依据放大率分为低倍、中倍和高倍物镜；依据是否浸入液体媒介分为干式和浸液物镜；依据镜筒长度分为筒长有限远物镜和筒长无限远物镜；依据对像差与色差的消除能力可分为消色差物镜、复消色差物镜和平场物镜等。①消色差物镜以“Ach”标示，是常用的物镜，它校正了轴向上红、蓝二色的色差、球差和近轴点的彗差，未校正绿光的色差和球差，且场曲较大；②复消色差物镜以“Apo”标示，在消色差物镜基础上，校正了绿色光的色差，场曲较小，成像质量明显提升；③平场物镜以“Plan”标示，场曲很小，视场平坦，视场边缘成像质量高，常用于显微摄影。

物镜的技术参数都标示在物镜外壳上，由上至下有三行。第一行标明平场、色差校正状况；第二行以 β/NA 的形式说明物镜的放大倍数和数值孔径；第三行标明浸渍介质、以 L/B 的形式说明适用的镜筒长和盖玻片的厚度、照明方式等信息。物镜上的色圈可表示附加信息。浸液式物镜一般为 100 倍油镜。

（2）目镜：由 2 ~ 3 组透镜构成，靠近物镜的透镜起主放大作用，靠近眼睛的透镜称接目镜。物镜所成实像位于目镜的物方焦平面上，该平面装有光阑，可放置测微尺和指针，用以测量或指示所观察的图像。目镜技术参数有放大倍数、最小视场直径等，常见的放大倍数为 10 倍。目镜的分类：

1）惠更斯目镜：主要应用于观测型显微镜。由两块平凸透镜间隔一定距离构成，凸面都朝向物镜一侧，其焦点位于两片透镜之间。

2）冉斯登目镜：常用于测量型显微镜。由两块平凸透镜间隔一定距离构成，但凸面相对，其物方焦面位于目镜前方，可在光阑面上放置测微尺。

3）补偿目镜是惠更斯目镜的改进型，可补偿校正复消色差物镜的放大率色差缺陷。

4）平场目镜：像散和场曲控制较好，视野平坦，视场较大。

5）无畸变目镜：可消除畸变，令观察舒适；广角目镜可增大视场；摄影负目镜可使中间像面和摄影像面位于同侧而有利于摄影；测微目镜可令物像和测微尺均清晰成像而有利于测量。

（3）照明系统

1）光源分为自然光源和电光源两类。前者靠反光镜采光，受外界光源的影响较大。电光源常用卤素灯或 LED，可做到随时照明及亮度可调。

2）滤光片用于选择入射光的光谱成分和改变光的强度，常用有色玻璃滤光片。

3）聚光器由数个透镜组合而成，位于光源和样品间，可会聚光束，使光束均匀并增强照明亮度。其离光源的距离和光线通过孔径大小均可调节，应确保聚光镜的 NA 大于或等于物镜的 NA，以获理想的成像效果。聚光器种类较多，不同种类的显微镜有配套的聚光器。

4）载玻片是光路的一部分，其光学性能会影响成像质量，其表面应平坦，无气泡，无划痕，无色，透明度好，厚度符合规定。

5）显微镜的照明方式按光源光束是否透过标本可分为透射式照明和落射式照明两大类。前者适用于透明或半透明的物体照明，大部分生物显微镜用此方式照明，后者用于非透明物体照明。按照光源光束是否直接射入物镜分为亮视场法、暗视场法。

2. 机械系统　其作用是支撑、固定、调节光学系统和被观察的样本，确保成像质量。

（1）底座和镜臂：常组成一个稳固的整体，形成显微镜的结构基础。底座维持显微镜的平稳性，镜臂是其他机械装置附着的基础。

（2）镜筒：上端放置目镜，下端连接物镜转换器，保证光路畅通、稳定。双目镜筒能看到相同的像，调节合适后两个像可重合。三目镜筒中的直筒可用于显微摄影。

（3）物镜转换器：连接于镜筒下端，装有多个物镜，通过转动可切换至不同放大倍数的物镜，其机械精度要求非常高以保证齐焦和合轴要求。

（4）载物台：放置标本，通过调节装置使标本在平面上移动可改变观察视野。

（5）调焦系统：调节物镜与标本之间的距离，以获得清晰的物像，含粗调焦旋钮和细调焦旋钮两套机构。

二、光学显微镜的性能参数

1. 放大率（M）　又称放大倍数，是指经多次放大后所成物像与原物体大小的比值，是显微镜的重要参数。它与物镜放大率、目镜放大率及增设的棱镜放大率成正比。如：目镜为 10×，物镜为 100×，则放大倍数为 1000 倍。还可用位置放大率来估算：与镜筒长度及增设的棱镜放大率成正比，与物镜和目镜的焦距成反比。

2. 分辨率（δ）　是指分辨物体微细结构的能力，用最小可分辨的两个物点的距离表示，是显微镜的重要参数。光波波长越短、物镜的数值孔径越大，则分辨率越高，微细结构观察得越清晰。显微镜的放大率和分辨率相匹配，才能做到有效放大并清晰地观察物像。普通光学显微镜的最高有效放大率约为 1000 倍。

3. 数值孔径（NA）　又叫镜口率，是样品与物镜间介质的折射率（n）与物镜孔径角（α）的一半的正弦值的乘积。它是反映物镜和聚光镜性能的重要参数，用来限制可以成像的光束截面和通量，决定和影响着其他性能参数。NA 与景深成反比，与放大率、分辨率及图像亮度成正比。NA 变大后，视场宽度与工作距离会变小。浸油物镜以油代替空气来增大介质折射率，达到增大物镜 NA 值。

4. 视场（d）　是指通过目镜所能看到的图像空间范围。目镜光阑变小、物镜放大率变大均会使视场变小。

5. 景深(DF)　显微镜清晰聚焦后,位于焦点平面前后一定范围内的平面都能形成清晰的物像,这些平面之间的最大距离称为景深。景深和总放大倍数、数值孔径成反比。

6. 工作距离　指可清晰观察物体时,物体与物镜表面间的距离,它和物镜的NA成反比,物镜的焦距越长,放大倍数越低,其工作距离越长。

7. 像差　物点发出的光线经过透镜后不能全部按照高斯光学的光路成一个理想的点像,而出现形状方面的缺陷,称为像差,可表现为球差、彗差、像散、场曲、畸变。

透镜中心区域和边缘区域对光线的会聚能力的差异而导致折射后光线无法相交于一点,所形成的物像是中间亮边缘逐渐模糊的弥散斑,就是球差;所形成的物像顶端小而亮,尾部逐渐变宽且模糊,如彗星状光斑,就是彗差。像散是指主光轴外的物点发出的光束经透镜折射后成像在不同的平面上,形成弥散斑或相互垂直的亮线的现象。场曲是指较大的平面物体成像后,像面呈一个曲面而不是平面的现象,影响显微摄影的成像质量。畸变是不同部分的图像因放大率不同导致的物像形状失真。

8. 色差　透射材料对各种单色光的折射率是不同的,光程的差异可导致成像位置、大小和颜色都产生差异,这就是色差。色差分为轴向色差和垂轴色差。

三、常用光学显微镜的种类及应用

光学显微镜的种类繁多,依据主要用途可分为生物显微镜和金相显微镜两大类。后者主要用于不透明的材料观察。常用的生物学显微镜有:

1. 普通生物显微镜　是实验室的基础设备,常用于血液、体液的细胞形态、有形成分观察,病原微生物的涂片观察等。特点:光源为自然光或电光源,且位于标本的下方,采用透射式照明,在明视场中进行观察。其最大有效放大倍数为1000倍,分辨率为0.2μm。双目显微镜因利用双眼同时观察,成像自然,不易疲劳而应用广泛,其目镜间距调,设有屈光度调节,最终看到的是大小、亮度、清晰度一致,重合的物像(见图4-2)。

2. 荧光显微镜　是以紫外线为光源照射标本,观察标本中的荧光物质受激发后产生的荧光图像的一种显微镜。一般利用荧光素标记的抗体(抗原)与细胞表面或内部相应的抗原(抗体)发生特异性结合,通过荧光显微镜观察荧光素在组织和细胞内外的分布和强度,从而对特异性成分进行定性、定位分析。因灵敏度高,成像清晰,得到广泛应用。特点:①光源为高压汞灯,可发出紫外线;②滤光片有两组,位于光源和标本间的选择滤光片可让紫外线通过,位于标本与目镜间的阻隔滤光片阻断多余的紫外线通过;③多采用落射式照明(图4-3)。

3. 倒置显微镜　其结构和普通生物显微镜相比是颠倒的:照明系统位于载物台及标本上方,物镜位于载物台器皿下方。放大率一般不超过40倍,工作距离较长。常用于培养瓶或培养皿中微生物、细胞、组织培养等的观察,又称生物培养显微镜(图4-4)。

4. 相衬显微镜　利用光的衍射和干涉现象,将光线通过透明标本所产生的相位差转换成肉眼可辨的振幅差,使标本可被观察。主要用于观察活细胞、未染色的标本。特点:①光源和聚光镜间的环形光阑,使透过聚光镜的光束形成空心光锥;②在物镜中加了一个相位板,有推迟直射光或衍射的相位、降低直射光强度、突出干涉效果的作用。

5. 暗视场显微镜　光线照射到直径小于入射光波长的胶体粒子时会发生光的散射,从入射光的垂直方向可以观察到散射光,这就是丁达尔现象。暗视场显微镜是根据丁达尔现象原理设计的显微镜。特点:采用暗视场法照明,观察的图像仅是物体的轮廓,可观察到0.1μm的微粒。主要用来观察活细胞或细菌的形态和运动情况。

6. 数码显微镜　是整合了光学显微镜、光电转换技术、计算机技术的显微设备。和其他光学显微镜的主要区别是增加了数码显微摄影装置(图4-5)。数码显微摄影装置通过专用摄影目镜与显微镜连接,该目镜产生位于外侧的放大正立实像,由电荷耦合器件(CCD)采集转化为数

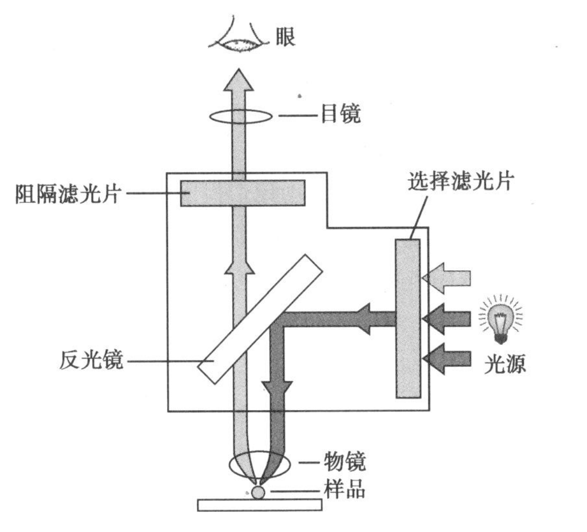

图 4-3　荧光显微镜落射式照明光路原理

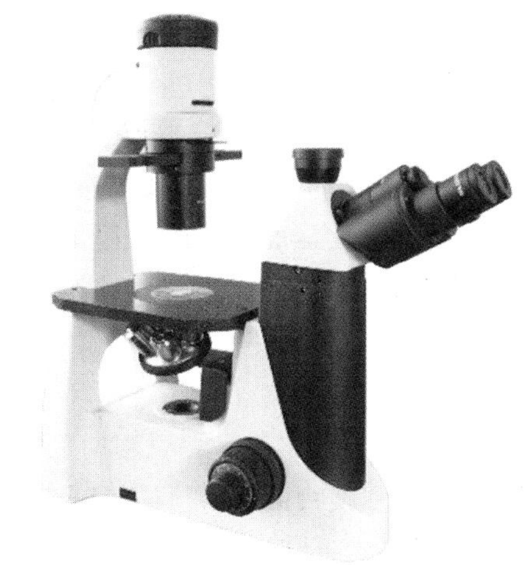

图 4-4　倒置显微镜

字信号传输至计算机系统进行存储、加工、复现、打印，扩展了光学显微镜的功能。

分为自带屏幕数码显微镜和采用计算机显示的数码显微镜。后者通过计算机上的图像分析、处理软件再加工，可衍生出各种显微图像分析系统和显微图像教学系统，如：影像式尿沉渣分析仪、粪便分析仪、精子自动分析仪、骨髓图文分析系统、数码显微互动实验室。

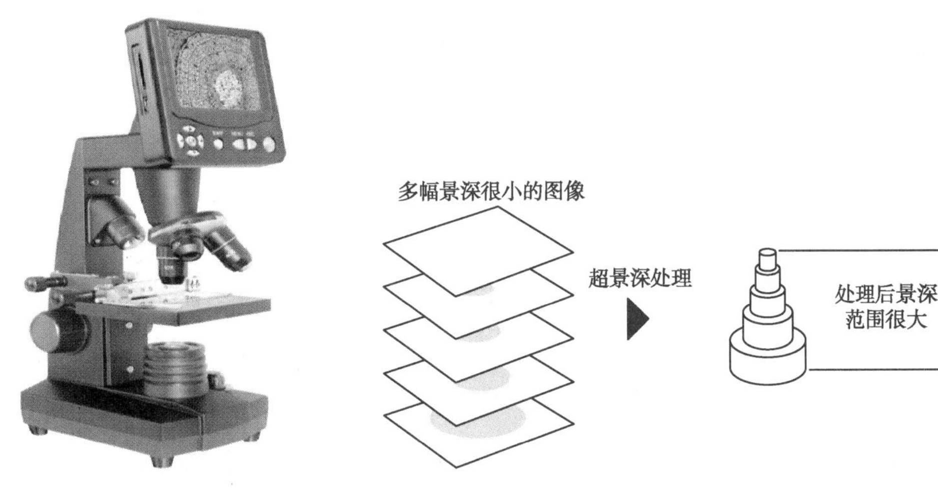

图 4-5　数码显微镜

图 4-6　超景深显微影像合成示意图

7. 超景深显微影像系统　普通光学显微镜最大的缺点之一就是不能对三维（立体）目标进行完全对焦。因为显微镜的景深很小，由于光学特点的限制，在高倍观察目标时分辨率很高、细节清晰，但是视场范围和景深却很小，无法使整个视野都聚焦清晰。计算机控制的 3D 显微镜，采用分层照相技术，对显微镜镜头变换焦距时采集的图像系列进行分析，提取每幅图像中最清晰的区域，按其位置进行 3D 重建。将不同景深的图像融合成一幅各部位都清晰的全景深图像。解决了普通光学显微镜系统无法完成的难题。既能高倍观察细节，也能大景深观察样品全貌。这种具有三维（3D）重构的影像系统叫超景深显微影像系统（图 4-6）。

四、光学显微镜的使用、维护与常见故障处理

显微镜是制作精密的光机电一体化设备，正确地使用和维护，有助于发挥它的功能，延长其使用寿命。

（一）光学显微镜的使用

1. 放置和移动　水平放置在平稳台面后尽量减少移动，移动时右手握镜臂，左手托镜座，保持平直移动。

2. 准备　打开电源开关，调节至适当的光强。将载物台降至最低，标本放载物台上并由夹片器夹住。利用标本移动控制器将标本移动到合适位置。将低倍物镜切换至光路。调节聚光器高度和光阑孔径至视野明亮为止。从侧面观察，旋转粗调焦旋钮，使样品尽量接近物镜。

3. 成像　从右目镜观察，用粗调焦旋钮调整标本远离物镜，直至得到图像，再用细调焦旋钮调节至图像清晰。调节两个目镜至适合观察者瞳距，调节左目镜上的屈光度补偿调节环，使双目观察到图像清晰一致。

4. 观察　在低倍镜下观察，移动目标至视野中心，将高倍物镜切换至光路，微动细调焦旋钮使图像清晰。更换物镜后，需调节聚光器的高度和光阑孔径大小，使图像质量达到最佳。使用油镜时，需在玻片上滴加香柏油，再切入油镜。

5. 结束　使用完毕移去样本，将物镜从光路移开，清洁油镜（用擦镜纸蘸二甲苯少许擦拭）、镜身。放松载物台和聚光镜，光阑孔径调至最大。用防尘罩遮盖或装箱。

（二）光学显微镜的维护

1. 工作环境　要求温度5～40℃，湿度<80%，电压波动<10%，无尘、无腐蚀性气体、防潮、防震、防晒、防霉。

2. 移动显微镜应轻拿轻放，避免剧烈震动和倾斜。

3. 只能通过转动物镜转换器来转换物镜；用高倍物镜时，慎用粗调焦旋钮调焦。

4. 使用时，用力要轻，转动要慢，不得超出其限制范围，用毕要使其回到自然松弛状态。

5. 显微镜的光学元件只可用擦镜纸擦拭，机械部件可用布擦拭。

（三）光学显微镜常见的故障处理（表4-1）

表4-1　光学显微镜常见的故障、原因及处理

故障现象	故障原因	处理方法
视场亮度不均	物镜、目镜、聚光镜等变脏；物镜没处于光路正中，视场光阑未对中或过小等	清洁光路，调节物镜和光阑
成像质量差	油镜未浸油或油内有气泡；聚光镜位置或光阑孔径不合适；镜片表面生雾、生霉或镀膜破坏	检查浸油，清洁光路或更换镜头，调节聚光镜和光阑
视野中有污物	玻片或光路中的镜片中有灰尘或污物	检查处理玻片或光路中的镜片中有无灰尘或污物
载物台或镜筒自动下滑	调焦机构张力过松	握紧一侧粗调焦旋钮，顺时针转动另外一个加紧
细调焦旋钮失灵	超出最大限位仍用力所致	拆开将齿轮放回啮合位置，更换限位螺丝

五、电子显微镜

电子显微镜是根据电子光学原理，用电子束和电子透镜代替光束和光学透镜，具有非常高的放大率和分辨率的显微仪器。其放大率可达20万～100万倍，远大于光学显微镜。根据成像原理不同可分为透射电子显微镜和扫描电子显微镜、扫描隧道显微镜三种。

1. 透射电子显微镜　以电子束透过样品并与其原子核发生碰撞产生散射，电子束所发生的不均匀变化经过聚集与放大投射到荧光屏或底片后产生物像。基本结构包括：电子光学系统（包括照明系统和成像系统）、真空系统、供电系统、机械系统和观察显示系统。照明系统由电子枪（形成电子束）和聚光镜（会聚电子束）组成；成像系统由电子透镜组成，使电子束偏转会聚，

产生和光学透镜类似的效果。真空系统用来维持高度真空状态，保证电子束的直线传播和强度的稳定。观察显示系统将电子成像转换为肉眼可见的影像显示出来，一般通过荧光屏观察（图4-7）。透射电镜是最成熟、应用最广泛的电镜，分辨率可达0.1～0.3nm，主要用于观察组织和细胞内的亚显微结构、蛋白质、核酸等大分子的形态结构及病毒形态结构等。不足：样品需制成50～100nm的超深薄切片，操作也相对复杂。

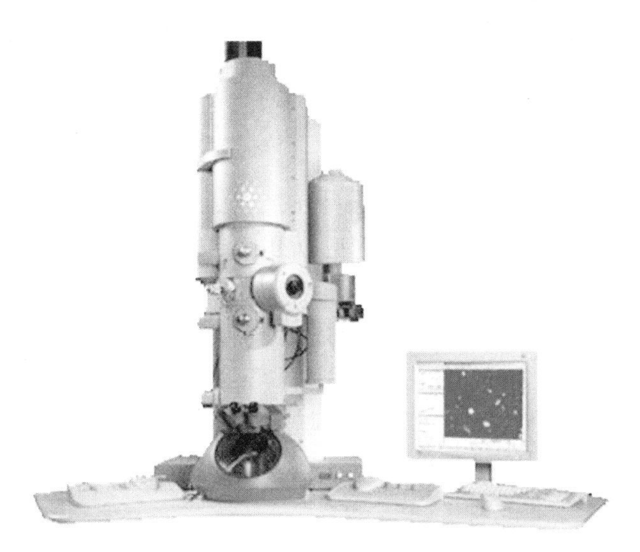

图4-7　透射电子显微镜

2. 扫描电子显微镜　用极细的电子束扫描样品表面，电子与物质相互作用而激发出各种物理信号，其中的二次电子、背散射电子的强度与样品表面结构相关，对其进行采集、转换后显示，便可得到样品微观形貌的扫描图像。特点：分辨率可达0.3nm，视野大、景深大、样品制备容易、可反映样品表面的立体结构。主要用于组织、细胞表面的立体形态观察。不足：分辨率较透射电镜低，样品内部的信息获得困难。光学和电子显微镜的成像原理区别见图4-8。

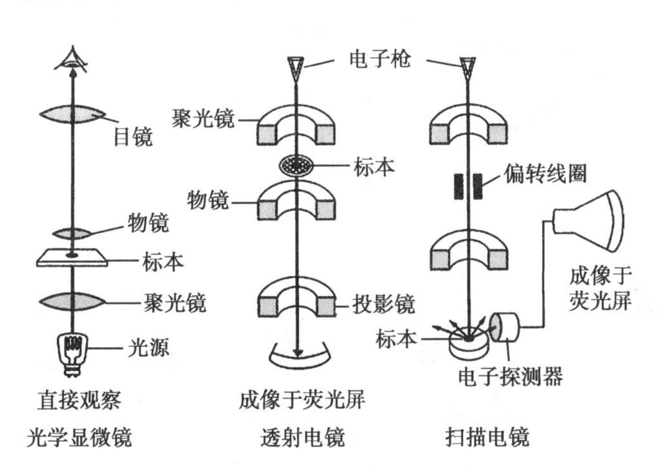

图4-8　光学和电子显微镜的成像原理

3. 扫描隧道显微镜　利用量子理论中的隧道效应和三维扫描原理，通过隧道电流的探测，获得物质表面结构图像信息。优点：无需光源和透镜，体积小，分辨率极高（横向0.1～0.2nm，纵向0.001nm），可观察固态、液态、气态物质；真空、大气、水中、常温下均可工作，扫描速度快，不破坏样品，无需特别制样，可在生理状态下对生物大分子和表面的结构进行原子布阵研究。不足：只能观测导电表面的结构，无法进行化学成分分析。

（朱贵忠）

第二节　血细胞分析仪

血细胞分析仪(blood cell analyzer,BCA)是指对一定体积全血内血细胞进行自动分析的常规检验仪器,又被称为血细胞自动计数仪(automated blood cell counter,ABCC)、血液学自动分析仪(automated hematology analyzer,AHA)等。其主要功能是白细胞计数及白细胞分类计数、红细胞计数、血小板计数、血红蛋白测定、其他相关参数计算等。

一、血细胞分析仪的类型

血细胞分析仪的类型很多,一般有以下三种分类方法:

1. 按照仪器检测原理分类　可分为电容型、光电型、激光型、电阻抗型、联合检测型、干式离心分层型、无创型。目前国内最常用的是电阻抗型和联合检测型。

2. 按照仪器自动化程度分类　可分为半自动血细胞分析仪、全自动血细胞分析仪、血细胞分析流水线。半自动血细胞分析仪为手工进样和稀释,报告参数少、测试速度慢;全自动血细胞分析仪为仪器自动进样和稀释、报告参数多、测试速度快(图4-9);血细胞分析流水线是由全自动血细胞分析仪+机器人(条码识别、开盖混匀等)+推片机+计算机控制系统组成,是目前比较先进的仪器(图4-10)。

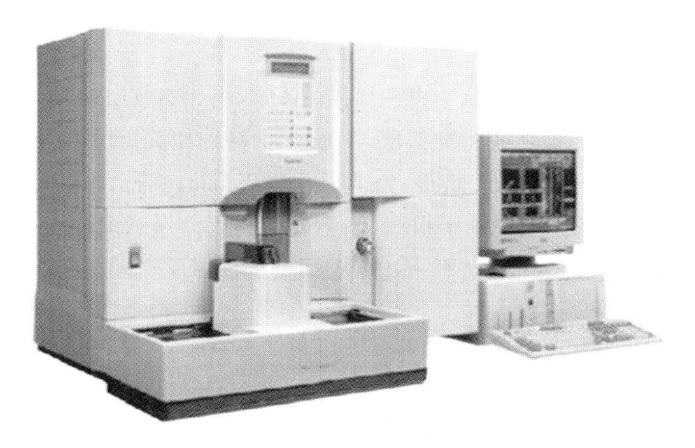

图4-9　血细胞分析仪外观图

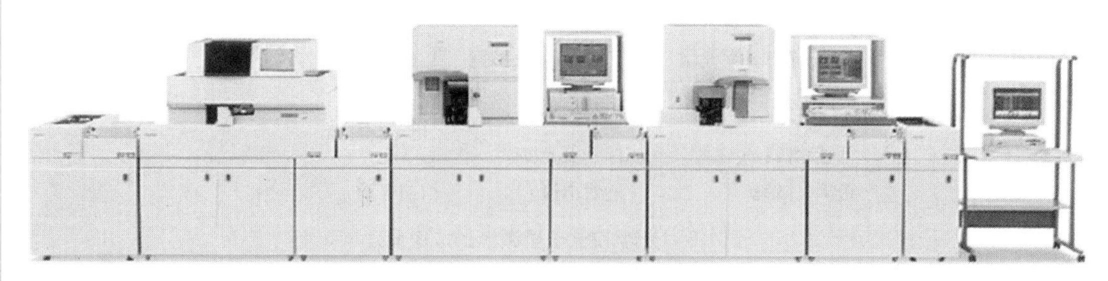

图4-10　血细胞分析流水线

3. 按照白细胞分类水平分类　可分为二分群、三分群、五分类、五分类+网织红BCA。其中,二分群的仪器已经淘汰,五分类+网织红的BCA结构复杂,虽然功能多但价格昂贵,普及程度不高。目前临床应用最多的是五分类全自动血细胞分析仪。

血细胞分析仪发展史

20世纪40年代末，美国人Wallance H. Coulter发明了库尔特原理，并将此原理应用到血液细胞计数上，1953年，成功设计并制造出第一台血液计数仪。此后，各个国家纷纷开始研制血细胞分析仪。我国于1965年也生产出了简单的血细胞计数仪。经过多年发展，五分类血细胞分析仪已经逐渐国产化。

二、血细胞分析仪的工作原理

（一）电阻抗法检测血细胞原理

电阻抗法又称库尔特（Coulter）原理。血细胞相对于电解质溶液为不良导体，电阻值比稀释液大；在检测器内外电极之间加载恒定电流电路，当血细胞通过检测器的微孔时，电阻值瞬间增大，产生一个脉冲信号；计算机根据产生脉冲信号的数目计算出血细胞的数量。根据欧姆定律，在恒流电路上，电阻变化与电压变化成正比。进入检测器微孔的细胞体积越大，电阻值越大，产生的电压脉冲信号幅度就越大（图4-11）。经仪器运算处理后，得出血细胞类型及相关参数。

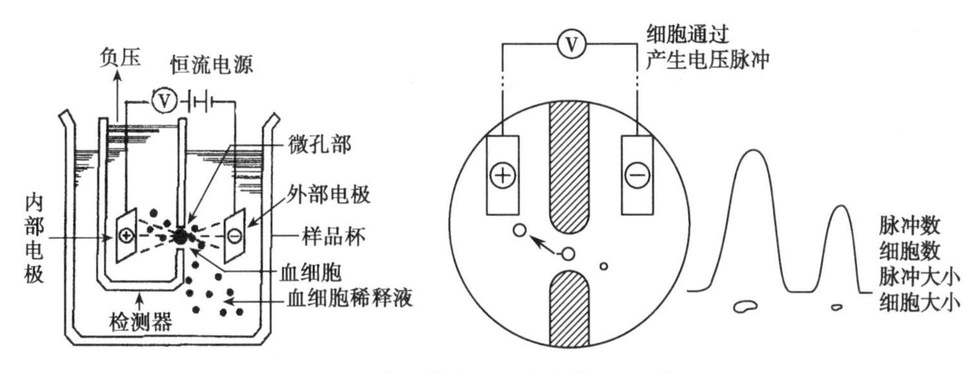

图4-11　电阻抗法血细胞计数原理示意图

1. 白细胞的检测　白细胞产生脉冲信号的大小是由它在白细胞悬液（加溶血素后的白细胞溶液）中体积的大小决定的。血细胞悬液经溶血剂处理后，红细胞被溶解，血细胞的细胞质渗出、细胞脱水、细胞膜皱缩，包裹在细胞核和细胞质颗粒周围。故白细胞体积大小是由胞体内有形物质的多少所决定的，仪器将白细胞体积从30～450fl（随仪器厂家设计不同有差异）分为256个通道，每个通道1.64fl，计算机依据细胞体积大小分别将其放在不同的通道中，得到白细胞体积分布图（图4-12）。横轴代表细胞体积大小，纵轴代表一定体积相对细胞频数。从图4-12中可以看出白细胞大概分为三个类别：第一群为小细胞区，体积在35～90fl，主要是淋巴细胞；第二

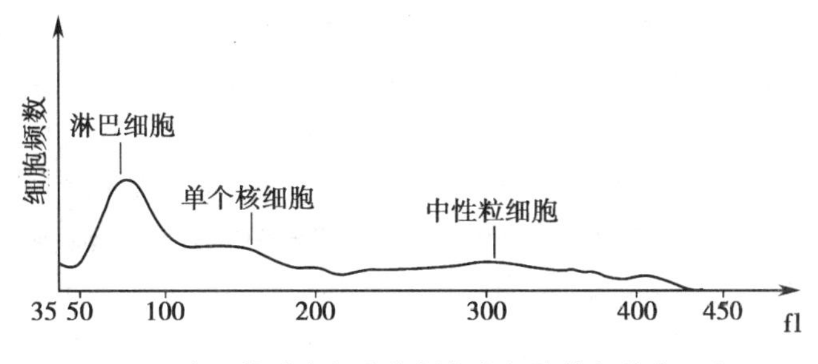

图4-12　电阻抗法血细胞分析仪白细胞体积分布示意图

群为单个核细胞区，也称为中间细胞群（MID），体积在 90～160fl，包括单核细胞、嗜酸性粒细胞、嗜碱性粒细胞、核左移白细胞、原始或幼稚阶段白细胞；第三群为大细胞区，体积可达 160fl 以上，主要是中性粒细胞。单独采用电阻抗原理进行白细胞分类的仪器，只能实现三分群。

2. 红细胞和血小板的检测原理　红细胞与血小板共用一个检测器。正常人红细胞体积和血小板体积相差较大，有一个明显界限（图 4-13），因此血小板和红细胞计数准确容易。当在某些病理情况下（如小红细胞或大血小板出现时），划分界限不清。为使红细胞和血小板计数准确，计算机对血小板和红细胞分布图进行判断，将血小板的上限阈值判定线放在红细胞和血小板分布图交叉点的最低处计数，即浮动界标技术。

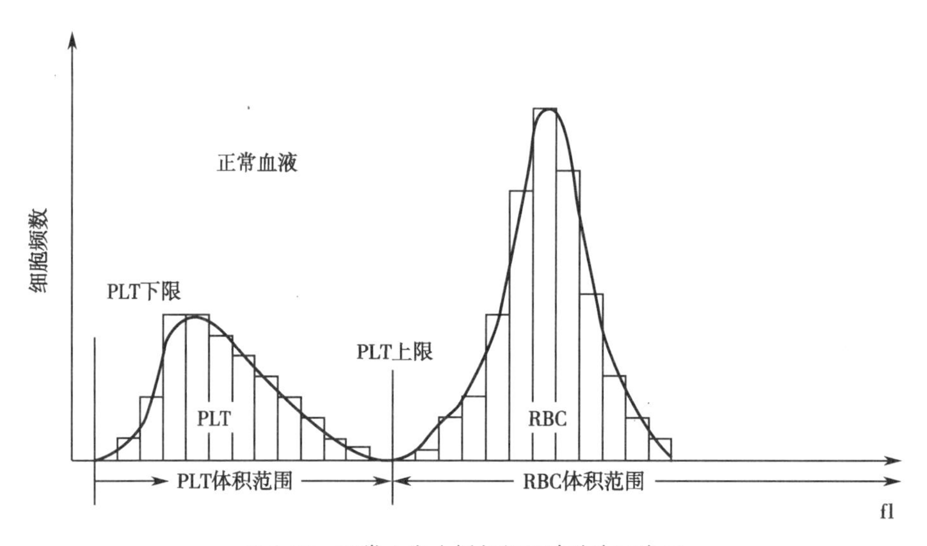

图 4-13　正常人血小板与红细胞分布示意图

（二）联合检测型血细胞分析仪检测原理

联合检测技术多为五分类血细胞分析仪中应用。

1. VCS 联合检测技术　VCS 联合检测技术是体积电导光散射（volume conductivity light scatter，VCS）技术简称，是三种物理学检测技术结合对白细胞进行多参数分析的经典分析技术。体积（volume，V）表示应用电阻抗原理测定白细胞体积，可有效区分体积大小差异显著的淋巴细胞和单核细胞；电导性（conductivity，C）表示根据细胞壁能影响高频电流传导的特性，采用高频电磁探针，测量细胞内部结构，细胞内核质比例，质粒的大小和密度，从而区别体积大小相同而性质不同的淋巴细胞和嗜碱性粒细胞；光散射（scatter，S）表示对细胞颗粒的构型和颗粒质量的鉴别能力。细胞内粗颗粒比细颗粒的光散射强度要强，可通过测定单个细胞的散射光强度，从而将中性粒细胞、嗜碱性粒细胞、嗜酸性粒细胞区分开。当细胞通过检测区时，接受三维分析，仪器根据血细胞体积（V）、传导性（C）和光散射（S）的不同，综合分析三种检测方法的数据，定义到三维散点图的相应位置，全部单个细胞在散点图上形成了不同的细胞群落图（图 4-14）。某一群落占所有被检测白细胞的百分比即为白细胞分类值。

2. 多角度偏振光散射技术（multi-angle polarized scatter separation MAPSS）　白细胞经激光照射会产生散射光。计算机用特定程序综合分析同一细胞在不同角度激光照射下产生的散射光强度，并将其定位于细胞散射点图上。该技术一般通过四个角度测定散射光强度：①前向角（0°）光散射强度：粗略测量细胞的大小和数量；②小角度（10°）光散射强度：测量细胞结构和核质复杂性的相对特征；③垂直角度（90°）偏振光散射强度：测量细胞内颗粒和分叶情况；④垂直角度（90°D）消偏振光散射强度：基于嗜酸性颗粒可以将垂直角度的偏振光消偏振的特性，将嗜酸性粒细胞从多个核群中区分开。计算机综合分析后，可以将白细胞分为淋巴细胞、单核细胞、嗜碱性粒细胞、中性粒细胞和嗜酸性粒细胞。从而对血液中的五种白细胞进行较为精

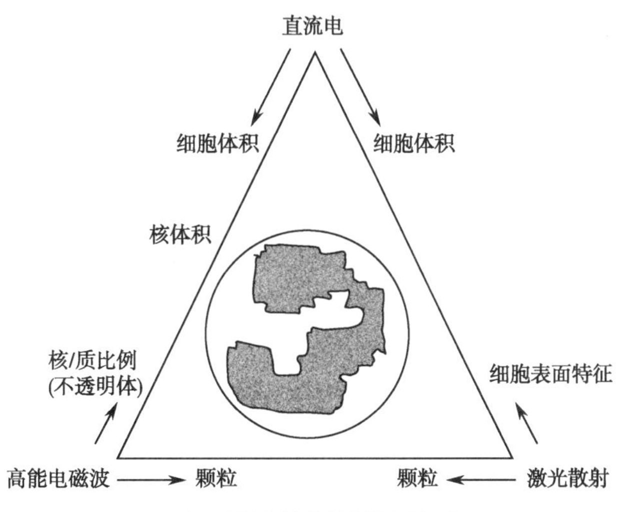

图 4-14　VCS 技术检测原理示意图

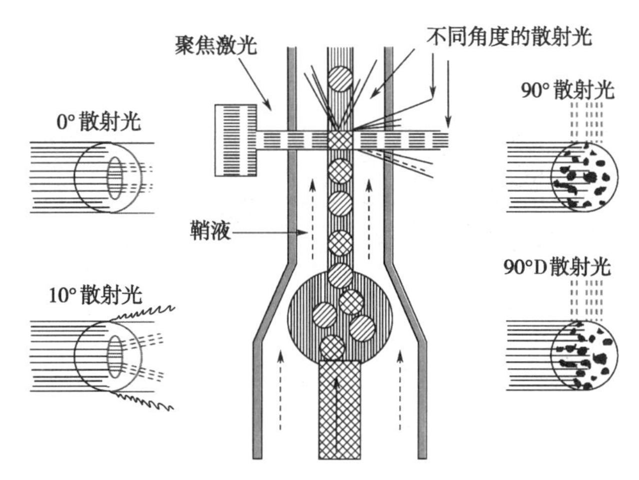

图 4-15　鞘流与多角度偏振光散射技术示意图

确的分类（图 4-15）。

3. 双鞘流联合检测技术　仪器采用双鞘流分析系统（Double Hydrodynamic Sequential System，DHSS），结合细胞化学全染色技术、光学分析技术、鞘流阻抗法三种方法对白细胞进行分析。专利酶促细胞化学染色液对细胞中的脂质组分进行染色，对单核细胞、中性粒细胞和嗜酸性粒细胞进行不同程度染色，从而将白细胞进行分类。该技术不仅能进行白细胞的五分类，还能检测出多群幼稚白细胞，具有较高的临床诊断价值。

（1）白细胞计数通道：利用电阻抗法进行检测。

（2）嗜碱性粒细胞计数通道：利用嗜碱性粒细胞具有的抗酸性，用专用染液染色后，用电阻抗法进行检测。

（3）其他白细胞计数通道：用流式细胞光吸收、电阻抗和细胞化学染色技术检测除嗜碱性粒细胞以外的各类白细胞。

4. 光散射与细胞化学联合检测技术　是应用激光散射与细胞化学染色技术对白细胞进行分类计数。常用的细胞化学染色为过氧化物酶染色。测定原理是利用不同大小的细胞产生不同的散射光强度，再结合 5 种白细胞中过氧化物酶活性存在的差异（嗜酸性粒细胞>中性粒细胞>单核细胞，淋巴细胞和嗜碱性粒细胞无此酶）。经计算机对所测数据处理后，能够较准确地将淋巴细胞（含嗜碱性粒细胞）、中性粒细胞、嗜酸性粒细胞、单核细胞进行鉴别计数，再结合嗜碱性粒细胞计数通道结果，得到白细胞总数和分类结果（图 4-16）。另外，使用该技术的仪器还能

提供异型淋巴细胞、幼稚细胞的比例及网织红细胞分类。此类仪器有血红蛋白测量、网织红细胞测量、红细胞/血小板测量、嗜碱性粒细胞测量和过氧化物酶活性测量5个通道(图4-17)。

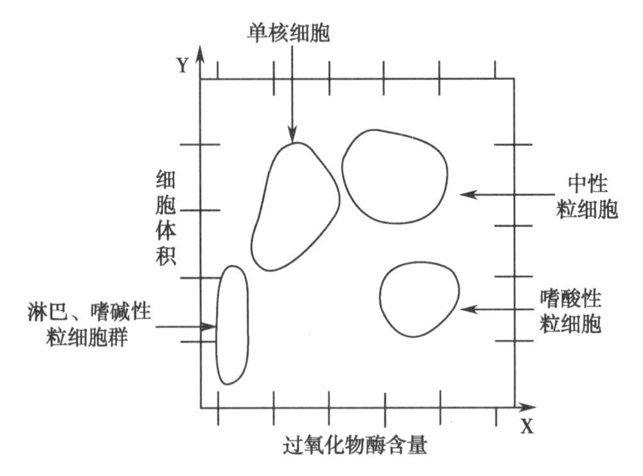

图4-16　光散射与细胞化学联合检测白细胞分布图

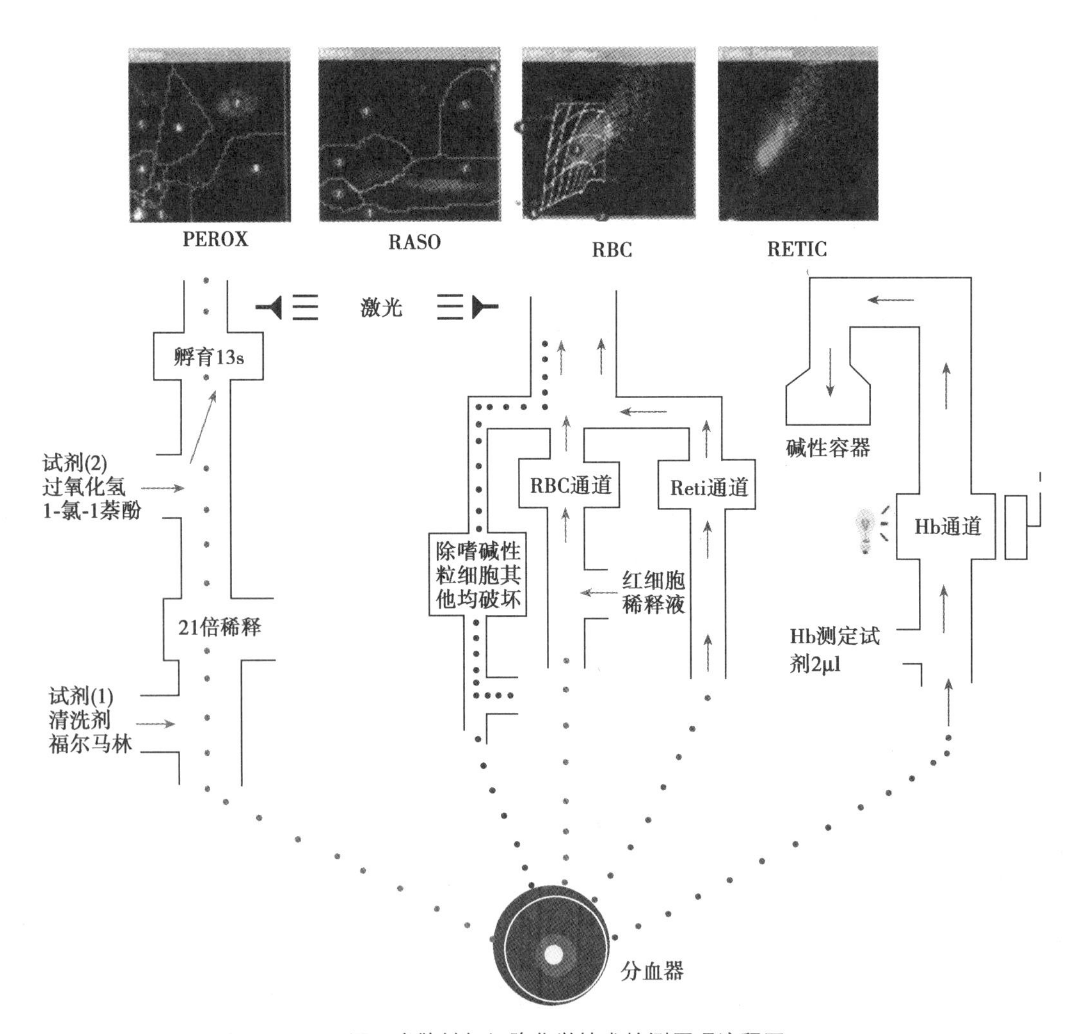

图4-17　光散射与细胞化学技术检测原理流程图

5. 电阻抗、射频与细胞化学联合检测技术　是利用电阻抗、射频这一成熟细胞计数技术结合细胞化学技术，通过4个不同的检测系统对白细胞、幼稚细胞、网织红细胞进行分类计数。

(1) 白细胞计数：测定时使用较温和的溶血剂，对白细胞核和形态影响不大，在小孔内外有

直流和高频两个发射器，小孔周围有直流和射频两种电流。直流电测定细胞的大小和数量，射频测量核的大小和颗粒的多少，细胞通过小孔产生两个不同的脉冲信号，即分别代表细胞的大小（DC）和核内颗粒的密度（RF）。由于淋巴细胞和单核细胞及粒细胞的大小、细胞质含量、核形与密度均有较大差异，通过计算机处理后，可较为准确地区分淋巴细胞、单核细胞和粒细胞群（包括中性粒细胞、嗜碱性粒细胞、嗜酸性粒细胞）。而粒细胞群再通过下述检测系统分开：①血液与特殊溶血剂混合，使除嗜酸性粒细胞以外的所有细胞被溶解或萎缩，形成含有完整的嗜酸性粒细胞的悬液，通过检测器微孔时以电阻抗原理计数嗜酸性粒细胞；②嗜碱性粒细胞检测与嗜酸性粒细胞类似，只是加入的溶血剂不同，保留嗜碱性粒细胞，溶解其他细胞。

（2）幼稚细胞计数：由于幼稚细胞膜上脂质比成熟细胞少，在细胞悬液中加入硫化氨基酸后，幼稚细胞因结合较多硫化氨基酸不受溶血剂影响，从而保持细胞形态完整，仪器通过电阻抗原理对其进行计数。

（3）网织红细胞计数：网织红细胞检测采用激光流式细胞分析技术与核酸荧光染色联合技术。利用网织红细胞中残存的嗜碱性物质 RNA 在活体状态下与特殊的荧光染料结合；产生荧光，荧光强度与 RNA 含量成正比；由于网织红细胞内 RNA 含量不同，产生的荧光强度有差异，可分为低荧光强度网织红细胞区、中荧光强度网织红细胞区和高荧光强度网织红细胞区（图 4-18）；由计算机数据处理系统综合分析检测数据，得出网织红细胞计数及其他相关参数。

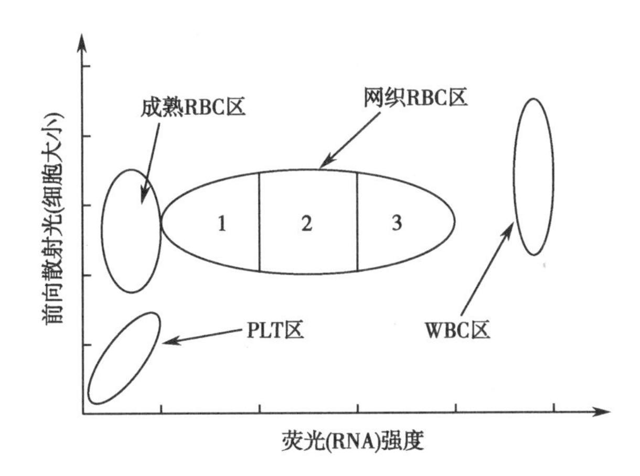

图 4-18　自动网织红细胞分析计数原理示意图

1. 低荧光强度网织红细胞区；2. 中荧光强度网织红细胞区；
3. 高荧光强度网织红细胞区

（三）血红蛋白测定原理

血红蛋白的测定主要应用光电比色原理。血细胞悬液中加入溶血剂后，红细胞溶解并释放出血红蛋白，血红蛋白与溶血剂中的有关成分结合形成血红蛋白衍生物，在 540nm 波长下有最大吸收，吸光度值与血红蛋白的含量成正比，因此可以在血红蛋白测试系统中进行比色定量，最后经仪器处理后得出血红蛋白含量值。

不同型号血细胞分析仪配套的溶血剂配方不同，形成的血红蛋白衍生物也不同，但最大吸收峰都接近 540nm。因为国际血液学标准化委员会（ICSH）推荐的氰化高铁（HiCN）法的最大吸收峰在 540nm，仪器血红蛋白的校正必须以 HiCN 值为准。

三、血细胞分析仪的主要组成部分

血细胞分析仪的种类很多，不同类型血细胞分析仪的原理、结构、功能有所不同，但其主要组成部分相似。主要由机械系统、电子系统、血细胞检测系统、血红蛋白测定系统、计算机和键盘控制系统以不同形式组合而成。

（一）机械系统

全自动血细胞分析仪的机械系统主要由机械装置和真空泵组成。作用是样本的定量吸取、稀释、传送、混匀，以及将样本移入各种参数的检测区。此外，机械系统还兼有清洗管道和排除废液的功能。仪器机械构件主要包括：进样针、分血器、稀释器、混匀器、定量装置等。

（二）电子系统

全自动血细胞分析仪的电子系统主要包括主电源、电子元器件、控温装置、自动真空泵电子控制系统，以及仪器的自动监控、故障报警和排除等系统。

（三）血细胞检测系统

血细胞检测系统是血细胞分析仪的重要部件，其作用是进行细胞计数和白细胞分类计数。目前，常用的血细胞分析仪检测系统主要有电阻抗检测系统和流式光散射检测系统两大类。

1. 电阻抗检测系统　由检测器、放大器、甄别器、阈值调节器、检测计数系统和自动补偿装置组成。

（1）检测器：由测样杯小孔管、内部电极、外部电极等组成。仪器配有两个小孔管，一个小孔管用来测定红细胞和血小板，微孔直径约为80μm；另一个小孔管用来测定白细胞总数及分类计数，微孔直径约为100μm。外部电极上安装有热敏电阻，用来监视补偿稀释液的温度，温度高时会使其导电性增加，从而发出的脉冲信号较小（图4-19）。

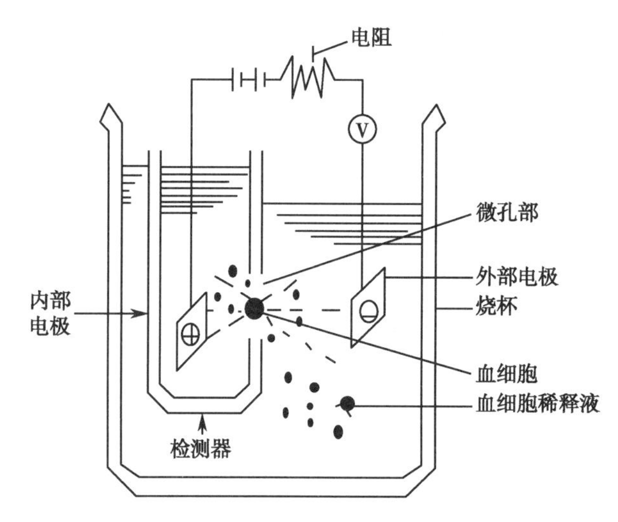

图4-19　血细胞分析仪检测器结构示意图

（2）放大器：将血细胞通过微孔产生的微伏（μV）级脉冲电信号进行放大，以便触发下一级电路。

（3）甄别器：甄别器的作用是将初步检测的脉冲信号进行幅度甄别和整形，提高检测技术的准确性。同时将脉冲信号接收到设定的通道中，白细胞、红细胞、血小板经由各自的甄别器进行识别后计数。

（4）阈值调节器：提供参考脉冲幅度值，经甄别器后的每个脉冲振幅必须位于每个通道的参考脉冲幅度值之内。

（5）补偿装置：当两个或多个细胞同时进入孔径感应区时，由于仪器仅能探测到一个信号，会造成一个或多个脉冲信号丢失的现象。叫复合通道丢失（又称重叠损失）。补偿装置能进行自动校正，以保证测定结果的准确性。

2. 流式光散射检测系统　由激光光源、检测装置、检测器、放大器、甄别器、阈值调节器、检测计数系统和自动补偿装置组成。主要应用于白细胞五分类+网织红细胞血细胞分析仪中。

（1）激光光源：作用是提供单色光，多采用氩离子激光器、半导体激光器。

（2）检测装置：主要由鞘流形式的装置构成，以保证细胞悬液在检测液流中形成单个排列的细胞流。

（3）检测器：包括散射光检测器和荧光检测器两种。前者系光电二极管，用以收集激光照射细胞后产生的散射光信号；后者系光电倍增管，用以接收激光照射，荧光染色后细胞产生的荧光信号。

（四）血红蛋白测定系统

血红蛋白测定主要应用光电比色原理。测定系统由光源、透镜、滤光片、流动比色池和光电检测器等组成。

（五）计算机和键盘控制系统

内部设备包括微处理器、存储器、输入/输出电路等，主要是对检测信号进行信息处理后输出正确结果；外部设备包括显示器、键盘、打印机等，键盘控制血细胞分析仪的操作部分，显示器和打印机显示并打印检测结果。

四、血细胞分析仪的工作过程

各种型号血细胞分析仪的工作过程大致相同，都是通过仪器各部件的有机配合，完成白细胞计数和分类计数、红细胞计数、血小板计数以及血红蛋白浓度测定等。

采集好的血液样本首先通过计算机进行信息登记，然后进入样本进口通道，在机械手臂作用下送入条码扫描器进行信息读取。之后机械手臂将样本混匀，通过分血器将样本分别送入不同的检测通道进行细胞计数和分类（图 4-20）。

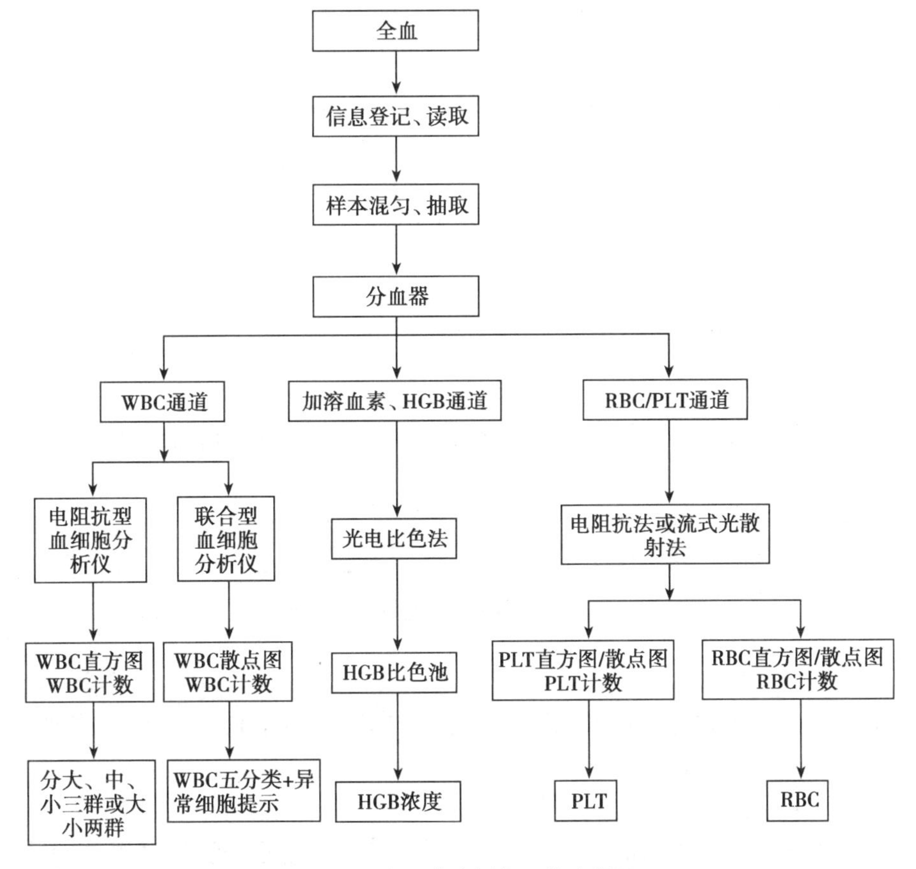

图 4-20　血细胞分析仪工作流程图

五、血细胞分析仪的操作与参数

(一) 仪器安装

仪器的安装环境对检验结果的质量保证非常重要。首先,仪器安装前要在实验室留出合理的工作空间,保证仪器能够正常运行操作;其次,安放仪器的实验室应通风良好、避免阳光直射、防潮、防尘、温度适宜(18~25℃);仪器安放的工作台要避免震动;同时,为了避免电磁干扰,避免与其他仪器混放在一起。

仪器在安装之前应仔细阅读使用说明书,熟悉安装过程中的要素,确保仪器正常运行。仪器应用稳压器最好是净化电源,并连接符合标准的专用地线。因为净化电源的稳压范围宽,响应速度快,稳压精度高,这样能确保血细胞分析仪的测试结果比较稳定、准确。

(二) 仪器校准

为了解仪器性能,发现问题,确保检验质量,血细胞分析仪应在使用前、维修后及使用半年后进行仪器校准。血细胞分析仪校准物最好使用有溯源性的国际公认参考方法标定的健康人群新鲜血液,或者按照说明书要求用厂家的配套校准物进行校准。详细校准方法请参考中华人民共和国卫生行业标准 WS/T 347—2011《血细胞分析的校准指南》进行校准。

(三) 仪器使用

不同系列不同型号的血细胞分析仪操作流程基本一致(图 4-21)。掌握这些基本操作,为更加有效地利用各种血细胞分析仪操作打下坚实基础。

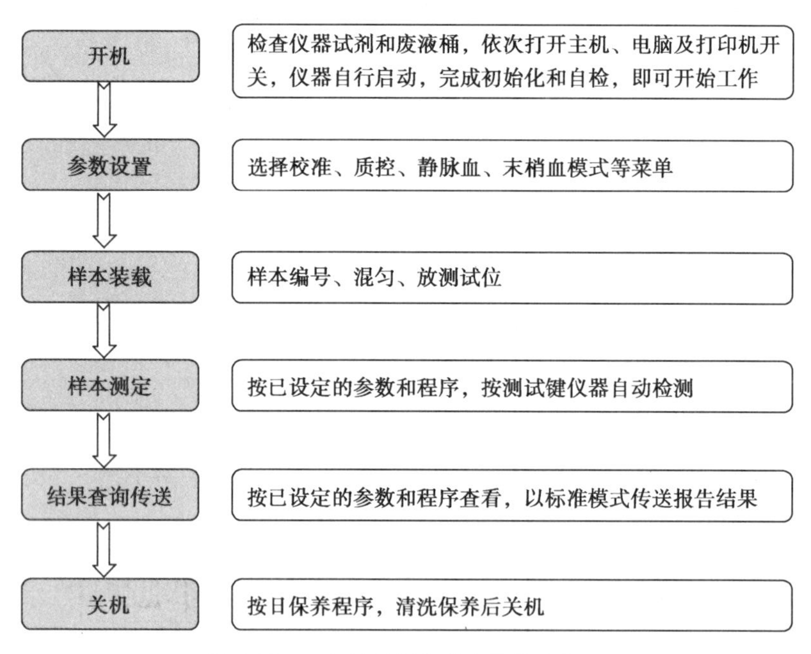

图 4-21 血细胞分析仪基本操作流程图

(四) 仪器测试参数

不同系列、不同型号的血细胞分析仪提供的检测参数不完全相同。临床应用的血细胞分析仪可检测参数主要是白细胞、红细胞、血小板及相关参数(表 4-2)。

(五) 仪器性能指标及评价

1. 仪器性能指标 主要包括测试参数、细胞形态学分析、测试速度、样本量、示值范围等指标。

(1) 测试参数:不同型号血细胞分析仪测试参数不同。自动化程度低的仪器报告参数少,自动化程度高的仪器报告参数多,有 16~46 个不等。

表 4-2　血细胞分析仪测试主要参数

类型	主要测试参数	
	基本参数	相关参数
白细胞	白细胞计数(WBC)	
	中性粒细胞数(NEUT#)	中性粒细胞百分率(NEUT%)
	淋巴细胞数(LYMPH#)	淋巴细胞百分率(LYMPH%)
	单核细胞数(MONO#)	单核细胞百分率(MONO%)
	嗜酸性粒细胞数(EO#)	嗜酸性粒细胞百分率(EO%)
	嗜碱性粒细胞数(BASO#)	嗜碱性粒细胞百分率(BASO%)
红细胞	红细胞计数(RBC)	平均红细胞体积(MCV)
	血红蛋白定量(HGB)	平均红细胞血红蛋白含量(MCH)
	血细胞比容(HCT)	平均红细胞血红蛋白浓度(MCHC)
		红细胞体积分布宽度(RDW)
		红细胞血红蛋白分布宽度(HDW)
血小板	血小板计数(PLT)	平均血小板体积(MPV)
		血小板比容(PCT)
		血小板体积分布宽度(PDW)

(2) 细胞形态学分析:三分群血细胞分析仪只能绘制红细胞、血小板、白细胞直方图;五分类血细胞分析仪均能绘制血细胞的直方图和散点图。在发现血细胞计数异常时,应进行人工涂片镜检复查。

(3) 测试速度:一般在(40～150)个/小时。

(4) 样本量:一般在 20～250μl,与仪器设计有关。为适应不同患者的需求,血细胞分析仪除能做静脉抗凝血测试外,还能做末梢血计数。

(5) 示值范围:见表 4-3。

表 4-3　血细胞分析仪主要测试指标的示值范围

测试指标	白细胞(WBC)	红细胞(RBC)	血红蛋白(HGB)	血小板(PLT)
示值范围	$(0\sim250)\times10^9$/L	$(0\sim7.7)\times10^{12}$/L	$(0\sim230)$g/L	$(0\sim2000)\times10^9$/L

2. 仪器性能评价　包括精密度、准确度、携带污染率、检测下限等指标。

(1) 精密度:包括批内精密度和批间精密度。评价时应选用高、中、低值新鲜全血,对不同浓度的各个标本至少测定 10 次,同一批次的测定结果应相似,最后对结果进行统计分析。

(2) 准确度:是指仪器检测结果与真值的接近程度。反映血细胞分析仪检测结果与其他仪器检测结果的一致性。

(3) 携带污染率:是指仪器测定的前一个标本对下一个标本检测结果的影响。仪器在进行标本检测前,应确保高值标本不会对低值标本有较大影响。

(4) 检测下限与定量检测下限:检测下限是标本可检测出的最低浓度;定量检测下限是标本中能被准确定量的最低浓度,并且测量结果在精密度和准确度范围内。

(5) 空白检测限:是由于噪声作用被仪器检测出的数据。仪器的空白检测限应越低越好。

(6) 模式不同下的比较研究:血细胞分析仪有全血模式和稀释血模式两种。原则上应使用静脉血进行检测。如采用其他模式,应将检测结果与静脉血比较,评估其可靠性。

（7）灵敏度：主要是指对异常标本和干扰物测定的灵敏度，确保检测结果准确。

（8）测量区间：主要指仪器的最佳测试范围，应越宽越好。

（9）临床可报告区间：临床实验室为直接获取某种方法的分析测量区间，通过采取稀释、浓缩等方法处理标本后，检测到的、可作为最终结果向临床报告的量值范围。

（10）参考区间：通常由制造商提供，但用户必须对参考区间在受检者人群中的适用性进行评价。比如年龄、性别、种族等对血液分析结果的影响。

（11）标本老化：指静脉标本采集后，观察随时间增加测定结果的变化量。

六、血细胞分析仪的维护与常见故障处理

（一）血细胞分析仪的维护

血细胞分析仪属于精密电子仪器，涉及多项先进技术，结构复杂，容易受各种因素干扰。为确保仪器正常运行，应在安装使用前认真地阅读仪器操作说明书。同时，在日常使用过程中应注意保养和维护。血细胞分析仪的保养有日保养、周保养、月保养；维护主要是对检测器、液路系统和机械传动部件的维护。

1. 仪器的保养　分日保养、周保养、月保养。

（1）日保养：每天测试工作结束，检查废液桶中的液体，去除收集的废液；然后在准备菜单下按保养程序，让仪器吸入专用清洗剂至检测器和管路系统，然后关机过夜。其目的是清洗检测器和管路系统。

（2）周保养：在准备状态下进入保养程序菜单，对进入检测器的阀门和检测器进行彻底清洗。同时，查看废液桶，将废液桶中的废液全部倒出，清洗废液桶；若有问题，应及时更换新的废液桶。

（3）月保养：在准备状态下进入保养程序菜单，对检测器和废液容器进行彻底清洗，同时需要清洗左右进样池、分析通道、进样架等。

2. 仪器的维护　包括检测器、液路系统和机械传动部件等维护。

（1）检测器维护：检测器的微孔为血细胞计数的重要装置，是仪器故障常发部位，在日常工作中应重点做好检测器微孔的维护。全自动血细胞分析仪只需在管理菜单中双击“保养”键，即可完成仪器的自动保养。另外，还要在光学检测部件中清除流动室气泡和清洗流动室。半自动血细胞分析仪则需按照仪器说明书手工进行保养：①每天关机前必须将小孔管浸泡于新的稀释液中；②每日工作完毕，需用清洗剂清洗检测器至少 3 次；③需定期卸下检测器，用专用毛刷，蘸取 3% ~5% 次氯酸钠溶液旋转清洗，必要时浸泡清洗，再用放大镜观察微孔的清洁度。

（2）液路维护：目的是防止细微杂质引起的计数误差，保持液路内部的清洁。清洗时在样品杯中加 20ml 机器专用加酶清洗液，按动几次计数键，使比色池和定量装置及管路内充满清洗液，然后停机浸泡一夜，再换用稀释液反复冲洗后使用。仪器如长期不用，应将稀释液导管、清洗剂导管、溶血剂导管等置于去离子水或纯水中，按数次计数键，冲洗掉液体管道内的稀释液，充满去离子水后关机。

（3）机械传动部件维护：先用细毛刷将机械传动装置周围的灰尘和污物去除，再按要求加润滑油，防止机械疲劳、磨损。

（4）其他：每天分析结束后，检查进样槽、清洗杯，去除污物或阻塞物：①清洗进样槽：如果穿刺针托盘中累积有盐分或污垢，应关闭主机电源后，用流水冲洗进样槽，确保清洗干净后擦干；②清洗清洗杯：当有血黏附在手动进样清洗杯上或发现阻塞时，应关闭主机电源后取下清洗杯，用轻柔的流水进行洗涤；③如果分析标本数达万次时，应按照要求清洗标本旋转阀。

（二）血细胞分析仪的常见故障处理

血细胞分析仪属于精密电子仪器，一般都有自我诊断和人机对话功能。当有故障发生时，

内置计算机的错误检查功能显示“错误信息”，并发出报警声响，同时在计算机上显示仪器故障的具体信息，通过该信息检修故障。如故障比较复杂，应联系厂家工程师进行维修。仪器故障根据发生的时间分为开机故障和测试故障两种。

1. 开机时常见故障　一般有以下4种常见情况：

（1）开机指示灯及显示屏不亮：一般属于电源问题，应检查电源插座是否插好、电源引线是否完好、保险丝是否熔断。

（2）“WBC”或“RBC”吸液错误：①检查稀释液量，量不足应及时补充稀释液；②检查进液管位置：正确连接进液管。

（3）“WBC”或“RBC”电路错误：一般为计数电路中的故障，应参照使用说明书检查内部电路，必要时联系厂家工程师更换电路板。

（4）“测试条件需设置”：一般为备用电池没电或电路断电，导致系统储存的数据丢失时有该信息提示。应更换电池，重新设置定标系数或其他条件。

2. 测试过程中常见的错误信息　一般有以下几种常见情况，见表4-4。

表4-4　血细胞分析仪的常见故障、原因及处理方法

常见故障	故障原因	处理方法
堵孔（包括完全堵孔和不完全堵孔）	1. 仪器长时间不用，试剂中的水分蒸发、盐类结晶堵孔 2. 末梢采血不顺或用棉球擦拭微量取血管 3. 抗凝剂量与全血不匹配或静脉采血不顺，有小凝块 4. 小孔管微孔蛋白沉积多，需清洗 5. 样品杯未盖好，空气中的灰尘落入杯中	1. 对于盐类结晶，可用去离子水浸泡，待结晶完全溶解后，按“CLEAN”键进行清洗 2. 对于其他原因造成的堵孔，一般按“CLEAN”键进行清洗即可 3. 若以上方法不行，需小心卸下检测器进行进一步的清理：①用特制的专用小毛刷轻轻反复刷洗微孔去除堵塞物；②将检测器加水后用洗耳球从其顶端加压，从而将堵塞物冲走。若无效果，应先用粗细合适的细丝对着微孔来回穿入拉出几次，再用洗耳球加压冲出堵塞物；③若以上两种方法均不行，需用3%～5%的次氯酸钠溶液清洗，将检测器内装入该溶液浸泡5～10分钟，取出，再用洗耳球从其顶端加压去除堵塞物，最后用蒸馏水将检测器冲洗干净，小心装上，按“CLEAN”键清洗 4. 若以上三种方法均无效，说明“堵孔”是由泵管损坏造成，应联系厂家工程师进行更换
气泡	多为压力计中出现气泡	按“CLEAN”键进行清洗
噪音	由于接地线不良或泵管较脏引起	清洗泵管或小孔管，确认接地良好，并且与其他噪音大的仪器设备分开
温度异常	1. 仪器所在房间温度不合适 2. 其他原因	1. 将房间温度设定在18～25℃ 2. 若其他原因造成，应联系厂家工程师进行维修
试剂池错误	1. 一般是由于试剂不足造成的 2. 由于浮动开关缺陷或者液压系统不正常造成的	1. 需尽快补足试剂 2. 联系厂家工程师进行维修

续表

常见故障	故障原因	处理方法
进样错误	一般是由于标本操作中血量太少未被吸入造成的	重新采集标本或手工法进行计数
溶血剂错误	一般为溶血剂与样本未充分混合造成的	重新测定新的样本
样本分析错误(包括流动比色池错误、血红蛋白测定重现性差、细胞计数重复性差等)	1. 比色池错误和血红蛋白测定重现性差错误都是由于血红蛋白比色池脏所致 2. 细胞计数重复性差多为小孔管脏或环境噪音大造成的	1. 应按“CLEAN”键清洗比色池。若污染严重,需小心卸下比色杯,用3% ~5%的次氯酸钠溶液清洗 2. 处理方法同“堵孔”和“噪音”
质控错误	多由于质控血液标本过期或未登记造成	应更换新的质控品或进入质控物批号信息进行检查
其他错误	主要指维护错误	应及时冲洗检测器流动单元、及时清洁旋转阀和及时更换吸样针等。并要注意及时执行关机程序,延长仪器寿命、提高仪器测定结果的准确度和精密度

随着电子技术、流式细胞技术、激光技术、电子计算机技术和新荧光化学物质等多种高新技术在临床检验工作中的应用,血细胞分析仪的自动化程度、功能和设计都大幅度提高。逐渐发展为血细胞分析流水线;同时,无创型全血细胞分析仪的研究也正快速进行。

(马　青)

第三节　流式细胞仪

流式细胞术(flow cytometry,FCM)是对单个细胞或其他生物微粒进行快速定量分析和分选的一门技术,是现代医学研究最先进的分析技术之一。流式细胞仪是利用流式细胞术进行分析的仪器。在分析或分选过程中,细胞或微粒在鞘液的包绕下,依次通过聚焦的光源,产生电信号,这些信号代表光散射、荧光等参数,以此反映出细胞或微粒的物理和化学性质,并可根据这些性质分选出高纯度的细胞亚群,以对其进一步培养或分析。流式细胞术综合了光学、电子学、流体力学、细胞化学、免疫学、激光技术和计算机科学等多门学科和技术,具有检测速度快、精确、测量指标多、采集数据量大、分析全面、方法灵活等特点。

一、流式细胞仪的类型

(一)根据功能分类

按照流式细胞仪的功能和用途可将其分为临床型和科研型。临床型也称台式机,构造比较简单,只有分析功能,没有分选功能;光路调节系统固定,自动化程度高,操作简便,易学易掌握。科研型也称大型机,既有分析功能又有分选功能,可快速将所感兴趣的细胞分选出来,并且将单个或指定个数的细胞分选到特定的培养孔或板上,同时可选配多种波长类型的激光器,适用于更广泛的科学研究之用。具备科研分选型标准而操作与临床分析型同样简便,自动化程度高。

(二)根据结构分类

按照结构的不同可将其分为普通流式细胞仪和狭缝扫描流式细胞仪。普通流式细胞仪的激光光斑为椭圆形,直径大于被检细胞体积,只能提供细胞内某种生物化学成分的参数,不能对细胞形态和亚细胞形态进行分辨。而狭缝扫描流式细胞仪是一种高分辨率的检测仪器,激光光束为线状扁平光斑，直径在3～5μm，小于被检细胞，可以对细胞各部分依次扫描，得到一维的细胞轮廓组方图，计算出细胞直径大小、核直径大小、核质比例等一系列的形态学信息的定量资料，也可以通过三个坐标轴方向设置的光信号探测器，得到细胞的三维轮廓图。

二、流式细胞仪的工作原理与结构

（一）流式细胞仪的工作原理

1. 对生物颗粒分析的原理　FCM检测的是带有荧光标记的、快速流动的单个细胞，因此对样品进行处理、制备高质量的单细胞悬液并进行特异荧光染色是分析的前提，而保证液流以单细胞快速通过检测区是该技术的关键。这一关键是利用流体力学的原理，通过层流技术实现的。

在样品泵气体压力作用下，悬浮在样品管中的单细胞经管道进入流式细胞仪的流动室，沿流动室的轴心向下流动形成样品流（图4-22）。同时，鞘液泵驱使鞘液在流动室轴心至外壁之间向下流动，形成包绕样品流的鞘液流。鞘液流和样品流在喷嘴附近组成一个圆柱流束，自喷嘴的圆形孔喷出，与水平方向的激光束垂直相交，相交点即为测量区。

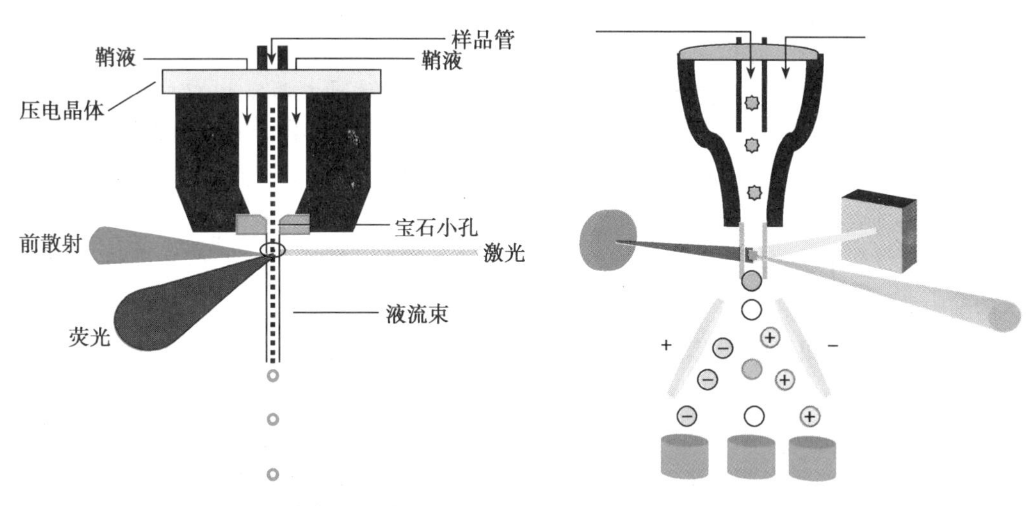

图4-22　流式细胞仪的流动室　　　　图4-23　流式细胞仪工作原理示意图

在测量区，受激光照射荧光染色的细胞发出荧光，同时产生光散射。这些信号分别被光电倍增管和光电二极管接收，并转换为电子信号，再经过模数转换为数字信号，计算机通过相应的软件储存、计算、分析这些数字化信息，就可得到细胞的大小、核酸含量、酶和抗原的性质等信息。

2. 进行细胞分选的原理　在定性分析基础上，将符合预设参数的细胞分离出来就是分选。这一技术是通过流动室振动和液滴充电实现的（图4-23）。

在压电晶体上加上频率为30kHz的信号，使其产生同频率的机械振动，带动流动室随之振动，以此导致通过测量区的液柱断裂成一连串均匀的液滴。此前各类细胞的特性信息在测量区已被测定，并储存在计算机中。当符合分选条件的细胞通过形成液滴时，流式细胞仪就为其充以特定的电荷，而不符合分选条件的含细胞液滴和不含细胞的空白液滴不被充电。带有电荷的液滴向下落入偏转板间的静电场时，依所带电荷的不同分别向左偏转或向右偏转，落入指定的收集器内。不带电的液滴不发生偏转，垂直落入废液槽中被排出，从而达到细胞分类收集的目的。

（二）流式细胞仪的基本结构

流式细胞仪由流动室与液流驱动系统、激光光源与光束形成系统、光学系统、信号检测与分析系统、细胞分选系统等组成。

1. 流动室与液流驱动系统　流动室与液流驱动系统(图 4-24)是流式细胞仪的重要部件。其中流动室是流式细胞仪的核心部件,大多由石英材料制成,其中镶嵌一块宝石。宝石中央开一个孔径为 430μm×180μm 的长方形孔,让细胞单个流过。检测区在该孔的中心或下方,被测样品在此与激光束相交。由石英制成的流动室光学特性良好,可收集的细胞信号光通量大,配上广角收集透镜,可获得很高的检测灵敏度和测量精密度。

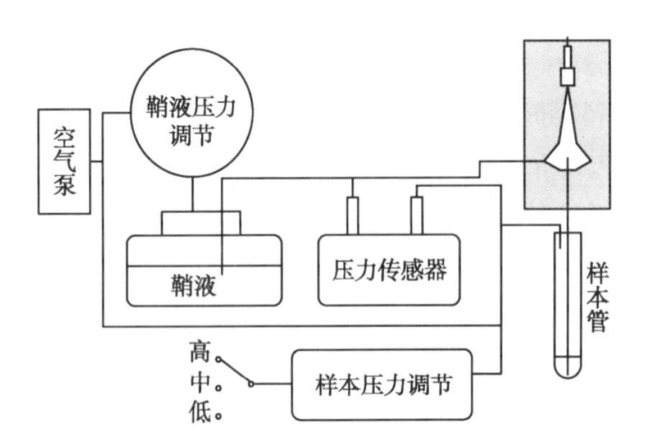

图 4-24　流动室与液流驱动系统示意图

图 4-25　激光聚焦及焦点能量分布示意图

流动室内充满了鞘液。样品流在鞘液流的环抱下形成流体动力学聚焦,使样品流不会脱离液流的轴线方向,并且保证每个细胞通过激光照射区的时间相等,从而得到准确的细胞信息。

空气泵产生压缩空气,通过鞘流压力调节器在鞘液上施加一个恒定的压力,这样鞘液以匀速运动流过流动室,在整个系统运行中流速是不变的。调高样本的进样速率,可以提高采样分析的速度。但这并不是提高样本流的速度,而是缩短细胞间的距离,使单位时间内流经激光照射区的细胞数增加。

检测区激光焦点处的能量呈正态分布(图 4-25),中心处能量最高。当样本速率选择高速时,处在样本流不同位置的细胞或颗粒,受激光照射的能量不同,被激发出的荧光强度也有差异,这可能引起测量误差。所以,当检测分辨率要求高时,进样速率应选用低速进样。

2. 激光光源与光束形成系统　激光是一种相干光源,它能提供单波长、高强度和高稳定性的光照,所以激光是细胞微弱荧光快速分析的理想光源。多数流式细胞仪采用氩离子气体激光器,可以产生 488. 0nm 和 514. 5nm 两种波长的激发光,有些仪器可增配小功率半导体激光器(波长 635nm),拓宽了荧光染料的应用范围。

由于细胞的快速流动,每个细胞经过光照区的时间仅为 1 微秒左右,且细胞所携带荧光物质被激发出的荧光信号强弱,与被照射的时间和激发光的强度有关,因此细胞必须达到足够的光照强度。激光光束在到达流动室前,先经过透镜将其聚焦,形成几何尺寸约为 22μm×66μm 即短轴稍大于细胞直径的光斑(见图 4-24)。

3. 光学系统　流式细胞仪的光学系统由若干组透镜、滤光片和小孔组成,其作用是将不同波长的光信号进行分离、聚集后,送入不同的光电转换和电子探测器。

滤光片是主要的光学元件,可以分为三类:长通滤光片、短通滤光片和带通滤光片。长通滤光片只允许特定波长以上的光通过,特定波长以下的光不能通过,用 LP 表示,如 LP500 滤光片,可以让 500nm 以上的光通过,500nm 以下的光被吸收或返回;短通滤光片与长通滤光片相反,特定波长以下的光通过,特定波长以上的光被吸收或返回,用 SP 表示;带通滤光片允许一定波长范围内的光通过。滤光片上有两个数值,一个为允许通过波长的中心值,另一个为允许通过光波段的范围,如 BP500/50 表示其允许 475 ~ 525nm 波长的光通过。

4. 信号检测与分析系统　流式细胞仪收集和分析的光信号包括激光信号和荧光信号,其光电转换元件主要是光电倍增管,能将这些光信号转换成电信号,电信号输入到放大器进行线性

放大或对数放大。

（1）激光信号：来自于激发光源，波长与激发光相同，分为前向角散射和侧向角散射：①前向角散射：前向角散射与被测细胞的大小有关，确切地说与细胞直径的平方密切相关；②侧向角散射：侧向角散射是指与激光束正交90°方向的散射光信号。侧向散射光对细胞膜、细胞质、核膜的折射率更为敏感，可提供细胞内精细结构和颗粒性质的信息。

目前采用这两个参数组合，可区分裂解红细胞后外周血白细胞中淋巴细胞、单核细胞和粒细胞三个细胞群体，或在未进行裂解红细胞处理的全血样品中找出血小板和红细胞等细胞群体。

（2）荧光信号：当激光光束与细胞正交时，标记细胞内的特异荧光素受激发发射荧光信号，通过对这类荧光信号的检测和定量分析能了解所研究细胞的数量和生物颗粒的情况。荧光信号的种类和强弱除了与待测物质有关外，还与荧光染色选用的荧光素密切相关。①激发光谱与发射光谱：由于各类荧光素的分子结构不同，其荧光激发谱与发射谱也各异，选择染料或单抗所标记的荧光素必须考虑仪器所配置的光源波长。目前FCM常配置的激光器波长为488nm，通常选用的染料有碘化丙啶（propidium iodide，PI）、藻红蛋白（phycoerythrin，PE）、异硫氰酸荧光素（fluorescein isothiocyanate，FITC）和多甲藻素叶绿素蛋白（peridinin chlorophyll protein，PerCP）和五甲川菁（penta methyl cyanine，Cy5）等。有些仪器还配置了半导体激光器，其激发波长为635nm，可激发APC、To-Pro3等染料，拓宽了FCM的应用范围。②光谱重叠的校正：当细胞携带两种以上荧光染料时，受激光激发会发射两种以上不同波长的荧光，理论上可通过选择滤片使每种荧光仅被相应的检测器检测。但由于目前所使用的各种荧光染料都是宽发射谱性质，虽然它们之间发射峰值各不相同，但发射谱范围有一定的重叠（图4-26）。阴影为探测器检测光谱的范围，FITC探测器将探测到少量的PE光谱，而PE探测器则检测到较多的FITC光谱。为了减少各荧光间的相互补偿，可以采用双激光立体光路技术的四色FCM系统（图4-27），流式细胞仪检测的主要是荧光信号。当携带荧光素的细胞与激光束正交时，荧光素受激发发出荧光，经滤光片分离不同波长的光信号分别到达不同的光电倍增管，光电倍增管将光信号转换成电信号，经不同的电子线路放大后进行测量和分析。③荧光信号线性测量和对数测量：线性放大器的输出与输入是线性关系，细胞DNA含量、RNA含量、总蛋白质含量等的测量一般选用线性放大测量。在免疫学样品测量中，通常使用对数放大器。④荧光信号的面积和宽度：荧光信号的面积常用于DNA倍体的测量。荧光信号的宽度常用于区分双联体细胞。

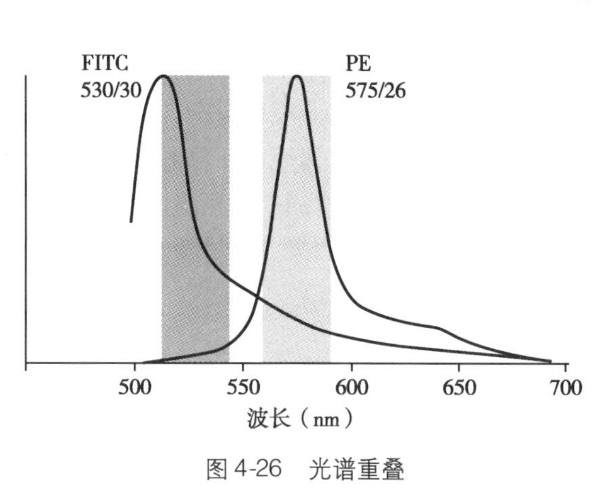

图4-26　光谱重叠

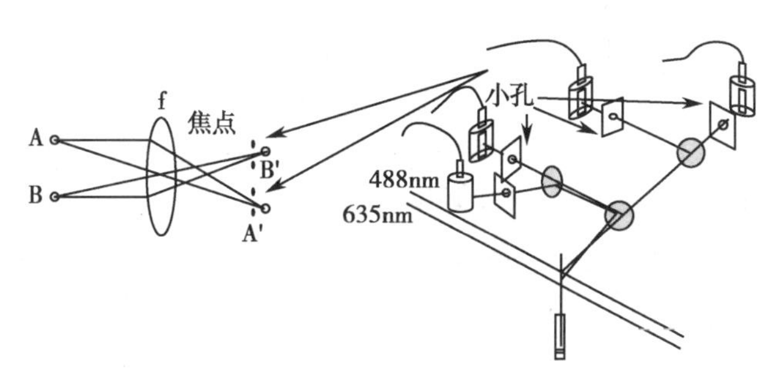

图4-27　双激光立体光路示意图

5. 细胞分选系统　大型流式细胞仪还有细胞分选系统，由水滴形成、水滴充电和水滴偏转三部分组成。

（1）水滴形成：安装在流动室上的压电晶体带动流动室一起振动。使自喷孔喷出的流束形成水滴。液流从喷孔出来后，需要经过一段距离才形成水滴。这段距离大约10～20个波长，测量区应尽量靠近喷嘴以避免受振动干扰。喷嘴的振动频率即每秒产生水滴的数目。当喷嘴直径为50μm时，信号频率为40kHz，则每秒产生4万个水滴。若每秒流出的细胞是1000个，则平均每40个水滴中只有1个水滴是有细胞的，其他皆为空白。

（2）水滴充电：为了分选细胞，需要细胞在经过测量区时，流式细胞仪判断出哪个细胞满足了分选的条件，并产生一个逻辑信号。此信号驱动充电脉冲发生器，使之产生充电脉冲，当满足分选条件的细胞将要形成水滴时，充电脉冲正好对它进行充电。可见给水滴充电的脉冲并不是在做出分选决定时立即产生并加到流束上的，而是当细胞将要形成水滴时才加上的，这一段等待时间依赖于喷孔的直径、细胞与激光束相交点的位置等因素。

（3）水滴偏转：当水滴从流束上将要断开时，给含有这个水滴的流束充电，则水滴从流束上断开后便带有同极性的多余表面电荷。水滴如果在与流束将分离时，未被充电，则离开流束的水滴不带电荷。下落的水滴通过一对平行板电极形成的静电场时，带正电荷的水滴向带负电的电极板偏转，带负电荷的水滴向带正电的电极板偏转，不带电的水滴垂直下落不改变其运动方向，这样就可用容器分别收集各种类型的水滴。

三、流式细胞仪的性能指标

流式细胞仪的性能指标分为分析指标和分选指标，前者包括灵敏度、分辨率和分析速度等，后者包括分选速度、分选纯度和收获率等。

1. 分析指标

（1）灵敏度：是衡量仪器检测微弱荧光信号的重要指标，包括荧光检测灵敏度和前向角散射光检测灵敏度。荧光检测灵敏度一般以能检测到单个微球上最少标有FITC或PE荧光分子数目来表示，现在的流式细胞仪均可达到检测小于100个荧光分子的指标。前向角散射光检测灵敏度是指能够检测到的最小颗粒大小，目前商品化的流式细胞仪可以测量到直径为0.2～0.5μm的生物颗粒。

（2）分辨率：分辨率是衡量仪器测量精度的指标。

（3）分析速度：分析速度以每秒分析的细胞数来表示。当细胞流过测量区的速度超过流式细胞仪响应速度时，细胞产生的荧光信号就会丢失，这段时间称为流式细胞仪的死时间（dead time）。死时间越短，我们就说这台仪器处理数据越快，一般可达到300～6000个/秒左右，有些流式细胞仪已经达到每秒几万个细胞。

2. 分选指标

（1）分选速度：它指每秒可提取所选细胞的个数，目前一般流式细胞仪的分选速度为300个/秒，高性能的流式细胞仪最高分选速度可达每秒上万个细胞。

（2）分选纯度：它指流式细胞仪分选的目的细胞占分选细胞百分比，一般FCM的分选纯度可以达到99%左右。

（3）分选收获率：它指被分出的细胞占原来溶液中该细胞的百分比。通常情况下，分选纯度和收获率是互相矛盾的，纯度提高则收获率降低，反之亦然。这是由于细胞在液流中并不是等距离一个接着一个有序地排着队，而是随机的。一旦两个细胞挨得很近时，在强调纯度和收获率不同的条件下，仪器会做出取舍的决定。因此，选择何种模式要视具体实验要求而定。

四、流式细胞仪的使用方法

（一）流式细胞仪的分析流程

1. 检测样品制备　流式细胞仪测定的标本，无论是外周血细胞、培养细胞还是组织细胞，首先要保证是单细胞悬液。不同来源细胞的处理程序不同，但制备高质量的单细胞悬液是进行流式分析关键的一步。

2. 荧光染色　荧光染料的选择和标记方法也是保证流式分析结果的关键技术。制备成单细胞悬液后，要选择带有荧光素标记的单克隆抗体进行荧光染色，才能上机进行检测。

3. 上机检测　这是流式分析的主要过程。

4. 结果分析　根据输出的数据或图像，结合相关专业知识进行检测结果的综合分析，提示相关的生物学意义。

（二）流式细胞仪的使用方法

流式细胞仪的检测方法包括开机程序、预设模式文件、仪器的设定和调整、样品分析和关机程序等步骤（图 4-28）。

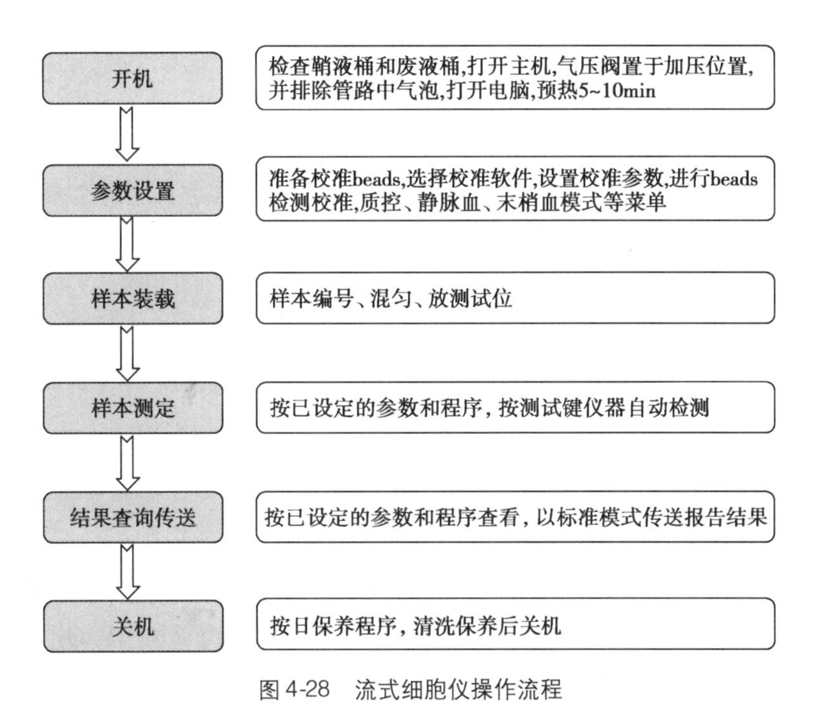

图 4-28　流式细胞仪操作流程

1. 开机程序　打开稳压器电源，进行储液箱和鞘液桶处理，检查所有管路。然后打开仪器开关，预热 5～10 分钟，排出过滤器内的气泡，冲洗管道。

2. 预设模式文件　从视窗中选取图形资料来源，并确定适当的 x 轴和 y 轴参数。选取绘图工具绘出直方图，储存于文件夹中，下次进行相同实验时可直接调用。

3. 仪器的设定和调整　为每个参数选择适当的倍增模式。放上待检测的样品，选择运行程序和流速，调整 FSC 和 SSC 探测器中的信号倍增度。在靶细胞周围设定区域线，调整荧光检测器的倍增程度，同时调整荧光染色所需的荧光补偿。

4. 样品分析　打开预设的模式文件，选择决定储存的细胞数、参数、信号道数。决定文件存储位置、文件名称、样品代号以及各种参数的标记，然后开始分析测定。当一定数目的细胞被测定后，获取会自动停止，并会自动存储数据。

5. 关机程序　当所有样品分析完毕，换上纯化水，保护激光管。选择“Quit”退出软件，用稀释的漂白水和纯化水依次进行冲洗，在仪器处于“STANDBY”状态 10 分钟后再依次关掉计算机、

打印机、主机、稳压电源，以延长激光管寿命，并确保应用软件的正常运行。

五、流式细胞仪的维护与常见故障处理

（一）流式细胞仪的维护

日常维护包括使用前、中、后的一些基本措施，如使用不间断电源（UPS），或加用过保护装置，并用稳压器，使激光电源的电压波动范围应小于±10%；冷却水必须使用过滤器，并保证压力和流量，以避免水道阻塞造成激光源的损坏；环境温度应保持室温在18～24℃，相对湿度小于85%；安装可靠地线等。定期维护主要是样品管和鞘液管道每周应用漂白粉液清洗，避免一些微生物生长；流式细胞仪的室内应注意避光、防尘、除湿等，还包括人员的培训与管理。

（二）流式细胞仪常见故障及排除

常见故障信息包括清洗液高度不足、数据处理速率错误、数据存取错误、程序错误、激光器开启错误、样品压力错误和参数太多等，这些错误并不复杂，可以按照操作程序一一对照，逐个排除。严重的错误出现时不能擅自修理，应及时与制造商联系。

流式细胞仪的应用

流式细胞仪作为近年来发展起来的一种新型现代化细胞学分析仪器，具有许多同类仪器无法比拟的特性，目前已经广泛应用于基础医学、临床医学和医学检验多学科的医疗实践和科学研究中，特别是在免疫学、细胞生物学、血液学、肿瘤学、艾滋病检测、药物学等领域显示了广阔的应用前景。

（张　铁）

第四节　尿沉渣分析仪

在尿沉渣检查中能够看到的有形成分为红细胞、白细胞、上皮细胞、管型、巨噬细胞、肿瘤细胞、细菌、精子以及由尿液中沉析出来的各种结晶（包括药物结晶）等，对这些沉渣进行分析的仪器称为尿沉渣分析仪。这些检查对肾和尿路疾患的诊断、鉴别诊断以及疾病的严重程度和预后的判断，都有着重要的意义。随着现代医学科学技术的发展，电子技术及计算机的应用，特别是各类尿沉渣全自动分析仪的相继问世，对尿沉渣检查的自动化提供了可靠的手段。

尿沉渣分析仪大致有两类，一类以流式细胞术为基础，联合多种检测技术进行尿沉渣自动分析的流式细胞式尿沉渣分析仪；另一类是通过尿沉渣直接镜检，再进行显微影像分析，进而得出相应的技术资料与实验结果的影像式尿沉渣自动分析仪。

一、流式细胞式尿沉渣分析仪

（一）流式细胞式尿沉渣分析仪工作原理

以流式细胞术为基础，综合光学及电阻抗信号，通过计算机处理，得出细胞的形态、细胞横截面积、染色片段的长度、细胞容积等信息，并绘出直方图和散射图。通过软件分析每个细胞信号波形的特性来对其进行分类（图4-29）。

（二）流式细胞式尿沉渣分析仪仪器结构

流式细胞式全自动尿沉渣分析仪包括光学系统、液压系统、电阻抗检测系统和电路系统（图4-30）。

图 4-29　流式细胞式尿沉渣分析仪

1. **光学系统**　光学系统由氩激光(波长 488nm)、激光反射系统、流动池、前向光采集器和前向光检测器组成。

激光作为光源用于流式细胞分析系统,每个细胞被激光光束照射,产生前向散射光和前向荧光的光信号,由双色过滤器区分。在分析尿液标本时,由于细胞的种类不同和分布不均,光的反射和散射主要取决于细胞表面,所以仪器可以从散射光的强度得出测定细胞大小的资料。荧光通过滤光片滤过,将一定波长的荧光输送到光电倍增管,将光信号放大再转变成电信号,输送到计算机系统处理。

流式细胞式全自动尿沉渣分析仪常使用两种荧光染料:一种为菲啶染料,主要染细胞的核酸成分,可被 480nm 光波照射激发,产生 610nm 的橙黄色光波,用于区别有核的细胞和无核的细胞(如白细胞与红细胞、病理管型与透明管型的区别);另一种为羧花氰染料,它穿透能力较强,与细胞质膜(细胞膜、核膜和线粒体)的脂层成分发生结合,可被 460nm 的光波照射激发,产生 505nm 的绿色光波,主要用于区别细胞的大小(如上皮细胞与白细胞的区别)。这些染料具有下列特性:①反应快速;②背景荧光低;③从细胞发生的荧光与染料和细胞的结合程度成比例。

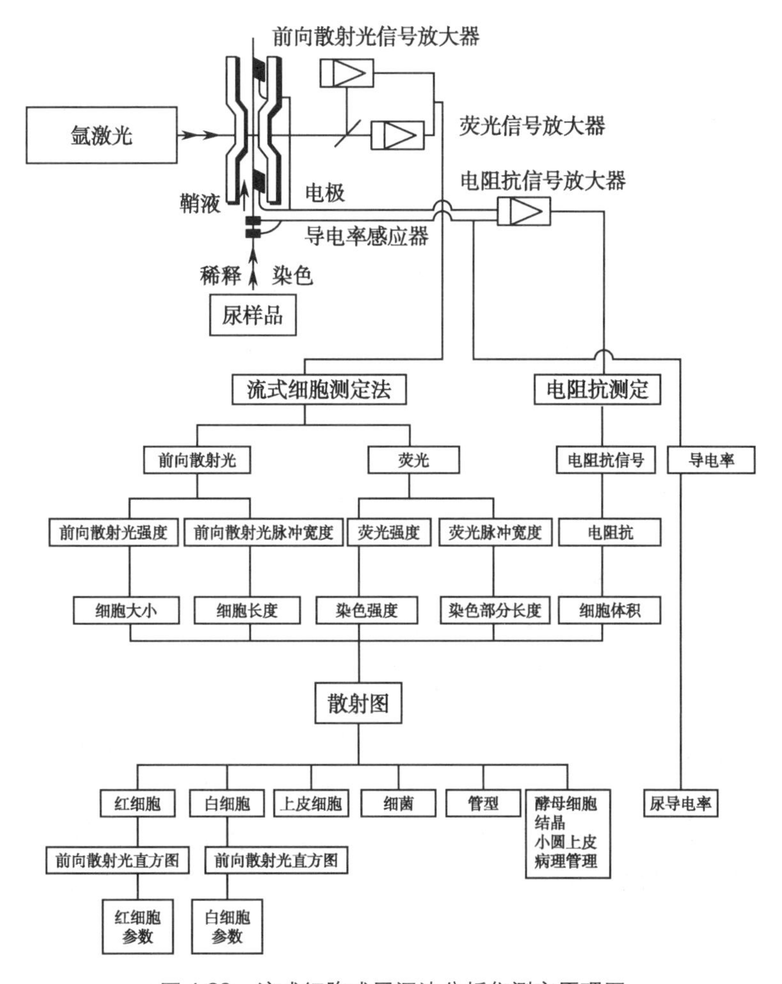

图 4-30　流式细胞式尿沉渣分析仪测定原理图

2. 液压(鞘液流动)系统 反应池染色标本随着真空作用吸入到鞘液流动池。为了使尿液细胞进入流动池不凝固成团,而是逐个地通过加压的鞘液输送到流动池,使染色的样品通过流动池的中央。鞘液在压力作用下形成一股液涡流,使尿液细胞排成单个的纵列。这两种液体不相混合,保证尿液细胞永远在鞘液中心通过。鞘液流动机制提高了细胞计数的准确性和重复性,防止错误的脉冲,减少流动池被尿液标本污染的可能。

3. 电阻抗检测系统 电阻抗检测系统包括测定细胞体积的电阻抗系统和测定尿液导电率传导系统。

阻抗系统测定细胞体积的功能原理详见上一节流式细胞仪。测量尿液的导电率的功能是采用电极法。样品进入流动池之前,在样品两侧各有一个传导性感受器,用以接收尿液样品的导电率电信号,并将其放大直接送计算机系统处理。导电率与临床使用的渗透量密切相关。

部分尿液标本可在低温时产生某些结晶,从而影响电阻抗测定的敏感性,使分析结果不准确。为了保证尿液标本导电率测定的准确度,可采用下列措施:①用 URINOPACK 稀释液稀释尿液标本,可除去尿中所含的非晶型磷酸盐结晶;②在染色过程中由仪器将尿液和稀释液混合液加热到35℃,可溶解尿液标本中的尿酸盐结晶,减少在电阻抗测定过程中通过检测器所引起的误差。

4. 电路系统 计算机系统通过软件控制电路系统决定样品检测速度。检测器从样品中得到的电阻抗信号和传导信号被感受器接收后,由电路系统放大,输送给计算机系统处理,得出每种细胞的直方图和散射图,通过计算得出各种细胞数量和细胞形态。

(三) 检测项目和相应的参数

1. 红细胞 红细胞出现在第一个和第二个散射图的左侧。由于红细胞在尿液中直径大约是8.0μm,没有细胞核和线粒体,所以荧光强度很弱,红细胞在尿液标本中大小不均,且部分溶解成小红细胞碎片,或者在肾脏疾患时排出的红细胞也大小不等,因此红细胞前向散射光强度差异较大。

仪器除给出尿红细胞数量(每微升的细胞数和每高倍视野的平均红细胞数)参数外,还可报告尿红细胞其他参数,如均一性红细胞的百分比、非均一性红细胞的百分比、非溶血性红细胞的数量和百分比、平均红细胞前向荧光强度、平均红细胞前向散射光强度和红细胞荧光强度分布宽度。

2. 白细胞 白细胞在尿液的分布直径大约为10μm,比红细胞稍大,前向散射光强度则也比红细胞稍大一些,但白细胞含有细胞核而红细胞无细胞核,因此它有高强度的前向荧光,能将白细胞与红细胞区别开来,白细胞出现在散射图的正中央。白细胞也像红细胞那样有很多形状。当白细胞存活时,白细胞会呈现前向散射光强和前向荧光弱;当白细胞受损害或死亡时,会呈现前向散射光弱和前向荧光强。

仪器除可给出白细胞定量(每微升的细胞数和每高倍视野的平均细胞数)参数外,还可测出尿液中白细胞的平均白细胞前向散射光强度。

3. 上皮细胞 上皮细胞体积大,散射光强,且都含有细胞核、线粒体等,荧光强度也比较强。一般来说,大的鳞状上皮细胞和移行上皮细胞分布在第二个散射图的右侧。除可给出上皮细胞数量参数外,还能标出小圆上皮细胞,并在第二个屏幕上显示出每微升小圆上皮细胞数。小圆上皮细胞是指细胞大小与白细胞相似或略大,形态较圆的上皮细胞,它包括肾小管上皮细胞、中层和底层移行上皮细胞。但这些细胞散射光、荧光及电阻的信号变化较大,仪器不能完全区分出哪一类细胞。因此当仪器标出这类细胞的细胞数到达一定浓度时,还需通过离心染色镜检才能得出准确的结果。

4. 管型 管型种类较多,且形态各不相同,仪器不能完全区分开这些管型性质,只能检测出透明管型和标出有病理管型的存在。

透明管型由于管型体积大和无内含物,有极高的前向散射光脉冲宽度和微弱的荧光脉冲宽度,出现在第二个散射图的中下区域。而病理管型(包括细胞管型),由于它们的体积与透明管型相等,但有内含物(如线粒体、细胞核等),所以有极高的前向散射光脉冲宽度和荧光脉冲宽度,出现在第二个散射图的中上区域,借助于荧光脉冲宽度,即可区分出透明管型和病理管型。当仪器标明有病理管型时,由于仪器只能起过筛作用,不能完全判定就是病理管型,只有通过离心镜检,才能确认是哪一类管型,这对疾病的诊断才会有真正的帮助。

5. 细菌　细菌由于体积小并含有 DNA 和 RNA,所以前向散射光强度要比红、白细胞弱,但荧光强度要比红细胞强,又比白细胞弱,因此细菌分布在第一个散射图红细胞和白细胞之间的下方区域。细菌检查的临床意义主要用于对泌尿系统细菌感染的诊断。

6. 其他检测　全自动尿沉渣分析仪除检测上述参数外,还能标记出酵母细胞、精子细胞、结晶,并能够给出定量值。当尿酸盐浓度增多时,部分结晶会对红细胞计数产生影响。因此,当仪器对酵母细胞、精子细胞和结晶有标记时,都应离心镜检,才能真正区分。

7. 导电率的测定　导电率与渗量有密切的关系。导电率代表溶液中溶质的质点电荷,与质点的种类、大小无关;而渗量代表溶液中溶质的质点(渗透活力粒子)数量,与质点的种类、大小及所带的电荷无关,所以导电率与渗量又有差异。如溶液中含有葡萄糖时,由于葡萄糖是无机物,没有电荷,与导电无关,但与渗量有关。

(四) 操作流程

1. 开机前检查　包括试剂检查、电源稳定性检查及废液处理。

2. 开机　顺次打开打印机、变压器、激光电源、压缩机、主机,激光稳定后开始检测本底。

3. 质控　根据实验室操作规程,按说明书要求,执行质控,分析完成后确认符合检测条件。

4. 样品分析　当仪器准备完毕后,在进样界面输入样品号、试管架编号及试管位置编号并按确定键检测。

5. 结果输出　分析结束后,结果将显示在主机屏幕上,若设置自动打印功能,将自动从打印机输出结果。

6. 关机　按说明书要求,将清洗剂放在进样口下,按开始键进行清洗,清洗结束后按顺序关闭主机电源、激光电源、变压器、打印机。

二、影像式尿沉渣自动分析仪

影像式尿沉渣自动分析仪是以影像系统配合计算机技术的尿沉渣自动分析仪。主要由检测系统和电脑控制一体的操作系统组成。工作原理是将混匀的尿液经染色后导入专用尿分析定量板,当尿液中的有形成分通过显微镜视野时,其检测系统的两个快速移动的 CCD 摄像镜头对样本计数池扫描,其镜头的放大倍数一个为 100 倍(低倍视野),另一个为 400 倍(高倍视野),每确定一个焦距,镜头所得影像数据化,并取 6 个平衡数据。计算机对电视图像中的扫描形态与已存在的管型、上皮细胞、红细胞和白细胞的形态资料进行对比、识别和分类,计算出各自的浓度(图 4-31)。

(一) 影像式尿沉渣自动分析仪操作方法

取随机新鲜尿液标本 10ml 于离心管,使用 1500r/min(相对离心力为 400×g,有效离心半径 15cm)离心 5 分钟,弃去上清液,留取沉渣 0.5ml。加入 50μl 染液染色 5 分钟,然后摇匀。细胞计数板(样品板)可放置 10 个经预处理已离心染色的样品,将计数板插入槽架,自动传入扫描平台,仪器便自动扫描。

自动扫描功能在显微镜观察镜下图像时,检测者只要操作专用控制面板或鼠标,显微镜下的视野可以按照设定的路径精确地移动,低倍和高倍视野也可以通过自动控制物镜的转换来实现。自动显微平台的水平扫描精度可达 1μm。在系统的实际操作中,自动扫描包括以下两个主

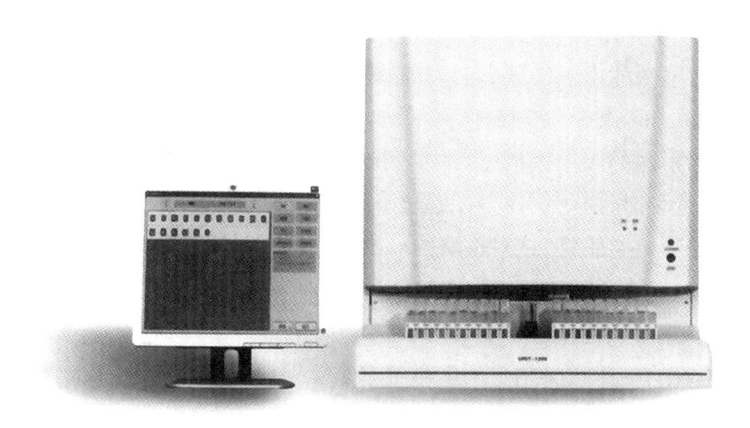

图 4-31　影像式尿沉渣自动分析仪

要步骤：

第一步：低倍 1μl 快速浏览，加样后，系统用低倍镜进行 1μl 自动扫描，检测者只需在系统的屏幕上进行浏览，可以方便地观察管型、上皮细胞等尺寸较大的沉淀物。

第二步：高倍约定路径快速扫描观察，如果需要进一步进行各种细胞的观察，检测者可以选择自动进入高倍约定路径快速扫描观察：这时候系统自动将物镜从低倍转换为高倍，然后根据检测者事先设置的方式进行快速扫描观察。

影像式尿沉渣自动分析仪能观测的有形成分包括：红细胞、白细胞、上皮细胞、管型、酵母菌、细菌和结晶等。其自动化的检测能避免人工显微镜检查由于个体差异所产生的误差，且直观、快速。经染色后，屏幕显示的沉渣成分形态清晰，贮存的图像便于核查，也可方便教学。

（二）注意事项

1. 仪器需放在清洁、无强电场干扰的工作场所，检查工作台及周围环境以保证仪器的运行和操作不受妨碍。
2. 仪器应避免放在阳光直射以及潮湿的地方。
3. 220V 交流电源系统必须有可靠的接地措施，电压允许波动范围±10%。
4. 设备运行时禁止搬动仪器，以免结构部件损伤。
5. 在使用操作仪器时，禁止更改仪器配置和添加无关软件，以免影响程序运行。
6. 当采图不清时应重设初始坐标。
7. 工作过程中要插入急诊时，应转入图像窗口操作。
8. 若遇到系统出错自动退出时，重进系统要反复进入两次，使平台初始化后焦距准确。

三、尿沉渣分析工作站

尿沉渣分析工作站的结构包括标本处理系统、双通道光学计数池、显微摄像系统、计算机及打印输出系统、尿干化学分析仪等。

（一）尿沉渣分析工作站工作原理

尿标本经离心沉淀浓缩、染色后，由微电脑控制，利用动力管道产生吸引力的原理，蠕动泵自动把已染色的尿沉渣吸入，并悬浮在一个透明、清晰、带有标准刻度的光学流动计数池，通过显微镜摄像装置，操作者可在显示器屏幕上获得清晰的彩色尿沉渣图像，按规定范围内识别、计数。通过电脑计算出每微升尿沉渣中有形成分的数量。尿沉渣定量分析工作站进行尿液分析，使用光学流动计数池，体积准确恒定，视野清晰，人工识别容易。由于是密闭的管道，标本不污染工作环境，安全性好。该法仍需人工离心沉淀，但有利于尿沉渣定量分析标准化和规范化，目前国内已推广应用（图 4-32）。

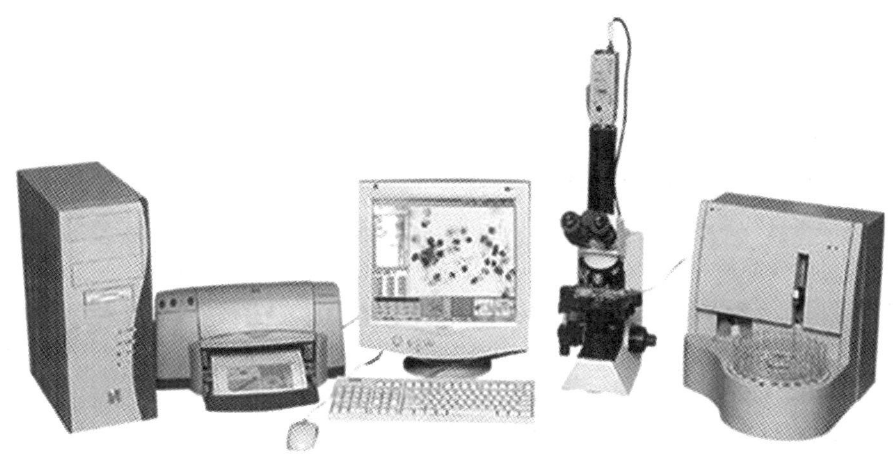

图 4-32　尿沉渣分析工作站

（二）尿沉渣分析工作站仪器结构与功能

1. 标本处理系统　内置定量染色装置，在计算机指令下自动提取样本，完成二次定量、染色、混匀、冲池、稀释、清洗等主要工作步骤。

2. 双通道光学计数池　计数池由高性能光学玻璃经特殊工艺制造，池内腔高度为 0.1mm，池底部刻有标准计数格。

3. 显微摄像系统　标准配置：光学显微镜加专业摄像头接口加摄像头，用途是将采集到的沉渣图像的光学信号，转换为电子信号输入计算机进行图像处理。

4. 计算机及打印输出系统　软件对主机及摄像系统进行控制，并编辑出检测报告模式。系统软件包括主机控制软件、尿沉渣图像采集处理软件、病例图文数据库管理软件、尿液综合检验图文报告软件、干化学分析数据通讯接口软件、医院局域网图文数据传输处理软件等。

5. 尿干化学分析仪　尿液分析仪对尿样进行干化学分析，尿干化学分析的结果传送到计算机中，再对离心后的尿沉渣用显微镜进行检查，显微镜的图像传送到计算机中，在屏幕上显示出来。只要识别出尿沉渣成分，输入相应的数目，标准单位下的结果就会自动换算出来。

（三）尿沉渣分析工作站仪器特点

1. 定量准确　微升级定量结构，实现准确定量，具有极高的重复性。

2. 全程自动　自动采集、进样、染色、稀释和排液、数据采集等，系统自动化染色、自动计数、定量染色，克服不染色尿沉渣镜检误认、漏检的缺点，提高检出率。

3. 快捷高效　交替使用的双通道计数池省却了清洗被污染计数池所占用的检测时间。

4. 消耗低　包括定量管、染色液、清洗液、打印纸、油墨全部内置，每人份仅消耗一元左右。

5. 安全洁净　全过程液体均在封闭管路中，不污染操作人员，智能控制功能强大，提供友好界面和操作信息，实现人机对话。

6. 功能齐全　选择待测样品、自动清洗，稀释、强制清洗、自动关闭电源。

7. 方式灵活　实现任选式自动控制操作：不染色、染色、不清洗、清洗、强制清洗，检验顺序灵活控制。

8. 使用方便　只需将试管放入试管架上，仪器即可完成全部工作。

9. 宜于观察　采用精制、专用的尿分析定量板，光学性能好，可长期使用。

（四）安装及使用

1. 安装　全自动尿沉渣分析仪是一种较精密的电子仪器，应由仪器制造公司的技术人员进行安装。①仪器必须安装在通风好，远离电磁干扰源、热源，防止阳光直接照射、防潮的稳定水平实验台上；②仪器两侧至少应有 0.5m 空间，后面最少应有 0.2m 空间；③要求室内温度为15 ~

30℃，最适温度为25℃，相对湿度应为30%～85%，使用空调设备保证温度、湿度恒定。

2. 调试　使用安装新仪器时或每次仪器大维修之后，必须对仪器技术性能进行调试，其鉴定必须由仪器制造公司的工程师进行，这对保证检验质量起着重要的作用。

3. 自检　应严格按说明书进行操作。每天在开机之前，操作者要对仪器的试剂、打印机、配件、取样器和废液装置等状态进行全面检查，确认无误后方可开机。开机时仪器先进行自检，自检通过后，仪器再进行自动冲洗并检查本底。本底检测通过后，还要进行仪器质控检查。自检通过后，方可进行样品检测。

4. 检测　①按操作要求，对待检样本进行前处理；②按系统程序输入样本号，确定后进行尿沉渣分析，实时显示显微视野尿沉渣图像；③根据自动分析及实时图像检查结果，在相应项目下输入数据；④完成后保存数据及尿沉渣图像，输出结果至打印机。

5. 注意事项　标本出现下列情况时禁止上机检测：①尿液标本中血细胞数>2000/μl时，会影响下一个标本的测定结果；②尿液标本使用了有颜色的防腐剂或荧光素，可降低分析结果的可靠性；③尿液标本中有较大颗粒的污染物，可能引起仪器阻塞。

四、尿沉渣分析仪的保养

1. 仪器的每日保养　全自动尿沉渣分析仪的许多功能都是自动设置的，只需按照操作程序执行即可。每天工作完毕，应作如下养护：①应用清水或中性清洗剂擦拭干净仪器表面；②倒净废液并用水清洗干净废液装置；③关机前或连续使用时，每24小时应用清洗剂清洗仪器（清洗剂为5%过滤次氯酸钠溶液，是一种强碱性溶液，使用时必须小心）；④应检查仪器真空泵中蓄水池内的液体水平，如果有液体存在，应排空。

2. 仪器的每月保养　仪器在每月工作之后或在连续进行9000次测试循环之后，应清洗标本转动阀、漂洗池，最好由仪器制造公司的专业人员进行清洗。由于是测试尿液的仪器，标本转动阀和漂洗池对人类来说是有生物危害的，因此在清洗过程中必须戴手套。

3. 仪器的每年保养　根据仪器生产厂商的要求，每年要对仪器的激光设备、光学系统进行检查，以保证仪器的准确性。

五、尿沉渣分析仪的常见故障及处理

尿沉渣分析仪的常见故障及处理见表4-5。

表4-5　尿沉渣分析仪的常见故障及处理

常见故障	原因分析	处理方法
质控时细菌和总数结果偏高	管道等试剂流经的部分有碎屑或气泡	清洗至结果到正常范围
开机后提示温度错误	温度超出仪器所需的温度范围	使环境保持一定的温度（25℃），一定的湿度（65%）。开机30分钟后，还未稳定到仪器所需的温度范围则找工程师维修
鞘液温度错误	开机鞘液温度高	让代理商调整电路板
压力和负压错误	仪器压力超出所要求的范围	按[more]键，再按[Status]键，显示压力、负压读数。如其读数偏低，松开主机左侧负压调节的螺帽，顺时针慢慢转动调节器直到负压达到所要求的范围，反之，向逆时针调节。调节好后，拧紧锁定螺帽

续表

常见故障	原因分析	处理方法
管架操作错误	样本架放置不正确 试管架送入感应器受污染 试管架送入槽内有异物或移动轴移动不顺畅	重新放架子,重新检测标本 用无水酒精清洗试管架送入感应器 用软刷清除移动轴上灰尘,再用机油润滑移动轴
激光错误	电压低或高于仪器要求范围、部件损坏、激光振幅不正常	打开激光电源、安装稳压装置 部件损坏找代理商解决
分析错误	噪声灵敏度异常,在灵敏度感应器中有气泡、灵敏度感应器线未被连接	按[more]、再按[A. Rinse]键,检查灵敏度感应器线是否已连接上
空白错误	试剂管道中有空气泡、试剂被污染或失效	按[more]、再按[A. Rinse]键以便排除试剂管道中有空气泡,按[Rep. Reag]键更换试剂
进样错误	标本混浊、标本留置时间过长,结晶析出	重做或重新留标本
HC 通信错误	电脑开关被切断、电脑未连接或连接不当	首先检查电脑电源和系统状态、检查主机与电脑之间的连线有无差错;在主菜单中按[Stored],按"∧、∨"挑选所需的编号,按[Mark]进入标记界面、再按[output]、[Marked]进入输出界面,最后按[HC],传递完毕,返回主菜单
RBC、WBC、EC、CAST、BACT 显示"??"	结果异常 进样阀堵塞 流动池污染	重新检测标本或重留标本 新生儿标本,由于其电导率过低,UF 往往不能提供正常测定状态的结果 清除堵塞物,用 Cell clean 泡进样阀;清洗流动池;按[More],按[Maint]键,选[Clean Flow Cell]完成清洗

(翟新贵)

第五节　精液分析仪

精液分析是判断和评估男性生育能力最基本和最重要的检验方法。精子的密度、活动力、活动率和存活率的综合分析是了解和评估男性生育能力的依据。计算机辅助精液分析仪(computer-aided semen analysis,CASA)是计算机技术和图像处理技术结合发展起来的一项精液分析技术,通过显微镜下摄像和计算机快速分析多个视野内精子的运行轨迹,客观记录了精子的各项参数。目前,国内大部分医院采用 CASA 进行精液常规分析,提高了精液检查结果的准确性。

一、精液分析仪的工作原理

以灰度识别 CASA 为例,采用高分辨率的摄影技术与显微镜结合,精液标本液化后吸入计数池,通过显微镜放大后,用图像采集系统获取精子动、静态图像后输入计算机。根据设定的精子大小和灰度、精子运动移位及运动参数,对采集图像进行精子密度、活动力、活动率、运动特征等几十项检验项目动态分析,由计算机处理后,打印出"精液分析检查报告以及精子动态特征分布图"。一次能对 1000 个精子进行动态检测分析,2～3 分钟集合完成检测(图 4-33)。

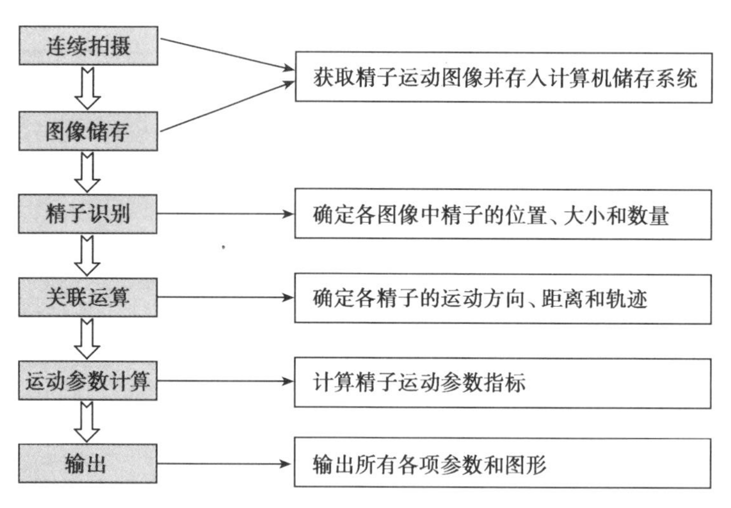

图 4-33　计算机辅助精液分析仪分析流程

二、精液分析仪的基本结构

计算机辅助精液分析仪由硬件系统和软件系统组成(图 4-34)。

1. 硬件系统　主要由显微摄像系统、图像采集系统、恒温系统、计算机处理系统等四大系统构成。此外,仪器一般配有专用样品盒,以确保单层取样。

(1) 显微摄像系统:由显微镜及 CCD 组成。可以将标本信号通过显微放大由 CCD 传输到计算机。

(2) 图像采集系统:由图像卡构成,其功能是对 CCD 信号进行抓拍、识别、预处理后,将成熟信号输送到计算机。

(3) 恒温系统:由加温和保温设备组成。加温是通过热吹风机不断将适宜的温度热风鼓入封闭保温罩内,提供稳定、可靠的检查环境。

(4) 计算机系统:对图像信号进行全面系统的加工处理,对获得的数据进行输出和存储的设备。

2. 软件系统　采用专用的精子质量分析软件,利用现代化的计算机识别技术和图像处理技术,对精子的动静态特征进行全面的量化分析,对精子的密度、活力、活率、运动轨迹等特征进行定量的检测分析(图 4-35)。

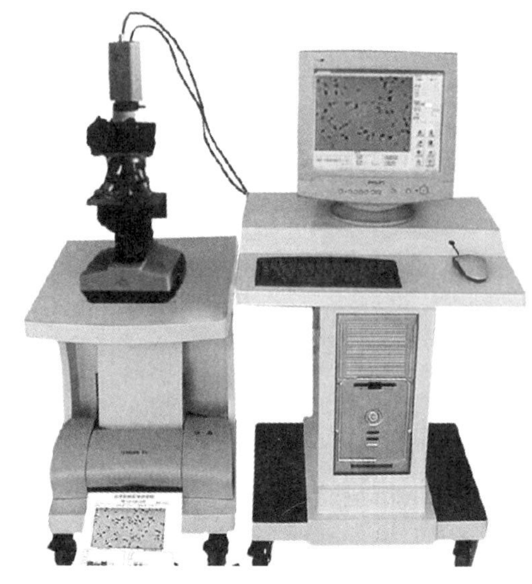

图 4-34　精液分析仪示意图

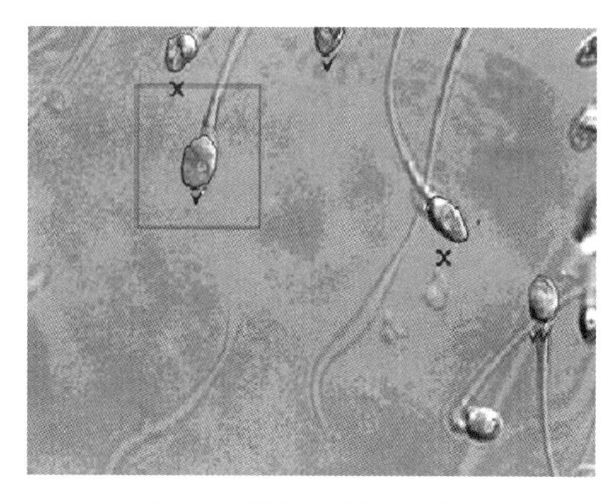

图 4-35　精液分析仪示意截图

三、精液分析仪的使用及注意事项

（一）使用方法

仪器的使用方法因型号、厂家差异不尽相同，操作人员上岗前必须经过严格培训，了解工作原理、操作规程、校正方法等，使用前必须仔细阅读说明书。一般仪器都会经历如下操作步骤：

1. **开机**　接通电源，打开计算机辅助精液分析系统。

2. **输入信息**　输入患者信息及精液理学检查结果。

3. **加样**　取液化的精液 1 滴，滴入精子计数板的计数池中，置显微镜操作平台上，点击“活动显示”菜单，调节好显微镜焦距，显示器上即可显示待测标本的精子运动图像。

4. **分析**　点击“计算分析”菜单，系统进入自动分析状态，图像显示区出现精子分割图像并进行分析。

5. **打印报告**　分析结束后，可根据需要打印出分析结果。

（二）注意事项

1. **样品制备**　是 CASA 取得高质量检查结果的关键。CASA 采用深度为 $10\mu m$ 样品池，能保证精子在单层界面内自由运动。取样分析前标本必须充分混匀，用微量取液器取 $5\sim7\mu l$ 精液加入样品池中，用 0.5mm 厚皿盖片盖紧。

2. **计数池洁净**　不洁净的计数池可影响精子的活力，尤其影响灰度 CASA 精子计数的准确性。

3. **精子密度**　样品密度过大时，造成图像处理上的粘连，无法分析每个精子的运动特性。精液中所含精子太少时，需增加检查视野数量或者使用低倍物镜观察，以提高样品检出率。

四、精液分析仪的性能评价、主要技术指标与测量参数

（一）性能评价

目前临床采用的计算机辅助精液分析仪有两种，一种是灰度识别 CASA，另外一种是荧光染色 CASA。两种 CASA 的性能特点见表 4-6。

表 4-6　两种 CASA 法与传统精液分析法的比较

方法	性能比较	
	优点	缺点
灰度识别 CASA	1. 客观、高效、高精度 2. 提供精子动力学参数的量化数据 3. 容易实现标准化和实施质量控制	1. 根据人为设定的颗粒大小和灰度对精子识别，易受标本中其他细胞和非细胞颗粒影响 2. 根据位移确定活动精子，原地摆动精子判为不活动，且不能区分“死”精子和“活”精子 3. 精子密度在 $(20\sim50)\times10^6$/ml 范围内检查结果理想，否则受一定影响 4. 测定单个精子运动，缺乏对精子群体了解，对畸形精子的识别还存在缺陷
荧光染色 CASA	1. 对精子 DNA 进行特异性活体染色，只有精子被染色，识别更准确；与活精子 DNA 结合呈绿色，与死精子 DNA 结合呈橙色，准确区分“死”精子和“活”精子 2. 通过不同的荧光染色，可进行多项检查，如精子 DNA 完整性、精子顶体反应等 3. 提供精子动力学参数量化数据，更容易实现标准化和实施质量控制	1. 使用荧光染剂，操作不当影响精子活力分析，并且荧光染剂造成检查成本增加 2. 测定单个精子的运动，缺乏对精子群体的了解，且对畸形精子的识别还存在缺陷
传统精液分析	WHO 推荐显微镜手工法检查精子密度、精子活动率和活动力	依赖于检验者的经验和主观判断，检查结果不易标准化和质量控制

（二）主要技术指标

1. **主要采集个数**　1000个或更高。
2. **检测速度范围**　0～100μm/s。
3. **采集图像帧数**　0～200帧。
4. **分辨率**　2～60μm或更高。
5. **图像采集组数**　1～10组。

（三）主要测量参数

主要测量参数及其含义见表4-7。

表4-7　CASA软件主要参数及其含义

参　数	含　义
曲线速度(VCL)	轨迹速度,精子头部沿其实际行走曲线的运动速度
平均路径速度(VAP)	精子头沿其空间平均轨迹的运动速度,根据精子运动的实际轨迹平均后计算,不同型号仪器有所不同
直线运动速度(VSL)	前向运动速度,即精子头部直线移动距离的速度
直线性(LIN)	线性度,精子运动曲线的直线分离度,即VSL/VCL
精子侧摆幅度(ALH)	精子头实际运动轨迹对平均路径的侧摆幅度,可以是平均值,也可以是最大值。不同型号CASA不一致
前向性(STR)	精子运动平均路径的直线分离度,VSL/VAP
摆动性(WOB)	精子头沿其实际运动轨迹的空间平均路径摆动的尺度,计算公式为VAP/VCL
鞭打频率(BCF)	摆动频率,即精子头部跨越其平均路径的频率
平均移动角度(MAD)	精子头部沿其运动轨迹瞬间转折角度的时间平均值
运动精子密度	每毫升精液中VAP>0μm/s的精子数

CASA精子运动分析参数较多,主要为3类(表4-8)。

表4-8　CASA精子运动分析参数

分析参数分类	检查项目
运动精子密度参数	前向运动精子密度;前向运动率;活动率
精子活动参数	平均跨径速度(VAP);轨迹速度(VCI);直线运动;鞭打频率(BCF)
精子运动方式参数	直线性(LIN);前向性(STR);精子侧摆幅度(ALH);摆动性(WOB);平均移动角度(MAD)

五、精液分析仪的维护、保养及常见故障处理

（一）维护和保养

1. **标本**　仪器使用前精液必须液化完全,无精子症和不液化精液不适用于仪器检查。

2. **环境**　拔掉电源线后使用微湿的棉布擦拭仪器表面,保证仪器清洁,干燥冷却后方可再次通电工作。

3. **电源**　使用完毕后及时切断电源,尤其是关闭CCD电源,可以延长其使用寿命。

4. **保存**　仪器长期不用时,应拔掉电源插头,放置在阴凉干燥处,盖好防尘罩。

（二）常见故障处理

1. **视频窗口无图像**　可能是视频连接不良或CCD故障，或是“视频设置”中“亮度”和“对比度”设置过低，可通过检查CCD电源指示灯或重新连接视频线解决。如若还不能解决，则需打开“视频设置”，适当调整“亮度”和“对比度”。

2. **图像模糊不清**　可能物镜镜头被污染或者是聚光镜太高，可用无水乙醇擦拭物镜镜头，适当调整聚光镜位置解决。

3. **不能打印检查报告**　检查打印机数据线与计算机连接，打印机驱动文件是否错误或者墨盒需要更换。重新连接计算机与打印机的连接线，或者重新添加打印机程序。

（张　铁）

本章小结

临床形态学检测仪器主要用于对被检测对象进行定性、定量或了解其理化性质、空间构成、免疫特性等信息的目的。传统仪器是光学显微镜，也有在光学显微镜的基础上，利用计算机技术对获得的影像进行识别加工处理的数码显微镜；利用库尔特原理、流式细胞术等技术对处理后对象进行识别的方式彻底改变了传统的细胞形态检查方法。多功能、多参数、高通量血细胞分析仪促进了血液常规检测能力的极大提高；借鉴血液检查自动化技术的发展，特别是流式细胞术的广泛应用，尿沉渣和精液分析仪使复杂的体液标本检测也变得简单。需要注意的是：许多形态学的自动检测设备主要起筛查作用，不能完全替代镜检。辨识困难的标本仍要进行手工镜检。各种形态学检测设备，都是精密的光机电一体化设备，正确地使用和保养，有助于发挥它的功能，延长其使用寿命。

（朱贵忠）

复　习　题

一、单项选择题

1. 适于观察细胞内超微结构的显微镜是
   A. 荧光显微镜　B. 普通光学显微镜　C. 透射电镜
   D. 扫描电镜显微镜　E. 暗视野显微镜
2. 关于光学显微镜的使用，下列有误的是
   A. 用显微镜观察标本时，应双眼同睁
   B. 按照从低倍镜到高倍镜再到油镜的顺序进行标本的观察
   C. 使用油镜时，需在标本上滴上镜油
   D. 使用油镜时，需将聚光器降至最低，光圈关至最小
   E. 使用油镜时，不可一边在目镜中观察，一边上升载物台
3. 电阻抗检测原理中脉冲、振幅和细胞体积之间的关系是
   A. 细胞越大，脉冲越大，振幅越小
   B. 细胞越大，脉冲越小，振幅越小
   C. 细胞越大，脉冲越大，振幅越大
   D. 细胞越小，脉冲越小，振幅不变
   E. 细胞越小，脉冲越小，振幅越大
4. 血细胞分析仪常见的堵孔原因不包括

A. 静脉采血不顺,有小凝块　　B. 严重脂血
C. 小孔管微孔蛋白沉积多　　D. 盐类结晶堵孔
E. 用棉球擦拭微量取血管

5. 流式细胞仪使用的染色细胞受激光照射后发出荧光,同时产生
A. 光散射　　B. 光反射　　C. 光电子
D. 电磁辐射　　E. 电离辐射

6. 流式细胞仪中的光电倍增管接收
A. 散射光　　B. 激光　　C. 紫外光
D. 反射光　　E. 荧光

7. 与普通光学显微镜方法相比,下列哪项不是影像式尿沉渣分析仪的优势
A. 速度快　　B. 精确度高　　C. 有散点图报告
D. 分析标准定量　　E. 视野清晰

8. 流式细胞尿沉渣分析仪定量参数不包括
A. 红细胞　　B. 白细胞　　C. 上皮细胞
D. 精子　　E. 细菌

9. 对采集图像进行精子检验项目动态分析,不需要根据以下哪项精子的参数
A. 大小　　B. 灰度　　C. 亮度
D. 运动移位　　E. 运动参数

10. 以下哪一步骤不属于计算机辅助精液分析仪分析流程
A. 单一拍摄　　B. 图像储存　　C. 精子识别
D. 关联运算　　E. 运动参数计算

二、简答题

1. 简述光学显微镜的工作原理。
2. 简述血细胞分析仪的概念,并说出血细胞分析仪的分类有哪些。
3. 流式细胞仪依据什么进行分类？各类型有什么特点？
4. 尿沉渣分析仪有几大类型？
5. 精液分析仪的工作原理是什么,其结构由哪几部分组成？

第五章

临床生物化学分析仪器

学习目标

1. 掌握:各类临床生物化学分析仪器的工作原理;各类临床生物化学分析仪器的主要结构。
2. 熟悉:临床生物化学分析仪器的基本类型和特点;仪器的使用方法、维护。
3. 了解:临床生物化学分析仪器的用途及简单故障的排除。

临床生物化学分析仪器主要包括自动生化分析仪、尿液化学分析仪、电解质分析仪、血气分析仪以及即时检测(POCT)仪器等。主要用于检测人体的血液、体液等标本中的化学物质,为临床医生提供疾病诊断、病情治疗监测、药物疗效观察、判断预后以及健康评价等信息。随着科学及计算机技术的发展,临床生物化学分析仪器发展很快,发展趋势具有四个增加和四个减少,即仪器的灵活性和自动化程度增加;可测的反应类型和相应的检验项目使检测准确度和速度增加;采用尖端技术增加;软件功能增加;样品用量减少;试剂消耗减少;硬件部分减少;人工参与程度减少。

第一节　自动生化分析仪

目前临床生化绝大部分检测已实现自动化分析,其中多数由自动生化分析仪(automatic biochemical analyzer)完成。自动生化分析仪由电脑控制,将生化分析中的取样、加试剂、混匀、保温反应、检测、结果计算、可靠性判断、显示和打印,以及清洗等步骤组合在一起自动操作。其电脑不但用来控制自动化分析仪,也用来安排测试要求和打印结果。自动生化分析技术提高了临床生化检验质量和速度,可减轻检验人员的劳动强度,节约样品和试剂,增加检验项目,提高检测精密度,减少实验误差,并且有利于临床检验标准化的实现。

一、自动生化分析仪的类型和特点

生化分析仪根据自动化程度可分为全自动和半自动。全自动分析仪将取样至出结果的全过程都自动完成。操作者只要把样品放进分析仪,输入要测定的项目代号,仪器就会根据分析程序自动地进行操作,并自动打印出检测结果。半自动分析仪的相当于一台连续流动式比色计,其流动式管道即为比色杯,其优点是结构简单,价格便宜。

生化分析仪根据结构原理不同,可分为连续流动式(管道式)、分立式、离心式和干片式四类。

(一) 管道式分析仪

管道式分析仪的特点是测定项目相同的各待测样品与试剂混合后的化学反应,是在同一管道中经流动过程完成的。这类仪器一般可分为空气分段系统式和非分段系统式。所谓空气分

段系统是指在吸入管道的每一个样品、试剂以及混合后的反应液之间，均由一小段空气间隔开；而非分段系统是靠试剂空白或缓冲液来间隔每个样品的反应液。在管道式分析仪中，以空气分段系统式最多，且较典型，整套仪器是由样品盘、比例泵、混合管、透析器、恒温器、比色计和记录器几个部件所组成（图 5-1）。管道内的圆圈表示气泡，气泡可将样品及试剂分隔为许多液柱，并起一定的搅拌作用。

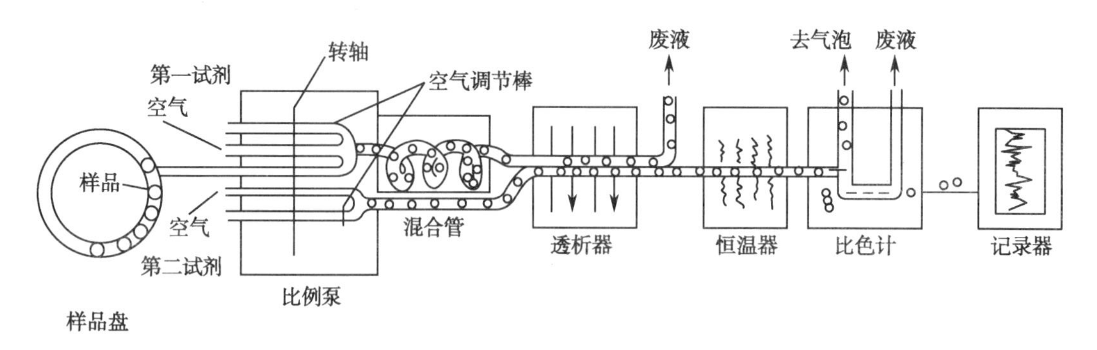

图 5-1　单通道管道式自动分析仪结构示意图

（二）分立式分析仪

所谓分立式，是指按手工操作的方式编排程序，并以有序的机械操作代替手工，各环节用转送带连接起来，按顺序依次操作。分立式分析仪与管道式分析仪在结构上的主要区别为：前者各个样品和试剂在各自的试管中起反应，而后者是在同一管道中起反应；前者采用由采样器和加液器组成的稀释器来取样和加试剂，而不用比例泵。分立式分析仪一般没有透析器，如要除蛋白质等干扰，需另行处理。恒温器必须能容纳需保温的试管和试管架，所以比管道式分析仪的体积要大。除此以外，其他部件与管道式的基本相似。分立式分析仪的基本结构如图 5-2 所示。

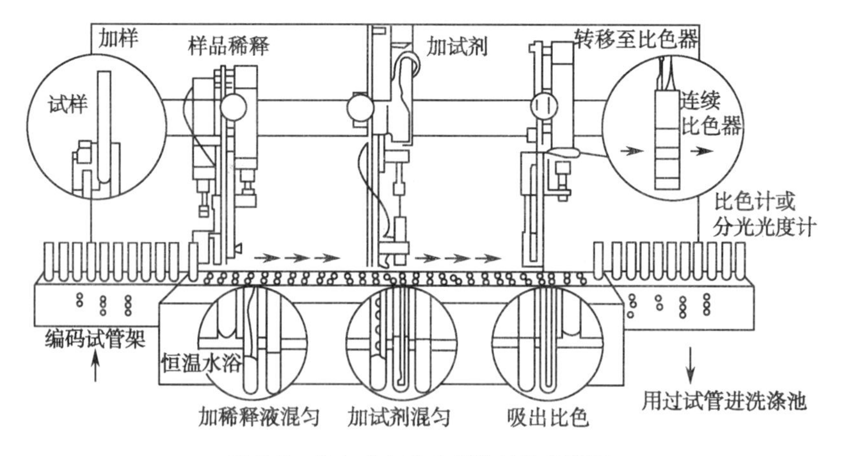

图 5-2　分立式自动分析仪结构示意图

（三）离心式分析仪

离心式分析仪其特点是化学反应器装在离心机的转子位置，该圆形反应器称为转头，先将样品和试剂分别置于转头内，当离心机开动后，圆盘内的样品和试剂受离心力的作用而相互混合发生反应，最后流入圆盘外圈的比色槽内，通过比色计进行检测（图 5-3）。仪器主要由两部分组成，一为加样部分，二为分析部分。加样部分包括样品盘、试剂盘、吸样臂（或管）、试剂臂（加液器）和电子控制部分（键盘和显示器等）。加样时转头置于加样部分。加样完毕后将转头移至离心机上。分析部分，除安装转头的离心机外，还有温控和光学检测系统，并有微机信息处理和

显示系统。这类分析仪特点是:①在整个分析过程中,各样品与试剂的混合、反应和检测等每一步骤,几乎都是同时完成的,不同于管道式和分立式分析仪的"顺序分析",而是基于"同步分析"的原理而设计;②样品量和试剂量均为微量级(样品用1~50μl,试剂120~300μl),快速分析(每小时可分析600个样品以上);③转头是这类分析仪的特殊结构。早期的转头由转移盘、比色槽、上下玻璃卷和上下套壳六个部件组成,现已被一次成形的塑料组合件代替。转头转动时,各比色槽被轮流连续监测,微机进行控制和数据处理。

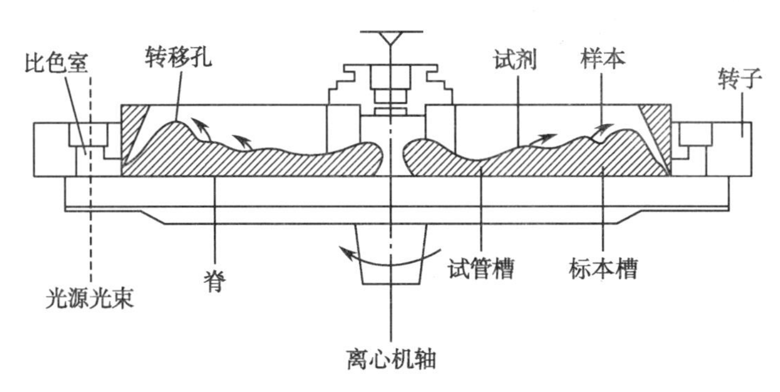

图5-3　离心式自动分析仪工作原理示意图

(四)干片式分析仪

干片式分析仪是20世纪80年代问世的。当待测液体样品加至已固化于特殊结构的干片试剂载体上(图5-4)后,将载体上的干片试剂溶解并与样品中的待测成分产生颜色反应,用反射光度计检测即可进行定量。这类方法完全革除了液体试剂,故称干化学法。

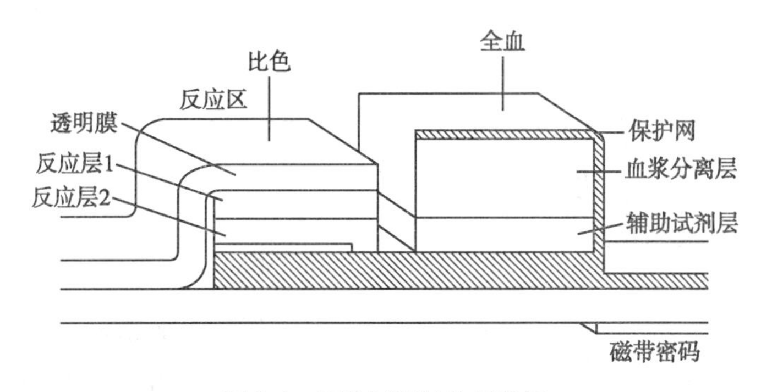

图5-4　干片试剂结构示意图

干片不仅包括试剂,也可由电极构成,所以这类分析仪也可进行电解质的测定。

二、自动生化分析仪的工作原理

目前临床主要使用的大都是分立式自动生化分析仪,其主要工作原理是依据紫外可见分光光度法原理完全模仿手工操作方式设计的一类自动化检测设备,自动生化分析仪的各部分结构对应手工操作的每个步骤包括取样、加试剂、混匀、孵育、检测、结果计算、器材清洗等(图5-5)。

三、自动生化分析仪的基本结构

(一)样品盘或样品架

样品盘是放置待测样品的转盘,可放置一定数量的样品杯或不同规格的采血试管,通过样品盘的转动来控制不同样品的进样。另一种方式是样品架,每个样品架可放数只样品杯或采血试管。样品杯或采血试管均可盛载血清、血浆、尿液等样品。样品架的移动通过样品传送带来进行,以样品架上的条形码或底部编码孔识别样品架号及样品位置号。有些仪器有专用于急诊

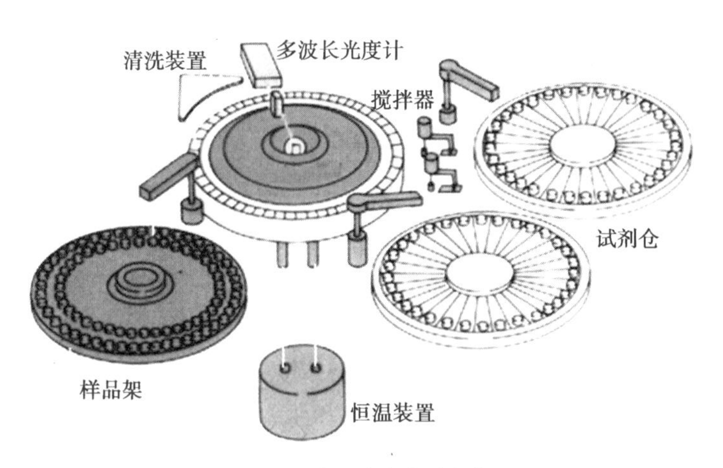

图5-5　分立式生化分析仪

样品、校准品和质控品的可识别架，更多仪器是通过固定专用位置来区分这些样品架类型。样品杯或采血试管可贴上包含样品性质和编号的条形码，分析仪通过样品条形码识别不同的样品。样品架的优点有：①随着样品架移动及样品的检测，可不断追加已放置样品杯或采血试管的样品架；②通过样品架的移动能将样品传送到另一个分析模块，甚至在另一台分析仪上再进行分析。而样品盘则只能固定在某个分析模块或某台分析仪上；但多数样品盘为开放式，对其上的样品可较自由地随时取出和放入（图5-6，图5-7）。

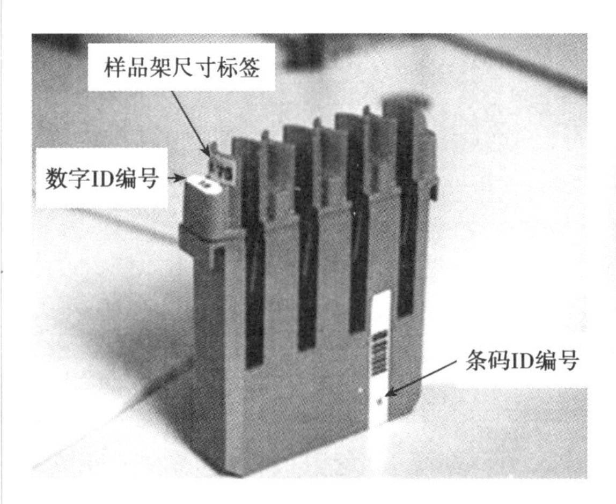

图5-6　传送条带状样品架

图5-7　圆盘状样品架

（二）试剂室和试剂瓶

试剂室内可装有放置试剂瓶的转盘，一般可放置20种以上具有一定形状的塑料试剂瓶，大型分析仪可放置30～45种试剂瓶，试剂瓶容量一般为10～100ml。通过试剂转盘的转动来选用不同试剂。试剂室也有按试剂架形式设计，可放置容量为250～500ml的任意形状的试剂瓶，试剂瓶不能转动，但每个试剂瓶内引出一条试剂管路及其喷嘴，即每种试剂均有专用的加试剂装置，因而不同试剂间无交叉污染；但试剂管路较长使试剂的死体积较大，因而适宜用于使用频率高、消耗试剂量大的检测项目。大型分析仪同时备有第一试剂室和第二试剂室，即具备对同一检测项目添加两次试剂的功能，个别分析仪还具有加入第三试剂的功能。对有条形码识别装置的仪器可将带条形码的试剂瓶放在试剂室转盘上的任意位置，仪器能自动识别试剂的种类、批号和有效期。试剂室均具有冷藏装置，可将试剂保存在4～10℃（图5-8）。

（三）反应杯和反应盘

反应杯是样品与试剂进行化学反应的场所，同时用作比色杯，这一点与手工操作有显著区

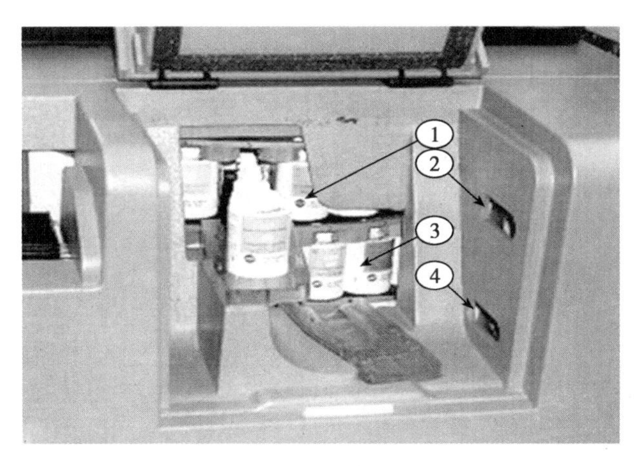

图 5-8　试剂室
①③试剂；②④条码阅读器

别。由透光性好的硬塑料或石英材料制成，100 只或更多的反应杯围成一圈组成一个反应盘，反应杯的数量往往与分析效率成正比。在测定过程中，反应盘作恒速的圆周运动，在静止时向反应杯中加入样品、试剂并搅拌混匀，当反应盘相对静止时，经过检测窗口的比色杯可进行吸光度检测。比色杯光径 0.5～1cm 不等，大多数分析仪在计算时将其折算为 1cm。

（四）取样和加试剂装置

1. 取样装置　取样装置由取样针、取样臂、取样管路、取样注射器和阀门组成，能定量吸取样品并加入到反应杯中。不同分析仪的取样容量有不同的范围，一般为 2～35μl，步进 0.1μl 不等。最低取样量很重要，取样量小对仪器的制作要求就高，是判断高低档分析仪的一个指标。取样针尖上设有电子感应器，具液面感应功能，取样针于样品上方下降，一旦接触到样品液面即停止下降而开始吸样。多数感应器设有防撞装置，遇到阻碍时取样针立即停止运动并报警。某些取样针还设有阻塞报警系统，当取样针被样品中的凝块、纤维蛋白等物质阻塞时，机器会自动报警、加大压力冲洗取样针，并跳过当前样品，进行下一个样品的取样检测。由于取样针会在各样品间产生携带交叉污染，因此所有的自动生化分析仪均对其设置了防交叉污染的措施。绝大多数采用水洗方式（又有淋浴式和洗脸盆式之分），在吸取另一个样品前对接触样品的样品针内外壁进行冲洗；也有的采用化学惰性液来隔绝样品与取样针内外壁之间的接触。

2. 加试剂装置　加试剂装置用于定量吸取试剂加入反应杯，可加入试剂容量一般为 20～380μl。步进 1～5μl 不等，取样精度在 1μl 左右。加试剂装置有两种类型，一种类型的组成部件与取样装置类似，其液面感应系统能检测并提示试剂剩余量。与取样装置一样，也同样设置有防止试剂间携带交叉污染的措施，另外，可通过吸取多于需要量的试剂来解决交叉污染问题。另一种类型为灌注式加试剂装置，该装置具有许多条试剂管路及其喷嘴，每种试剂单独使用一条试剂管路和喷嘴。这种加试剂方式的优点是不存在各试剂间的交叉污染。大型自动生化分析仪多具有两组加试剂装置，可分别从两个试剂室吸取同一个检测项目的第一和第二试剂，大多数分析仪所有检测项目加入第二试剂的时间点统一固定为 1 个或 2 个点，也有分析仪有 3 个加入时间点可供选择（图 5-9）。

（五）混匀与搅拌装置

反应杯里的样品与试剂通过搅拌棒搅拌而充分混匀，搅拌棒的形状为扁平棒状或扁平螺旋状，表面的疏水材料能防止反应液被搅拌棒所携带。其工作方式大多为旋转式搅拌，也有震动搅拌方式。也设置了防止搅拌棒在不同反应液之间携带交叉污染的清洗措施（图 5-10）。

（六）温控和定时系统

分析仪的反应杯浸浴在恒温循环水或恒温空气中，恒温循环水浴方式的优点是温度传递速

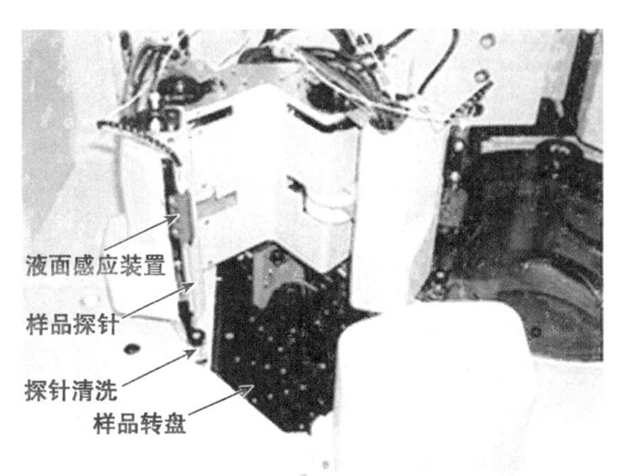

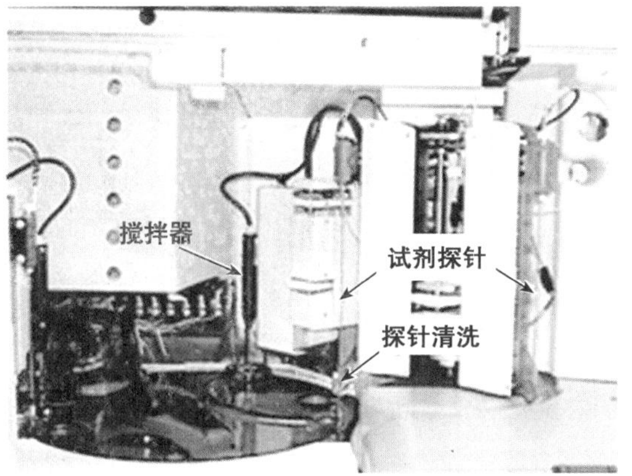

图5-9　样品和试剂取样单元

图5-10　搅拌器

度快，但保养要求较高，恒温空气浴方式保养简单，但温度传递速度不如恒温循环水浴方式。温度控制器能使循环水或循环空气的温度控制在规定温度±0.1℃。规定温度可有37℃和30℃两种选择，一般固定在37℃。还有一种恒温液循环加温方式，集干式空气浴和水浴的优点，恒温液为热容量高、蓄热能力强、无腐蚀的液体，使温度均匀稳定，且保养简单。

不同分析仪对检测吸光度的间隔时间有不同的规定，反应时间应该设定为此间隔时间的倍数。总反应时间一般限制在8.5～10分钟内，个别分析仪可以设定为15分钟或22分钟等。

（七）光路和检测系统

自动生化分析仪以紫外可见分光光度法为主要的检测手段，与一般分光光度计一样，其光路和检测系统由光源、单色器和检测器组成。

1. 光源　一般为卤素钨丝灯，也有采用长寿命的氙灯，要求在340～800nm波长范围内能发射出稳定且较平坦的光能。

2. 单色器　采用的分光系统有两种：①干涉滤光片分光系统，常带有340nm、380nm、405nm、500nm、550nm、600nm、660nm等几种滤光片，各滤光片固定在转盘上，以转盘旋转的方式来选择波长。这种分光系统在半自动分析仪中常用，只能在一个检测项目完成后，改变一个波长，再检测另一个项目，且不能同时进行多波长检测。②光栅分光系统，常在340（或293）～850nm范围内选择10～13种固定的单色光。

光栅分光有前分光和后分光两种方式，目前以后分光方式为多见。后分光是光源先透过比色杯中的反应液再照射到光栅上，经色散后，所有固定单色光同时通过各自的光纤传输到对应的检测器，微处理器按该分析项目的分析参数选择其中一个或两个波长（双波长方式）的吸光度值，用于分析结果的计算。后分光的优点是单色器中没有转动部分，因而提高了检测的精度和速度。

3. 检测器　由光敏二极管及放大电路组成，可按设定的间隔时间连续测定各反应杯的吸光度值。

（八）数据处理系统

分立式自动生化分析仪的数据处理系统具有多种数据处理功能：

1. 计算测定结果　分析仪检测到的吸光度值或吸光度的变化值扣除试剂空白，乘以校准系数或计算因子K，再由方法学补偿系数a和b校正，即得到被测样品的浓度值或酶的活性。分析仪还可按设定的校准模式如线性或非线性的对数、指数等方式处理校准曲线，从而计算待测样品结果。

2. 判断结果准确性　包括结果是否超过参考范围、是否超过线性范围和检测范围、试剂空白吸光度有无超范围、连续监测范围内吸光度值变化是否偏离线性，以及底物消耗是否超过设定范围等。

3. 保存各种数据　电脑的存储介质不仅可以保存大量的测定结果，还可以保留一定数量的其他相关数据，如被分析项目各检测点吸光度值、各次校准的校准曲线、每天的室内质控数据等，以供随时查询。

4. 自我诊断功能　能检测仪器工作状态，有关部分的温度、压力，以及空白比色杯吸光度等。

（九）清洗系统

多数全自动生化分析仪具有反应杯清洗装置。一个反应杯内的反应和检测结束后，该反应杯就被冲洗系统及时冲洗，其清洗过程是：由废液针吸取反应杯内废液，加入清洗剂冲洗并抽干后，再经数次去离子水冲洗及抽干，更高级的仪器带有风干技术。然后做空白杯的吸光度检查，若能通过检查该反应杯可继续循环使用。如果不能通过，分析仪将提示该反应杯异常，并跳过此反应杯使用下一个反应杯，或提示更换反应杯。在检测过程中，样品针、试剂针和搅拌棒一般在用于下一个样品、试剂或反应杯前即清洗一次，此时多数为去离子水冲洗。在一批检测完成后，则自动进行清洗剂清洗。清洗剂一般配有1～3种，除一种常规清洗剂外，其他1～2种可按设定对试剂针、样品针或反应杯进行补充清洗。

四、自动生化分析仪的工作过程

在测定过程中所有机械步骤均由微处理器根据已设定的程序进行工作。

1. 取样加试剂和混匀　样品盘转动，使样品进入待测位置，样品针定量吸取样品加入一反应杯内；反应盘旋转；试剂盘转动使所需试剂瓶进入试剂吸取位置，试剂针定量吸取试剂加入反应杯；搅拌机构将反应杯内液体搅拌混匀。此后，便依次对下一样品进行采样、加试剂等操作。

2. 保温反应和吸光度检测　反应盘旋转，反应杯内液体在恒温条件下进行化学反应，当该反应杯通过吸光度检测窗口时即被检测得到一个吸光度值，再按规定的间隔时间检测反应过程中的吸光度值直至总反应结束。总反应时间一般为10分钟，如果检测吸光度的间隔时间为18秒，则10分钟得到34个吸光度值，若间隔时间为15秒，则得到40个吸光度值。

分析仪能显示或（和）打印出反应全过程的时间-吸光度曲线，从这条曲线上，能观察和计算化学反应的速度、时间，以及反应呈线性期的时间，从而可为确定分析方法类型、参数设置等提供依据。

3. 计算并显示或打印结果　分析仪根据各测光点读数对某一检测项目进行结果计算，并显示或打印出每个项目的报告，也可按标本显示或打印出全部项目的累积，即待某样品指定的项目测试完毕，便显示或打印检测结果。

五、自动生化分析仪的参数

分析仪的一些通用操作步骤如取样、冲洗、吸光度检测、数据处理等，其程序均已经固化在存储器里，用户不能修改。各种测定项目的分析参数大部分也已经设计好，存于磁盘中，供用户使用；目前大多数生化分析仪为开放式，用户可以更改这些参数。生化分析仪通常留有一些检测项目的空白通道，由用户自己设定分析参数。因此必须理解各参数的确切意义。下面介绍一些参数：

1. **必选分析参数**　这类参数是分析仪检测的前提条件，没有这些参数无法进行检测。

（1）试验代号：试验代号是指测定项目的标示符，常以项目的英文缩写来表示。

（2）方法类型（也称反应模式）：有终点法、两点法及连续监测法等，根据被测物质的检测方法原理选择其中一种反应类型。

（3）反应温度：一般有30℃、37℃可供选择，通常固定为37℃。

（4）主波长：是指定一个与被测物质反应产物的光吸收有关的波长。

（5）次波长：是在使用双波长时，要指定一个与主波长、干扰物质光吸收有关的波长。

（6）反应方向：有正向反应和负向反应两种，吸光度增加为正向反应，吸光度下降为负向反应。

（7）样品量：一般是2～35μl，以0.1μl步进，个别分析仪最少能达到1.6μl。可设置常量、减量和增量。

（8）第一试剂量：一般是20～300μl，以1μl步进。

（9）第二试剂量：一般也是20～300μl，以1μl步进。

（10）总反应容量：在不同的分析仪有一个不同的规定范围，一般是180～350μl，个别仪器能减少至120μl。总反应容量太少，无法进行吸光度测定。

（11）孵育时间：在终点法是样品与试剂混匀开始至反应终点为止的时间，在两点法是第一个吸光度选择点开始至第二个吸光度选择点为止的时间。

（12）延迟时间：在连续监测法中是样品与反应试剂（第二试剂）混匀开始至连续监测期第一个吸光度选择点之间的时间。

（13）连续监测时间：在延迟时间之后即开始，一般为60～120秒，不少于4个吸光度检测点。

（14）校准液个数及浓度：校准曲线线性好并通过坐标零点的，可采用一个校准液；线性好但不通过坐标零点的，应使用两个校准液；对于校准曲线呈非线性者，必须使用两个以上校准液。每一个校准液都要有一个合适的浓度。

（15）校准K值或理论K值：通过校准得到的K值为校准K值，由计算得出的K值为理论K值。

（16）线性范围：即方法的线性范围，超过此范围应增加样品量或减少样品量重测。该范围与试剂/样品比值有关。

（17）小数点位数：检测结果的小数点位数。

2. **备选分析参数**　这类分析参数与检测结果的准确性有关，一般来说不设置这类分析参数，分析仪也能检测定出结果，但若样品中待测物浓度太高等，检测结果可能不准确。

（1）样品预稀释：设置样品量、稀释剂量和稀释后样品量三个数值，便可在分析前自动对样品进行高倍稀释。

（2）底物耗尽值：在负反应的酶活性测定中，可设置此参数，以规定一个吸光度下限。若低于此限时底物已太少，不足以维持零级反应而导致检测结果不准确。

（3）前带检查：用于免疫比浊法中，以判断是否有抗原过剩。将终点法最后两个吸光度值的差值设置一个限值，如果后一点的吸光度比前一点低，表示已有抗原过剩，应稀释样品后重测。

（4）试剂空白吸光度范围：超过此设定范围表示试剂已经变质，应更换合格试剂。

（5）试剂空白速率：在连续监测法中使用，是试剂本身在监测过程中没有化学反应时的变化速率。

（6）方法学补偿系数：用于校准不同分析方法间测定结果的一致性，有斜率和截距两个

参数。

(7) 参考值范围:对超过此范围的测定结果,仪器会打印出提示。

3. 某些参数的特殊意义

(1) 最小样品量:最小样品量是指分析仪进样针能在规定的误差范围内吸取的最小样品量。一般分析仪的最小样品量是2μl,目前也有小至1.6μl的。在样品含高浓度代谢产物或高活性酶浓度的情况下往往需采用分析仪的最小样品量作为减量参数,从而使分析仪检测范围(与线性范围不同)的上限得以扩大。

(2) 最大试剂量:方法灵敏度很高而线性上限低的检测项目,如血清白蛋白的溴甲酚绿法测定,以往手工法操作时样品量10μl,试剂量2ml,这样试剂量/样品量比例(R/S)为200,线性上限则为60g/L。此法移植到分析仪上后,R/S却很难达到200,致使线性上限变低。因此对于这类检测项目最大试剂量非常重要。

(3) 弹性速率:在酶活性测定中,当酶活性太高,连续监测期已不呈线性反应时,有些仪器具有弹性速率功能,能自动选择反应曲线上连续监测期中仍呈线性的吸光度数据计算结果,使酶活性测定的线性范围得以扩大。如AST可从1000单位/升扩展至4000单位/升,从而减少稀释及重测次数,降低成本。

(4) 试剂空白速率:样品中存在胆红素时,胆红素对碱性苦味酸速率法或两点法测定肌酐有负干扰。因为胆红素在肌酐检测的波长505nm处有较高光吸收,而且胆红素在碱性环境中可被氧化转变,因而在肌酐反应过程中胆红素的光吸收呈下降趋势。若在加入第一试剂后一段时间内设置试剂空白速率,因为此段中苦味酸尚未与肌酐反应,而胆红素在第一试剂的碱性环境中已同样被氧化转变,因而以第二试剂加入后的速率变化减去试剂空白速率变化,便可消除胆红素的负干扰。

六、自动生化分析仪的使用、维护与常见故障处理

(一) 自动生化分析仪的使用

1. 操作前的各项检查

(1) 正常开机以后,检查冲洗用水装置是否正常,各项分析试剂是否充足、各种清洗剂是否足够,以及样品针、试剂针和搅拌棒是否清洁。

(2) 确认要进行校准的项目,确认要做的质控批号及项目,以及校准品、质控品是否满足需求。

(3) 进行光度计自检来确认光路与检测系统是否处于正常工作状态。

2. 校准　分析仪在样品分析之前都要对该分析项目进行校准(也称定标),得出一个该项目的校准系数(K)。校准前首先必须在反应程序里设定有关校准的参数,如校准液的代码、位置及浓度值等。执行校准程序,检测得到该校准品的吸光度值,再根据校准浓度计算校准系数(K=校准品浓度/校准品吸光度)。

(1) 校准方式:有单点校准、两点校准和多点校准,大多数检测项目的校准曲线呈直线且通过原点,用单个浓度的校准液即可,若校准曲线呈直线但不通过原点,则需用两个浓度的校准液做两点校准;当校准曲线不呈直线而为真正的曲线时,应做多点校准,并按其线形选择不同的曲线方程进行拟和,如双曲线、抛物线、幂函数、指数函数、对数函数等方程等,多数生化分析仪已设置有数种曲线方程可将多点校准的结果自动进行数据处理,得到曲线拟和方程,样品的检测吸光度便可通过此方程计算出结果。

(2) 对校准的要求:①选择合适(配套)的校准品,包括校准品数目、类型和浓度;②如有可能,校准品应溯源到参考方法或参考物质;③确定校准的频度。根据检测项目方法和试剂的稳定性不同而确定不同的校准频度,如每日校准、每周校准、每月校准等,至少每6个月校准一次;④如有下列情况发生时,必须进行校准:改变试剂的种类,或者批号更换了。如果实验室能说明

改变试剂批号并不影响结果的范围，则可以不进行校准；仪器或者检验系统进行了一次大的预防性维护或者更换了重要部件，这些都有可能影响检验性能；质控反映出异常的趋势或偏移，或者超出了实验室规定的接受限，采取一般性纠正措施后，不能识别和纠正问题时。

3. 质控品测定　质控是保证检测结果可靠性的一个重要手段，因此每批样品的分析测定均应该有质控样品同时监测。关于分析仪的批测定，是指一批样品从开始测定到完成测定后停止的整个过程。其中如果添加或更新了试剂、进行了有可能改变吸光度的维护等操作，均应进行一次质控样品的检测，以便及时检测到分析系统的改变。

所有分析仪都已设定或固化了有关质控的分析程序：①设定有关质控参数，如每个质控品的批号、靶值和标准差；②选择质控图的方式，如均值-标准差质控图；③质控结果的统计分析，分析仪会保存每次测定的质控结果，并对其进行统计，以列表或质控图的形式在屏幕上显示。可根据质控结果在质控图上的位置判断其是否在控。如果判为失控则应从试剂、质控品、校准品和分析仪等几方面寻找原因。通过对质控结果的分析，也可以了解某项目的分析精密度和准确度的改变。

4. 检测项目的输入与测定

（1）项目输入：①逐项输入：每份样品可以任选分析仪中已设置的且试剂室内已预置试剂的项目中的一项、几项或全部项目；②项目组合输入：把与疾病相关的检验项目组合在一起，进行组合检验，这有利于方便患者，有利于疾病的诊断和预后分析，同时也简化了分析操作，提高了分析效率；③批量输入：对于有连续相同测定项目的样品，可使用批量输入的方法。

（2）测定：多数全自动分析仪的操作非常方便，在开始测定画面，输入该批第一个样品的样品号，分析仪即会自动逐个地对样品进行测定。一般在开始画面还有选择：①是否需要对结果超过设定的线性范围、超过允许的吸光度上限等的样品自动进行重复测定；②测定结果是否需要按照已设定的格式自动打印与测定结果有关的选项。

（3）急诊检验：几乎所有全自动生化分析仪都具备“急诊优先”的功能，仪器留有急诊样品的分析位置或专用样品架以及急诊分析的专用编号。一旦在急诊样品位置上放置了样品，并设定了急诊检验的项目，分析仪就会在常规样品的测定过程中，优先安排对该样品的分析测定。

5. 样品的减量与预稀释方式　当样品中待测物浓度很高时，其结果往往会超过该项目的线性范围上限。此时分析仪一般会进行自动减少样品量重新测定。分析仪在结果计算时会自动按照样品量的减少比例进行计算。样品的预稀释方式是指在分析过程中仪器首先对样品做自动稀释，然后进行测定。操作过程是，首先由样品针吸取一定量样品，加入反应杯，然后反应杯旋转至加试剂位置，由试剂针吸取稀释液加入已取样品的反应杯，由搅拌棒搅拌混匀，当再次旋转至取样位置时，由取样针在已稀释的反应杯里吸取已稀释的样品，加到另一个反应杯。前一个反应杯作为预稀释样品用，后一个反应杯将加入试剂产生化学反应用于测定。样品预稀释的优点在于稀释过程能自动化进行，能使用高达100倍或更高的稀释比例。但是每进行一次样品预稀释需占用3个取样周期，使分析速度减慢。

（二）自动生化分析仪的维护

分析仪的常规维护是保证分析仪能够正常运行的重要手段。分析仪要严格根据操作手册的要求进行维护，一般包括每天维护、每周维护、不定期维护等几方面。

（1）每天维护：①清洗样品针、试剂针，特别是搅拌棒容易缠上纤维蛋白，是最常见的交叉污染源；②加试剂；③加清洗剂。

（2）每周维护：①执行比色杯清洗程序对比色杯进行清洗。这是由于比色杯经过反复使用后，会在比色杯内壁附有用常规方法难以彻底冲洗的物质，这些物质会引起交叉污染，通过使用专用的反应杯清洗剂能比较彻底地清洗掉这些附着物。②检查比色杯的空白吸光度，以了解比色杯经过一段时间使用后透光性的改变情况，以及光路系统的情况。③对于用恒温水浴方式进行保温反应的仪器，要清洗恒温水槽。

（3）不定期维护：是指对一些易磨损的消耗部件进行检查与更换：①检查进样注射器是否漏水，检查各冲洗管路是否畅通，检查各机械运转部分是否工作正常；②比色杯是否需要更换；③光源灯是否需要更换。

（三）自动生化分析仪的常见故障处理

1. 堵孔　样本针堵塞是自动生化分析仪较为常见的，且较易发生的故障。引起阻塞的原因主要有：①血液标本分离不彻底，血清内存在着凝集的纤维蛋白黏附物或其他异物被吸入；②血清表面的微小血细胞颗粒等漂浮物被吸入；③蒸馏水中杂质沉积导致冲洗过程中加样针堵塞。

处理的办法：若目视可见纤维蛋白黏附物，可小心用棉签拭去；或调出系统维护界面，用样本注射器吸取次氯酸钠浸泡样本针管道，然后用蒸馏水反复多次冲洗；堵塞不易清除时，可用细钢丝从样本针的下端穿入进行排堵。但此法不宜常用，以防样品针内壁受损。

2. 卡杯　卡杯现象往往发生在仪器运行中，仪器会突然自动停止并且有报警提示“机械手夹持错误，或者机械手运动时下手无法吸合等”的字样。此时打开送料仓的上盖，观察暴露于反应盘中的样品杯时，是否发生有半卡或全卡现象。半卡反应杯会高出其他反应杯一部分，此时用镊子取出即可。全卡时表面上看与其他反应杯没有什么区别，一般不容易发现，如果此时继续运行，仪器仍然会报警并且停止运行。用镊子逐一取出反应杯，对光检查样品杯的杯底、杯侧有无破损、裂缝，有时还可出现整条样品杯断裂等现象，此时样品杯在反应盘内因破损挤压而变形，机械手无法夹持，从而导致仪器停止运行。

处理办法：直接购置原仪器厂家反应杯，质量可保证；在送料仓内放入反应杯前最好仔细检查，及时淘汰劣质、破损、有裂缝的样品杯。

3. 不吸样　启动吸样开关后，样本针并不吸取样本，或样本针仅做摆动动作，有的生化分析仪甚至样本针插入样本试管，但仍不吸取样本。

处理办法：首先听泵是否在运作，如泵不运作，检查吸样开关是否有信号产生，调整吸样开关中顶珠的位置，检查泵的内阻是否正常；其次检查泵管是否有泄漏或老化，压紧泵管或作更换；如上述部分正常，可打开机器顶盖，拆下流动比色池，若发现流动比色池有漏液现象，可用耐酸碱、无色的黏合剂进行黏接，等黏合剂凝固后，重新安装好流动比色池。

4. 测量结果异常　生化分析仪在开机运行一段时间后，对正常标本检测过程中出现连续测量结果异常，且测量偏倚并不拘泥于一侧，或者结果异常间断发生而不连续。这些现象的出现大大降低了仪器的精密度和分析结果的可信性。出现类似问题，可以考虑处理如下：

（1）清洗：首先用以下推荐的清洗剂进行流动比色池和管道的清洗：①0.1mol/L 的 NaOH（或 KOH）溶液，加入少量表面活性剂；②有分解蛋白作用的酶溶液；③生化试剂中本身具有去蛋白作用的试剂，总蛋白试剂（双缩脲），肌酐试剂中的碱性组分。

（2）标准管测试：进行标准管测试后，如果结果仍不正确，开机检查电子温度控制器中的加热块是否有电压，电压是否正常，电源线是否连接完好，通过控制流过温控器电子元件的电流方向来产生加热和冷却两种不同的状态，如加热块损坏则更换加热块，更换时注意它的方向性。

（3）灯泡更换：出现以上问题还可能是因为灯泡老化，需要及时更换，灯泡更换后需进行位置调整，具体调整方法参照机器的说明书。

（4）热敏电阻：检查流动比色池底部的热敏电阻，热敏电阻性能降低或损坏也可能造成温度控制的不正常，从而影响测试结果的正确性。

5. 报警处置　目前绝大多数自动生化分析仪都有报警装置，遇到仪器报警时，不要慌乱，首先仔细阅读报警窗，根据提示的报警原因按说明书要求排除故障。另外，由于生化分析仪由电脑控制，偶尔可能会出现假性报警，遇到这种情况只需根据报警提示仔细检查故障所在，如一切正常，可视为假性报警，恢复运行即可。

6. 打印异常　打印机故障主要表现为从装纸至出纸时，纸尖向上后翻卷而不能自皮辊缝中伸出或直接不能装入。经检查，打印纸末端的胶带在纸用尽时黏于皮辊上或滞留在进纸狭缝中

阻塞了进纸通道。处理办法：关闭打印机，转动打印机边轮将胶带等阻塞物转出并清除。

以上问题是实验室操作人员通过故障判断，就可以采取解决措施的。对于电子元件毁损的处理仍需厂商或专业人员的维修来解决。总之，任何仪器在长期使用过程中，都难免会出现这样或那样的故障，只要仪器使用人员有高度的责任心，上机前仔细阅读好仪器说明书，接受良好的培训，对仪器的原理，使用注意事项，引起实验误差的因素及维护、保养有充分了解，做好每天、每周、每月仪器的维护和保养工作，重视仪器维护和保养在实验室全程质量管理中的意义和作用，认真总结经验，就能将故障发生率降到最低限度，以保证仪器的正常使用。

（徐喜林）

第二节　尿液化学分析仪

尿液化学分析仪是测定尿中某些化学成分的自动化仪器，它是临床实验室尿液自动化检查的重要工具，具有操作简单、快速等优点。仪器在计算机控制下通过收集、分析试带上各种试剂块的颜色信息，并经过一系列信号转化，最后输出测定的尿液中化学成分含量。

我国的尿液化学分析仪的研制虽然起步较晚，但在1990年尿液化学分析仪就已达到国产化。尿干化学分析仪的问世标志着尿液分析由传统的手工操作向快速、自动化转变，提高了实验室尿液分析工作的效率和检测质量。

一、尿液化学分析仪的分类

（一）按工作方式分类

可分为湿式尿液化学分析仪和干式尿液化学分析仪。其中干式尿液化学分析仪因其结构简单、使用方便，目前临床普遍使用。

（二）按测试项目分类

1. 8项尿液化学分析仪　检测项目包括尿蛋白（PRO）、尿糖（GLU）、尿pH、尿酮体（KET）、尿胆红素（BIL）、尿胆原（URO）、尿潜血（BLD）和尿亚硝酸盐（NIT）。

2. 9项尿液化学分析仪　8项+尿白细胞（LEU）。

3. 10项尿液化学分析仪　9项+尿比重（SG）。

4. 11项尿液化学分析仪　10项+维生素C。

5. 12项尿液化学分析仪　11项+颜色或浊度。

（三）按自动化程度分类

可分为半自动尿液化学分析仪和全自动尿液化学分析仪（图5-11）。

图5-11　尿液自动化学分析仪

二、尿液化学分析仪的工作原理

尿液自动化学分析仪实际上就是一台检查尿试带上干化学反应的反射式光度计。与尿液反应后的试带颜色深浅与尿液样品中的各种成分的浓度成正比。在微电脑控制下，光学系统对试带上的颜色变化进行扫描。试带上模块颜色越深，吸收光量值越大，反射光量值越小，则反射率越小；反之，颜色越浅，吸收光量值越小，反射光量值越大，则反射率也越大。仪器根据与标准带的比较自动判断结果。

三、尿液化学分析仪的结构与功能

尿液化学分析仪一般由试带、机械系统、光学系统、电路系统、输入输出系统等部分组成。

（一）试带

试带上有数个含有各种试剂的试剂垫，各自与尿中的相应成分进行独立反应后可呈现不同颜色，颜色的深浅与尿液中待测成分呈比例关系。不同类型的尿液化学分析仪开发有适合自己使用的配套试带。试带采用多层膜结构：第一层尼龙膜起保护作用，防止大分子物质对反应的污染，保证试带的完整性；第二层绒制层，它包括过碘酸盐区（有些试剂模块含有此区）和试剂区，过碘酸盐区可破坏维生素 C 的干扰物质，试剂区含有试剂成分，主要与尿液待测成分发生化学变化，产生颜色变化；第三层是吸水层，可使尿液均匀快速地渗入，并能抑制尿液流到相邻反应区；最后一层塑料片作为支持体（图 5-12）。各试剂块与尿液中被测定成分反应而呈现不同颜色。通常试带的试剂块要比分析仪测试项目多一个空白块。以消除尿液本身的颜色及试剂块分布的状态不均等所产生测试误差，提高测量准确度。

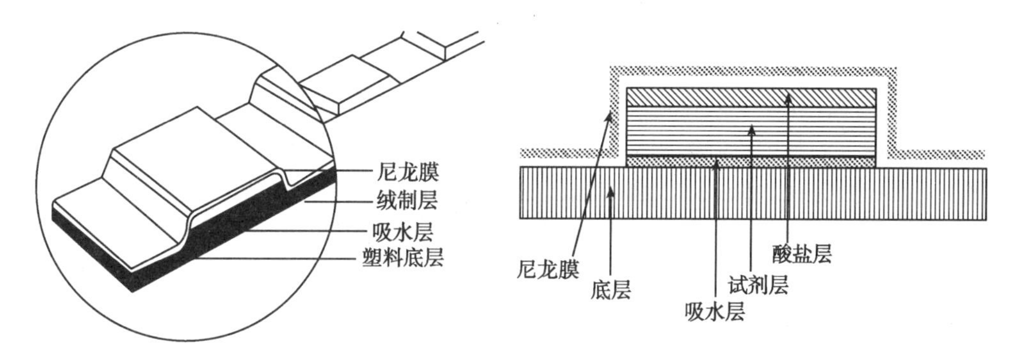

图 5-12　多联试带结构图

（二）机械系统

机械系统主要功能是将待检的试带和待检标本传送到检测区，分析仪检测后将试带排送到废物盒。不同型号的仪器采取不同的机械装置，如齿轮组合、传输胶带、机械臂、吸样针、样本混匀器等。

半自动尿液化学分析仪比较简单，主要有两类：一类是试带架式，将试带放入试带架的槽内，传送试带架到光学系统进行检测或光学驱动器运动到试带上进行检测后自动回位，此类分析仪测试速度缓慢；另一类是试带传送带式，将试带放入试带架内，传送装置或机械手将试带传送到光学系统进行检测，检测完毕送到废料箱，此类分析仪测试速度较快。

自动尿液化学分析仪比较复杂，主要有两类：一类是浸式加样，由试带传送装置、采样装置和测量装置组成。这类分析仪首先由机械手取出试带后，将试带侵入尿液中，再放入测量系统进行检测。此类分析仪需要足够量的尿液。另一类是点式加样，由试带传送装置、采样装置、加样装置和测量测试装置组成。这类分析仪首先有加样装置吸取尿液标本的同时，试带传送装置将试带送入测量系统，加样装置将尿液加到试带上，再进行检测。此类分析仪只需 2.0ml 的尿液。仪器除了能自动将检测完毕的干化学试带送到废料箱外，还具有自动清洗系统，随时保持

检测区清洁。同时由于仪器自动加样，减少了工作人员与尿标本接触，降低了操作人员受到标本污染的危险性。

（三）光学系统

光学系统通常包括光源、单色处理、光电转换三部分。光线照射到反应区表面产生反射光，反射光的强度与各个项目的反应颜色成正比。不同强度的反射光再经光电转换器件转换为电信号进行处理。不同生产厂家，尿液化学分析仪的光学系统不尽相同。目前通常有两种：

1. 发光二极管系统（LED 系统）　采用了可发射特定波长的发光二极管（LED）作为检测光源，两个检测头上都有三个不同波长的光电二极管，对应于试带上特定的检测项目分别为红、橙、绿单色（660nm、620nm、555nm），它们相对于检测面以 60°角照射在反应区上。作为光电转换器件的光电二极管垂直安装在反应区的上方，在检测光照射的同时接收反射光。由于距离近，不需要光路传导，所以无信号衰减，这使得用光强度较小的 LED，也能得到较强的光（图 5-13）。目前大部分仪器均采用此类检测器。

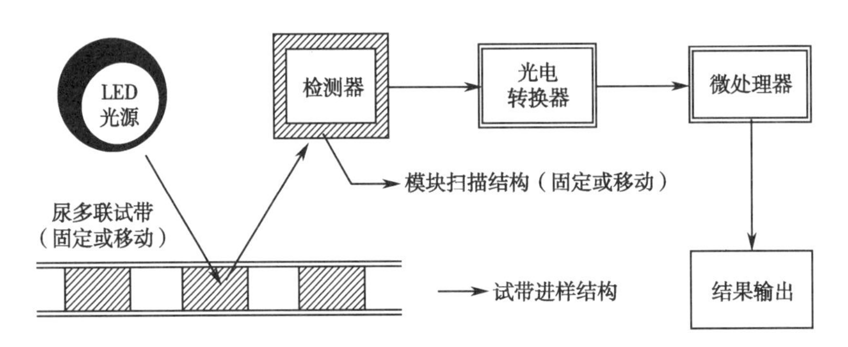

图 5-13　尿液化学分析仪 LED 系统结构图

2. 电荷耦合器件（charge coupled device，CCD）系统　目前比较尖端的光学元件 CCD 技术进行光电转换。它是把反射光分解为红绿蓝（RGB：610nm、540nm、460nm）三原色，又将三原色中的每一种颜色分为 2592 色素，这样整个反射光分为 7776 色素，可精确分辨颜色由浅到深的各种微小变化。CCD 器件具有良好的光电转换特性，光电转换因子可达 99.7%。其光谱响应范围为 0.4～1.1μm，即从可见光到近红外光。通常采用高压氙灯作光源，特点为：发光光源接近日光；放电通路窄，可形成线状光源或点光源；发光效率高。但此系统价格昂贵、且维修复杂，一般用于高档全自动仪器（图 5-14）。

（四）电路系统

由仪器电源、光电转换系统、I/V 转换器（电流/电压转换器）、CPU（中央处理器）等部件构成。提供仪器工作所需的直流恒定电流，将采集电信号并将转换后的电信号放大，经模数转换

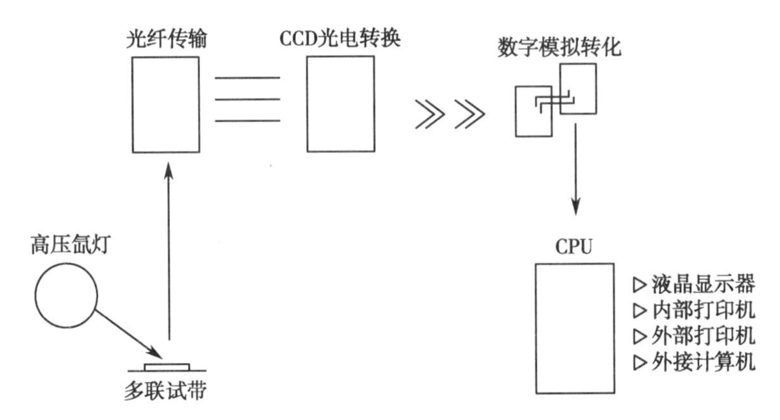

图 5-14　尿液化学分析仪 CCD 系统结构图

后送 CPU 处理，计算出最终检测结果，然后将结果输出到屏幕显示并送打印机打印。其中，CPU 不但负责检测数据的处理，而且控制了整个机械、光学系统的运作，实现多种功能。

（五）输入输出系统

由显示器、面板、打印机等部件组成。用于操作者输入标本信息、观察仪器工作状态、打印报告单等功能。

四、尿液化学分析仪的安装与调校

（一）安装

在安装尿液化学分析仪前，应该对尿液化学分析仪的安装指南和仪器安装所需的条件作全面了解，仔细阅读分析仪操作手册。一般尿液化学分析仪的安装都比较简单，严格按照说明书安装即可，但对于全自动尿液化学分析仪，应该由公司的技术人员进行安装，以免失误导致不必要的损失。仪器安装所需的条件要求如下：

1. 安装在清洁、通风处，最好有空调装置（室内温度应在 10～30℃，相对湿度应≤80%）的地方。避免安装在潮湿的地方。

2. 安装在稳定的水平实验台上（最好水泥台）；禁止安装在高温、阳光直接照射处；远离高频、电磁波干扰源、热源及有煤气产生的地方。

3. 应安装在大小适宜、有足够空间便于操作的地方。

4. 要求仪器接地良好，电源电压稳定。

（二）调校

新仪器安装后，或大维修之后，必须对仪器技术性能进行调校、评价。①首先应该对尿液化学分析仪进行校正，只有在校正通过时才能进行试验。②应该对尿液化学分析仪及试带的准确度进行评价。在仪器上严格按说明书操作，每份标准物测定 3 次，看测定结果是否与标准物浓度相符合。③用传统的方法与尿液化学分析仪测定作对比分析，对尿液化学分析仪的敏感性和特异性进行评价。与传统湿化学法对比分析时，应注意两种方法测试原理不同带来的实验误差，如磺基水杨酸法蛋白定性可测白蛋白、球蛋白两种蛋白质成分，而干化学法只能检测白蛋白。④了解仪器对每项检测指标的测试范围，并建立该仪器的正常人的参考值范围。

五、尿液化学分析仪的使用方法及注意事项

（一）使用方法

（以半自动仪器为例）：

1. 接通仪器电源，观察仪器自检有无异常，预热数分钟。

2. 选择要求的几联试带通路。

3. 将质控试带（随机配件）放入检测槽内，启动运行键，仪器片刻即打印出质控结果，与试带盒上的标准值比较应相符，将质控带取出收存。如果仪器出现故障，会打印出“ROUBLE”字样，根据提示查找相对应的故障表并排除故障。

4. 将欲测试试带浸入随机尿液标本内，浸入时间按试带说明书执行。取出时试带下端应紧贴标本杯内壁除去多余尿液。

5. 在规定时间内将试带放入检测槽内，观察打印结果。

（二）注意事项

1. 保持仪器的清洁，并保证使用干净的取样杯。

2. 使用新鲜的混合尿液，标本留取后，一般应在 2 小时内进行检验。

3. 不同类型的尿液化学分析仪使用不同的尿试带，在试带从冷藏温度变成室温时，不要打开盛装试带的瓶盖。每次取用后应立即盖上瓶盖，防止试带受潮变质。

4. 试带浸入尿样的时间为 2 秒，过多的尿液标本应用滤纸吸走，所有试剂块包括空白块在

内都要全部浸入尿液中。

5. 仪器使用最佳温度应是室温 20～25℃，尿液标本和试带最好也维持在这个温度范围内。

6. 在报告检测结果时，由于各类尿液化学分析仪设计的结果档次差异较大，不能单独以符号代码结果来解释，要结合半定量值进行分析，以免因定性结果的报告方式不够妥当，给临床解释带来混乱。

7. 试带应贮存在干燥、不透明、有盖的容器中，放置在阴凉干燥的地方保存，禁止放入冰箱或暴露于挥发性烟雾中。

六、尿液化学分析仪的维护与保养

尿液化学分析仪是一种精密的电子光学仪器，必须精心维护，仪器应避免阳光长时间的照射及温度过高、湿度过大。不规范地操作仪器，会扰乱仪器的正常工作，引起不良结果。

（一）日常维护

1. 操作前，应仔细阅读尿液化学分析仪说明书及尿试带说明书；每台尿液化学分析仪应建立操作程序，并按其规定进行操作。

2. 要有专人负责并建立专用的仪器登记本，对每天仪器操作的情况、出现的问题以及维护、维修情况逐项登记。

3. 每天检测前，要对仪器进行全面检查（各种装置及废液装置、打印纸情况以及仪器是否需要校正等），确认无误后才能开机。检测完毕，要对仪器进行全面清理、保养。

（二）保养

1. **每日保养**　仪器表面应用清水或中性清洗剂擦拭干净；每日测定完毕，试带托盘应使用无腐蚀性的洗涤剂清洗，也可用清水或中性清洗剂擦拭干净，有些仪器的试带托盘是一次性的，应注意更换；不要使用有机溶剂清洗传送带，清洗时勿使水滴入仪器内；试带托架下方的吸水孔要保持畅通。废物（废水、废试带）装置，每日应清除干净，并用水清洗干净。

2. **每周或每月保养**　各类尿液化学分析仪要根据仪器的具体情况进行每周或每月保养。

七、尿液化学分析仪的主要技术指标及性能参数

尿液化学分析仪主要技术指标及性能参数见表 5-1。

表 5-1　主要技术指标及性能参数

技术指标	性能参数
测定原理	超高亮度 LED 冷光源或 CCD 光源
波长精度	±1nm
测试速度	能连续测试 500 个标本/小时
工作方式	单独测试或连续测试
存储功能	能存储 2000 个以上检测结果，有断电数据保护功能
试纸条选择	8、9、10、11 项开放试纸条
联机操作	RS232C 标准数据线输出端口可与电脑联网，进行数据管理
条码扫描仪	标准 RS232C 输出端口可与条码扫描仪连接（选配件）
打印	定性指标、定量数据结果显示、打印，内置热敏打印机，配有外置打印机接口
校准	自动进行
电源电压	110～250V
电源频率	50～60Hz
功率	35W
工作环境	温度：0～40℃，湿度：30%～85%

八、尿液化学分析仪的常见故障及处理

仪器的故障分为必然性故障和偶然性故障。必然性故障是各种元器件、零部件经长期使用后，性能和结构发生老化，导致仪器无法进行正常的工作；偶然性故障是指各种元器件、结构等因受外界条件的影响，出现突发性质变，使仪器不能进行正常的工作（表 5-2）。

表 5-2　常见故障及处理

故障表现	故障可能原因	处理意见
打开电源但仪器不启动	电源连接部分松动	重新连接电源连接部位
Power 灯不亮	保险丝断裂	更换保险丝
检测结果无法打印	热敏打印纸位置不对	更换或重新定位热敏打印纸
	打印机开关没有打开	打开打印机开关
	打印环境设置为“关”状态	设置打印环境为“开”状态
打印字体不清楚	打印机状态不良	更换打印机
	没有使用标准打印纸	更换打印纸
只能打印部分结果	打印机热敏传导部分局部受损	报销售商，由维修人员维修
检测结果远离靶值	试带变质	更换试带
	试带项目与定标项目不一样	确认检测批号与项目的一致性后重新定标
	试带与定标试带批号不同	用质控品检测，重新定标
	定标试带污染或蒸馏水变质	
检测结果不准确	使用因潮湿或被阳光直接照射而变质的试带	更换试带，重新定标 清除试带托架上的污染物
	试带被污染	彻底清洗试带托架
	试带上残留尿液过多	用软纸吸干多余尿液后测定
试带在测定位卡住	试带状态不良，如弯曲等	更换试带
	试带在平台上位置不当	放好试带后重新测定
校正失败	试带被污染	更换试带后重新测定
	试带弯曲或倒置	确认试带位置后重新测定
	试带位置不当	
	光纤受损	报销售商，由维修人员维修
	照明灯受损	
无试带废物箱	试带废物箱位置不当	确认试带废物箱位置正确

在仪器本身故障以外，试带各反应模块检测过程中易受到其他各种干扰因素影响，从而导致结果不准确。在检测过程中务必留意（表 5-3）。

表5-3　检查项目及主要干扰因素

检测项目	灵敏度	干扰因素	
		假阳性	假阴性
酸碱度(pH)	4.5～9.0	标本久置后，细菌繁殖或CO_2丢失，pH↑	试带浸尿时间过长，pH↓
蛋白(PRO)	对白蛋白敏感(70～100mg/L)，对球蛋白、黏蛋白、本周蛋白敏感性差	pH>8，奎宁、磺胺嘧啶、聚乙烯吡咯酮等药物，季铵类消毒剂	pH<3，高浓度青霉素，高盐，球蛋白、本周蛋白等非电解质蛋白
葡萄糖(GLU)	250mg/L	过氧化物、强氧化剂污染	高维生素C、乙酰乙酸，L-多巴代谢物，高比密低pH尿
酮体(KET)	乙酰乙酸：50～100mg/L；丙酮：400～700mg/L；与β-羟丁酸不反应	苯丙酮、L-多巴代谢物	酮体以β-羟丁酸为主，陈旧尿
隐血(BLD)	Hb 0.3～0.5mg/L；RBC<10/μl	肌红蛋白、易热性触酶、氧化剂和菌尿	维生素C、蛋白尿、糖尿
胆红素(BIL)	5mg/L	吩噻嗪类药物	维生素C、亚硝酸盐、光照
尿胆原(UBG)	10mg/L	吩噻嗪类药物、胆色素原、胆红素、吲哚	亚硝酸盐、光照、重氮药物
亚硝酸盐(NIT)	0.5～0.6mg/L	陈旧尿、亚硝酸盐或偶氮试剂污染、食物硝酸盐含量丰富	pH<5、尿量过多、食物硝酸盐含量过低、尿在膀胱内停留<4h、非含硝酸盐还原酶细菌感染、维生素C、亚硝酸盐
白细胞(LEU/WBC)	25/μl	甲醛、氧化剂、胆红素、呋喃类药	以淋巴或单核细胞为主、蛋白、庆大霉素
比密(SG)	1.010～1.030	电解质性尿蛋白致SG↑	碱性尿致SG↓
维生素C(VitC)	50mg/L	巯基化合物、胱氨酸、内源性酚	碱性尿

（翟新贵）

第三节　电解质分析仪

电解质分析仪是采用化学法、原子吸收法、离子选择性电极(ion selective electrode，ISE)法等来测量体液中的K^+、Na^+、Cl^-、Ca^{2+}、Li^+等离子浓度和pH的仪器，临床应用广泛，尤其在手术、烧伤、腹泻、急性心梗等需要大量均衡补液的患者中，作为判断和纠正电解质紊乱，保持体液酸碱平衡和维持渗透压的依据。

一、电解质分析仪的工作原理

（一）pH测定原理

pH电极是利用电位法原理测量溶液的H^+浓度，通常用参比电极（电极电位不受试液组成变化影响，最常用的如甘汞电极或银-氯化银电极）为正极，以指示电极（最常用的如pH玻璃电极，电极电位能指示被测离子的活度或浓度的变化）为负极，组成一个电化学电池，这个电池的电位随待测溶液的pH变化而变化。pH玻璃电极对溶液的H^+产生的选择性影响主要取决于电极的玻璃膜，在一定温度下，玻璃膜电位与被测溶液pH线性关系如下：

$$E_{玻}=K_{玻}-\frac{2.303RT}{F}(pH)$$

式中R为气体常数，F为法拉第常数，T为热力学温度，$K_{玻}$在测量条件恒定时为常数。由于各玻璃电极的$K_{玻}$不尽相同，在测定时仪器需用标准缓冲液进行校正。在37℃时，0.05mol/kg邻苯二甲酸氢钾溶液的pH为4.02，0.025mol/kg混合磷酸盐溶液的pH为6.84。

（二）离子选择性电极工作原理

离子选择性电极（ISE）是一种用特殊敏感膜制成的，对溶液中特定离子具有选择性响应的电极。一般由敏感膜、内参比电极、内参比溶液和电极管组成（图5-15），既可测定pH，也可测定Na^{+}、K^{+}、Cl^{-}、Ca^{2+}、Mg^{2+}等离子活度或浓度。通常以离子选择性电极作为指示电极，饱和甘汞电极作为参比电极，插入被测溶液中构成原电池，通过测量原电池的电动势来求得被测离子活度或浓度。

当电极置于溶液中时，电极膜和溶液界面间发生离子交换及扩散作用，从而改变两相界面原有电荷分布，产生膜电位。由于内参比电极电位固定，内参比溶液的相关离子活度恒定，所以离子选择性电极的电位只随溶液中待测离子的活度变化而变化，两者关系符合能斯特方程：

$$E_{ISE}=K\pm\frac{2.303RT}{nF}InC_{x}F_{x}$$

式中，阳离子选择性电极为+，阴离子选择性电极为-，n为离子电荷数，C_x为被测离子浓度，F_x为被测离子活度系数，K在测量条件恒定时为常数。该方程表明，在一定条件下，离子选择性电极的电极电位与被测离子浓度的对数呈线性关系。

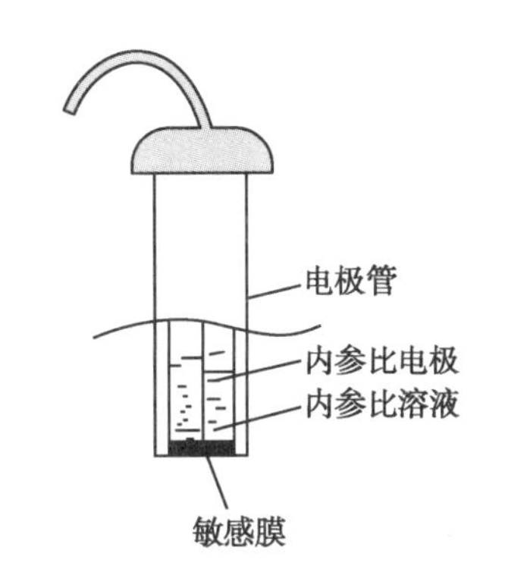

图5-15　离子选择电极结构示意图

二、电解质分析仪的分类

（一）按自动化程度分类

分为半自动电解质分析仪和全自动电解质分析仪。

（二）按工作方式分类

分为湿式电解质分析仪和干式电解质分析仪。

1. 湿式电解质分析仪　湿式电解质分析仪是将离子选择性电极和参比电极插入被测样品中组成电化学池，然后通过测量电化学池电动势进行测试分析。

在蠕动泵的抽吸下，被测液通过吸样口抽进电极之中。当所有电极都感测到被测液后，管路系统停止抽吸。这样，样品中不同的离子分别被钾、钠、氯（钙）及参比电极所感测。参比电极的作用是给其他电极提供一个共同的参考点，即其他电极（指示电极）的电位均是以参考电极的电位为基准的。各指示电极将它们感测到的离子浓度分别转换成不同的电信号，经放大、计算机运算处理后，将测量结果送到显示器显示，由打印机打印出测量结果（图5-16）。

电解质分析方法是一种相对测量方法。所以，在进行测量之前，先要用标准液来确定电极的工作曲线，通常把确定电极系统工作曲线的过程叫做定标或校准。电极要有A、B两种液体来进行定标，以便确定建立工作曲线最少所需要的两个工作点。无论何种型号的电解质分析仪，都需要先对电极进行两点定标，建立工作曲线之后，才能进行测量工作。定标若不通过，说明仪器有问题，仪器无法进行测量工作。

2. 干式电解质分析仪　干式电解质分析仪（图5-17）是半导体技术和电化学技术的相互渗透，当传感器的敏感膜与溶液接触时，就能有选择性地与溶液中离子产生响应，且符合能斯特方程。

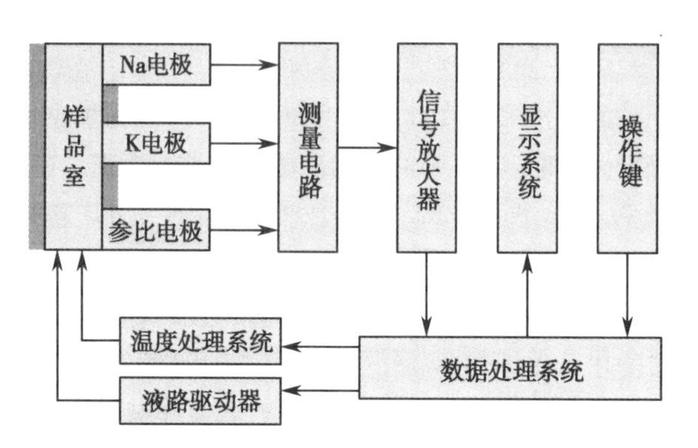

图 5-16　湿式电解质分析仪结构示意图

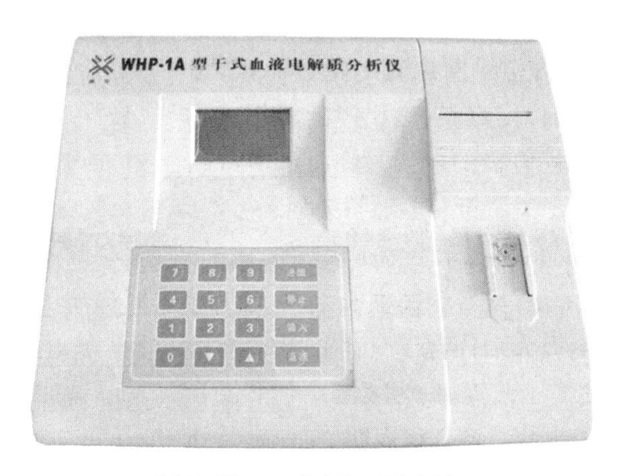

图 5-17　干式电解质分析仪

电解质的干化学测定法目前主要有两类：一类是基于反射光度法，另一类是基于离子选择性电极（ISE）的方法。基于 ISE 法的干式电解质分析仪结构见图 5-18。

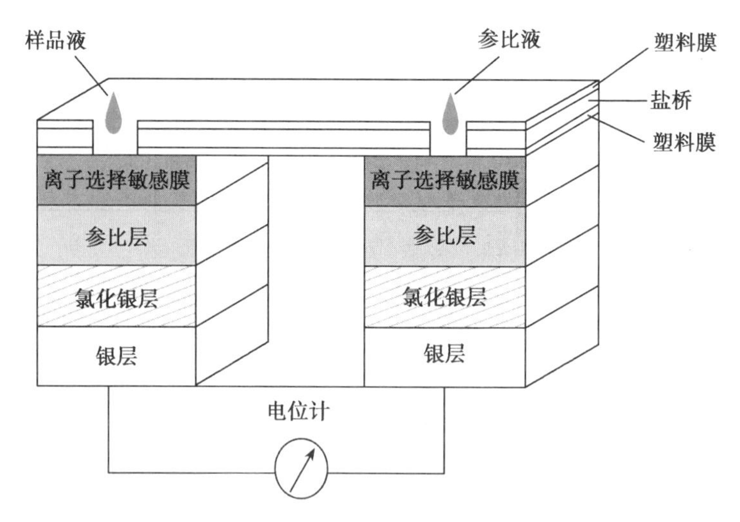

图 5-18　基于 ISE 法的干式电解质分析仪结构示意图

干式电解质分析仪由包括两个完全相同的离子选择性电极的多层膜片组成，两者均由离子选择性敏感膜、参比层、氯化银层和银层组成，并用一纸盐桥相连，左边为样品电极，右边为参比电极。测定时，用双孔移液管取 10μl 血清和 10μl 参比液滴入两个加样孔内，即可测定二者的差示电位（图 5-19）。

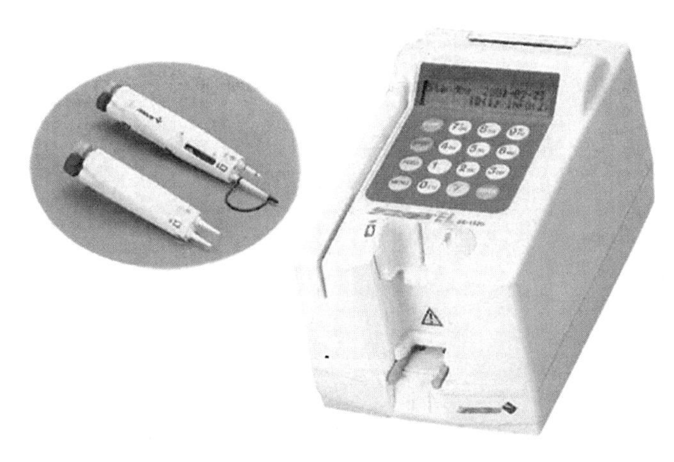

图 5-19　干式电解质分析仪

通常每测一个项目需要用一个干片，每个干片上带有条形识别码，仪器自动识别测定项目。

（三）目前常用电解质分析仪

目前检测电解质的仪器很多，电化学法检测电解质可分为电解质分析仪、含电解质分析的血气分析仪、含电解质分析的自动生化分析仪三大类：

1. 电解质分析仪　只能进行单独的电解质分析，带有高效、准确可靠的数据分析系统，既可以做急诊又可批量分析，可以分析血清、血浆、全血和尿液标本，可以进行全自动吸样及冲洗操作，可以自动定标和连续监控，有强大的数据处理功能（图 5-20）。

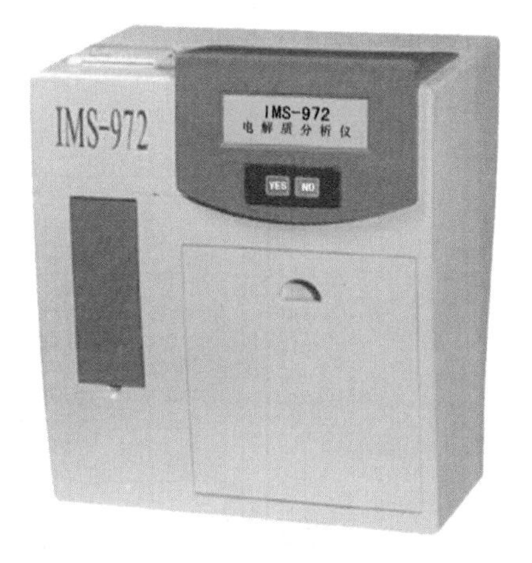

图 5-20　IMS-972 电解质分析仪

2. 含电解质分析的血气分析仪　这类仪器不但可以对 K^+、Na^+、Cl^-、Ca^{2+}、H^+ 等进行急诊和批量分析，还能进行血气分析（图 5-21）。

3. 含电解质分析的自动生化分析仪　20 世纪 80 年代以来，分立式自动生化分析仪生产技术日趋成熟，这些产品中相当一部分是含有电解质分析仪的自动生化分析仪（图 5-22）。

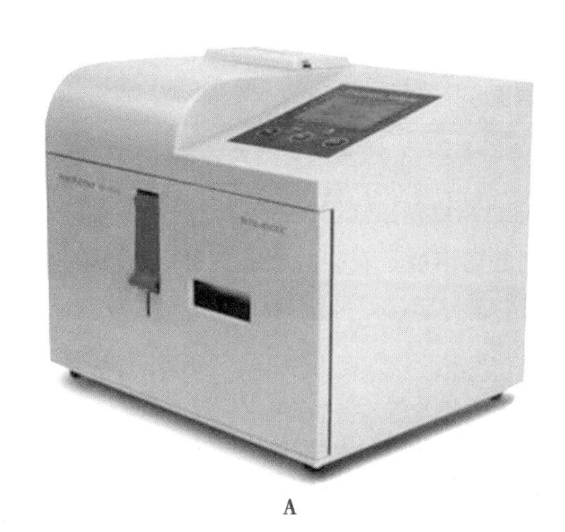

A

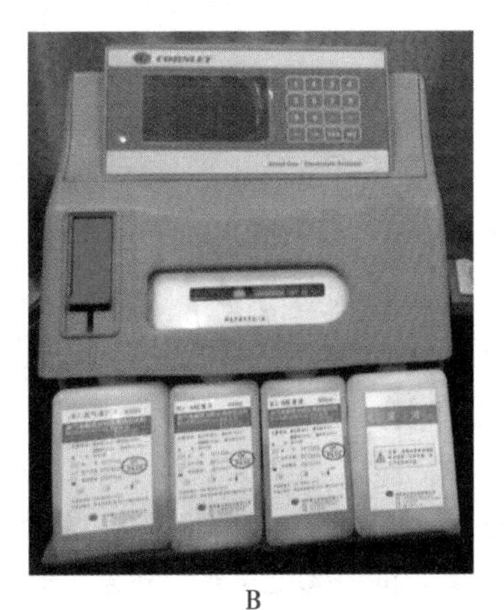

B

图 5-21　含电解质分析的血气分析仪

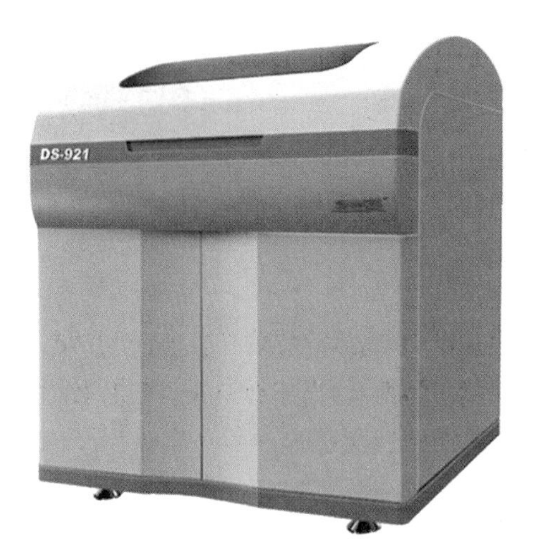

图 5-22　含电解质分析的自动生化分析仪

三、电解质分析仪的基本结构

电解质分析仪通常由面板、电极、液路系统、电路系统、显示器和打印机等部分组成，其结构如图 5-23 所示。

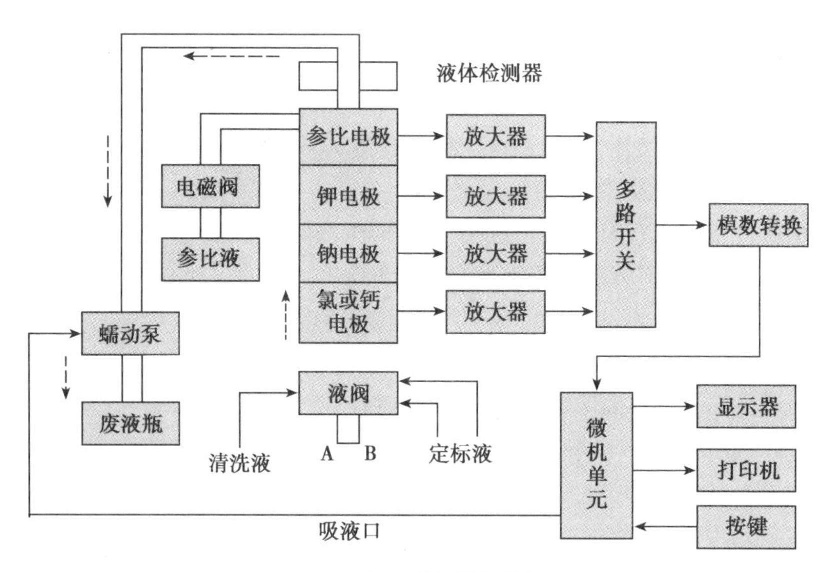

图 5-23　电解质分析仪方框图

（一）面板

湿式电解质分析仪其板面上都具有“Yes”和“NO”操作键，“YES”键用来接收显示屏上的提问，“NO”键用来否定显示屏上的提问。面板上的输出键是安装打印纸按键，归位键使每天标本从 1 号开始测定。面板右下方有探针，左下方是斜标、定标/冲洗液试剂瓶及废液瓶，后方有 25 线插孔。

（二）电极

电极系统包括指示电极和参比电极（表 5-4），指示电极包括 pH、K^+、Na^+、Cl^-、Ca^{2+}、Li^+、Mg^{2+} 等离子选择性电极；参比电极一般是银/氯化银电极。电极系统是测定样品结果的关键，决定结果的准确度和灵敏度。

表5-4　电解质分析仪的电极系统

电极名称	特点	
	组成	工作原理
1. 钠电极	是一种含铅硅酸钠的玻璃电极	因为使用了对钠离子敏感的玻璃膜，所以对钠离子的选择性很高，它产生的电位和钠离子的浓度成比例
2. 钾电极	为采用缬氨霉素与聚氯乙烯的膜电极	它是利用钾离子与缬氨霉素的强结合力而达到高的选择性，即它只对钾离子敏感，它产生的电位与被测液中钾离子的浓度成比例
3. 氯电极	由金属氯化物材料制成	它只对氯离子敏感，它产生的电位与被测液中氯离子浓度成比例
4. 参比电极	有甘汞电极和银-氯化银电极两种	电位不随所测量的任何离子的浓度而变化，其作用只是提供一个稳定的电位。也就是说，前面各测量电极的电位，都是参照它的电位而变化的

目前电解质分析仪所用的电极，大多是将各电极与测量毛细管做成一体化的结构，各电极对接在一起便自然形成了测量毛细管，微型电极与测量毛细管呈90°设置，二者为一整体结构。它的优点是测量毛细管不容易堵孔。

（三）液路系统

分析仪的液路系统通常由标本盘、溶液瓶、吸样针、三通阀、电极系统、蠕动泵等组成。液路系统中的通路由定标液/冲洗液通路、标本通路、废液通路、回水通路、电磁阀通路等组成。液路系统直接影响样品浓度测定的准确性和稳定性。

（四）电路系统

电路系统一般由五大模块组成，分别为电源电路模块、微处理器模块、输入输出模块、信号放大及数据采集模块、蠕动泵和三通阀控制模块。

（五）软件系统

各种分析仪的软件系统，是控制仪器运作的关键。它提供仪器微处理系统操作、仪器设定程序操作、仪器测定程序操作和自动清洗等操作程序。

四、电解质分析仪的使用方法

电解质分析仪设备简单、操作方便、灵敏度和选择性好、成本低、准确、快速、不需进行复杂的预处理，可以微量、连续和自动测定，可与血气分析仪、自动生化分析仪联合进行检测。临床多以离子选择性电极（ISE）法检测全血或血清（浆）K^+、Na^+、Cl^-、Ca^{2+}、pH。其操作流程基本一致，以IMS-972电解质分析仪的操作为例加以说明：

1. 仪器开机进入系统自检，检测各主要部件的功能是否正常，如：仪器主板、打印机、液路等，可智能识别判断故障，自动提示。
2. 进入活化电极程序，时间为30分钟倒计时，可按NO键直接退出。
3. 进入主菜单，首先进行系统定标，可自动选择基点与斜率定标。
4. 定标通过后，选择质控分析，经5次以上的质控测试后，可自动生成和打印质控报告，计算出所做质控次数的平均值、标准差、变异系数。
5. 进入样本检测程序，抬起吸样针确保进样及测量准确，测试完毕，打印报告。
6. 30孔位自动进样系统，一次可检测30个标本。
7. 可选择自动或者手动打印患者综合信息报告。

值得注意的是，在临床操作过程中，尚有如下问题需引起重视：

- 样品的采集和处理 ①标本采集后必须尽快分析，超过 1 小时，钾值有可能升高。贮存于冰箱中的血清和血浆样品分析前须让其回复到常温。②制备血清样品时，不能添加影响测量的物质。③使用止血带会导致钾水平升高 10% ~20%，建议采血时不要用止血带，或者在拔出针前释放止血带。④因为红细胞内钾浓度远高于细胞外，溶血可导致钾值升高，所以必须避免溶血，采集后尽快将细胞分离。⑤样品中可能含有致病细菌或病毒，所以须将所有样品、收集装置和工具作为生物危险品处理，对仪器更换下来的所有连接管、泵管、电极以及废液收集瓶，都应作专门处理后废弃。
- 仪器吸入样品过程中不能吸入气泡，否则将引起结果不准。
- 吸入样品时，注意不要吸入凝血块，以免堵塞管道。
- 如果环境温度变化大于 10℃，须重新校正一次。
- 标准液和样品的 pH 应保持在 6 ~9，否则会干扰钠含量的测定。
- 不要使用发生了霉变、浑浊和有沉淀的溶液，一经发现溶液变质应弃去，以免影响分析结果。
- 应结合临床，适当考虑可能影响结果的因素，如药物的使用或内在物质的冲突对检测结果的影响。

五、电解质分析仪的维护与常见故障处理

（一）电极系统的维护

仪器在工作过程中，由于电极的内充液与样品之间存在着不同程度的离子交换，从而使电极内充液的浓度逐渐降低，导致膜电位下降，使测量结果偏低。所以需要定期对电极内充液中的离子含量进行检查和调整。在一般操作条件下，钾、锂电极应每 6 个月更换一次，钠电极和参比电极应每 12 个月更换一次。

1. 钠电极 钠电极内充液的浓度降低最为严重，要经常检查、调整内充液浓度。很多仪器的程序设计中包含了每日保养一项，坚持每日用厂家提供的清洁液和钠电极调整液进行清洗和调整十分必要。钠电极调整液中含有的氟化钠对玻璃有腐蚀性，操作时应引起注意。

2. 钾电极 钾电极使用过程中会吸附蛋白质，影响电极的灵敏度，所以，每月至少更换一次内充液。

3. 氯电极 氯电极为选择性膜电极，使用过程中亦吸附蛋白质，最好用物理法进行膜电极的清洁。方法是取出电极，用柔软的棉线穿过电极，轻轻地来回擦拭电极内壁，将电极膜处聚集的污物擦净。对于新换的氯电极而言，电极膜处很容易吸附蛋白质，运用上述方法清除方便、安全、快捷。

4. 参比电极 每周均需检查电极内是否有足够的饱和氯化钾溶液及氯化钾残片。一般 3 个月要换一次参比电极膜，清洗电极套。

（二）管路系统的维护

仪器维护保养应严格按照使用说明书上的要求，进行每日维护、每周维护、每月维护和每季维护。

1. 每日维护 检查试剂量，如不足 1/4 液面，应及时更换；清洁仪器表面灰尘及吸样探针；及时弃去废液瓶中的废液。

2. 每周维护 仪器应进行流路清洗，除去蛋白质、脂类沉积和盐类结晶。每天结束工作前，必须用“日常清洁液”对液路进行清洁，以防蛋白质沉积在电极表面。

3. 每月维护　用酒精棉球清洁泵管和不锈钢转轴，在泵管的弯处涂抹硅油或白色凡士林等润滑剂。

4. 每季维护　用消毒溶液如2%过氧化氢溶液，浇湿并清洁仪器所有表面进行消毒。清洁泵轮，检查泵管，若变形厉害或使用过程中抽液减少、变慢或无法抽液，则需要更换泵管。

仪器在测量过程中，蛋白质将附着在液流通道的泵管和电极系统的内壁上，当工作量较大时，内壁的蛋白质增厚，造成管路阻塞而影响样品与电极之间的测量电位，进而影响正常工作和测试结果的准确性。所以每天关机前，都要进行管路的清洗，吸入或注射清洗液、去蛋白液或蒸馏水冲洗流路，并且重复2～3次。冲洗完毕，还应当对仪器进行重新定标。

（三）故障处理

仪器出现故障时应先排除维护和使用不当等因素，如管道松动或破裂、参比电极液长期未更换、长期没有进行活化去蛋白质、进样针堵塞、泵管老化等。然后检查电极的电压和斜率是否正常，再确认电极输出是否稳定。一些常见故障、产生原因和排除方法见表5-5。

表5-5　电解质分析仪常见故障和处理

故障名称	故障处理	
	排除原因	处　理
1. 仪器不工作	排除停电和电源问题后	考虑保险丝是否熔断
2. 检测器失效	①检测器的插头与主机板座松了；②检测器本身坏了；③阀芯上的固定螺钉与电机转动轴未紧固到位；④阀芯本身太紧不能转动	检查的顺序依次为③—①—④—②
3. 定标不能通过或不稳定	排除试剂因素后	应首先检查泵管是否老化、漏气、堵塞，若以上情况都正常，可能为电极没有稳定，待稳定30分钟后再进行两点定标
4. 重复性不良	电极没有活化；电极间有漏液、血凝块；参比电极有KCl结晶；电极斜率低于规定值；试剂太少或变质；系统校准没按要求进行	活化电极；装紧电极或更换密封套；电极间有血凝块需要拆开电极，用吸球吹净；参比电极有KCl结晶，应用纱布擦净；更换新电极；更换试剂；校准2～3次
5. 准确性不够	不符合质控要求	重新定标和质控；更换参比电极
6. 吸样不畅	接口、连管漏气；泵管粘连；接头处有蛋白沉淀；阀本身有问题	①检查接口、连管有无漏气；②更换新泵管；③取下各接头用水清洗干净；④检查阀本身
7. 管路堵塞	易堵塞的地方主要有以下四个部分：①采样针与空气检测器部分：血清中的蛋白、脂类、血凝块等进入采样针和空气检测器，造成管路阻塞；②电极腔前端与末端部分；③混合器部分；④泵管和废液管的堵塞	①直接用清洗液进行保养管路，或拆下空气检测器，用注射器注入NaCl溶液反复冲洗进样针和空气检测器，通畅后再用蒸馏水冲洗干净即可；②可直接用清洗液进行管路清洗保养，或用NaCl溶液浸泡后反复清洗，最后用蒸馏水冲洗擦干装回；③主要用清洗液或去蛋白液进行混合器清洗程序，或将混合器拆下，用注射器将NaCl溶液注入混合器浸泡后反复冲洗，待干，最后用蒸馏水冲洗干净，擦干；④可用注射器吸入清洗液或蒸馏水冲洗管路

续表

故障名称	故障处理	
	排除原因	处　理
8. 电极漂移与失控	①电极漂移最常见的原因是地线未接好；②电压不稳定；③电磁干扰；④标准液及清洗液已用完；流通池中参比内充液太少；⑤只 Na、pH 电极漂移；⑥电极全部漂移；⑦定位不好，造成溶液未全部浸没电极；⑧参比电极上方有气泡；⑨试剂过期或被污染	①应检查地线；检查漂移的电极银棒是否未插入信号插座或接触不良；②接 UPS 不间断电源或质量较好的稳压电源；③功率较大的设备远离本仪器，独立设置电源；④及时注满标准液及清洗液、参比内充液；⑤Na、pH 电极漂移时应用玻璃电极清洗液清洗，再用蒸馏水反复冲洗；⑥如果电极全部漂移，则应检查参比电极是否到期；⑦应重新进行定位操作；⑧应轻拍流通池，将气泡移到 Na 电极上方；⑨检查 A、B 标准液及清洗液瓶，是否有絮状沉淀
9. 出现异常值	①电压波动；②吸入凝血；③溶液未到位；④盛血容器不干净；⑤校正因子有异常；⑥长时间未标定	①检查附近是否有大功率电器开动或漏电（如离心机、电冰箱）；②测试时注意样本是否凝血；③如果溶液到位不好，可用服务程序中重新定位程序来进行重新定位；④检查盛血样的容器是否污染，是否残留了消毒液等物质；⑤将校正因子清除；⑥重新标定
10. 电极斜率降低	①电极膜板上吸附蛋白过多；②空气湿度太大；③温度太低；④寿命将至	第④种情况用户需要更换电极，第①种可以用去蛋白液进行处理，Na 和 pH 电极有专门的清洗液，其余电极可用蛋白清洗液反复清洗，清除蛋白，标定稳定后测样。第②和第③种情况主要对 Na 和 pH 电极有影响，空气湿度太大，应选用抽湿机进行抽湿；温度过低，可在室内升温。如无这两种条件，可在测量前用电吹风机将 Na 电极、pH 电极、信号板加热及去潮

第四节　血气分析仪

血气分析常用于机体是否存在酸碱平衡失调以及缺氧程度等的判断，是近年来发展较快的医学检验技术之一。现代的血气分析仪，往往附带了电解质分析、代谢物分析、血氧分析等功能，不仅能在几分钟内检测出患者血液中的氧气（O_2）、二氧化碳（CO_2）等气体的含量和血液酸碱度（pH）的变化，快速反映血液中钾（K^+）、钠（Na^+）、氯（Cl^-）、钙（Ca^{2+}）的含量，还能根据所测得的 pH、PCO_2、PO_2参数及输入的血红蛋白值，进一步计算出血液中的其他参数，如：实际碳酸氢根浓度（AB）、标准碳酸氢根浓度（SB）、血液缓冲碱（BB）、血浆二氧化碳总量（T-CO_2）、血液碱剩余（BEblood）、细胞外液碱剩余（BEECF）、血氧饱和度（SO_2）等。

一、血气分析仪的工作原理

目前血气分析仪型号虽然很多，自动化程度也不尽相同，但其结构组成和原理基本一致，一般包括电极（pH、PO_2、PCO_2）、进样室、CO_2空气混合器、放大器元件、数字运算显示屏和打印机等部件，检测时待测血样在管路系统蠕动泵的抽吸下，进入样品室内的测量毛细管中，充满四个电

极表面并被感测。三支测定电极分别产生对应于 pH、PCO_2 和 PO_2 三项参数的电信号，这些电信号分别经放大、模数转换后送到微处理机，也可按有关公式计算其他参数，进行自动化分析（图5-24）。

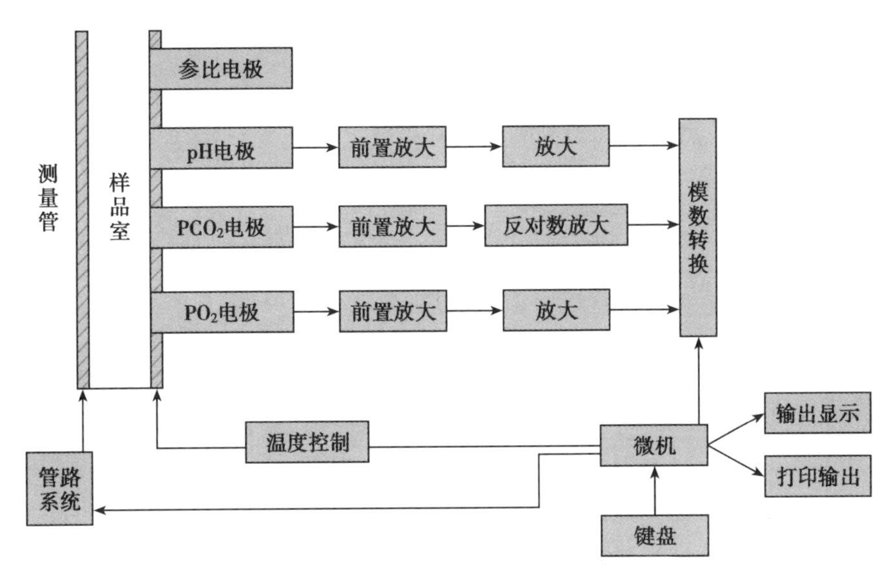

图5-24　血气分析仪工作原理图

血气分析方法是一种相对测量方法，因此在测量样品之前，需用标准液及标准气体来确定pH、PCO_2 和 PO_2 三套电极的工作曲线，这个过程通常叫做校准或定标。一般每种电极都要有两种标准物质来进行校准，为确定建立工作曲线提供最少所需要的两个工作点。血气分析仪的pH系统使用的两种标准缓冲液分别为7.383和6.840来进行校准，氧和二氧化碳系统用两种混合气体来进行定标。第一种混合气中含5%的 CO_2 和20%的 O_2，第二种含10%的 CO_2 且不含 O_2。少部分血气分析仪是将上述两种气体混合到两种pH缓冲液内，然后对三种电极一起进行定标。

二、血气分析仪的基本结构

血气分析仪虽然种类、型号不同，但其基本结构大致相同，可分为电极系统、管路系统和电路系统三大部分。

（一）电极系统

1. pH电极　包括玻璃电极、参比电极和两种电极间的液体介质，用于测量溶液的酸碱度，以pH来表示。

玻璃电极的毛细管直径约为0.5mm，膜厚0.1mm，由钠玻璃或锂玻璃熔融吹制而成。参比电极为甘汞电极或Ag/AgCl电极。玻璃电极与参比电极一起被封装在充满磷酸盐氯化钾缓冲液的铅玻璃电极支持管中，形成一个原电池，其电动势的大小主要取决于内部溶液的pH。整个电极与测量室都控制温度在37℃，当样品进入测量室时，血样中的 H^+ 与玻璃电极膜中的金属离子进行交换，产生电位差（图5-25），此电位差与血样的 H^+ 浓度成正比，二者之间存在着对数关系，再与不受待测溶液 H^+ 浓度影响的参比电极进行比较，得出溶液的pH。

2. PCO_2 电极　一种气敏电极，主要由特殊玻璃电极和Ag/AgCl参比电极及电极缓冲液组成，原理与pH电极基本相同，只是玻璃电极和参比电极被封装在充满 $NaHCO_3$-NaCl 和蒸馏水的外电极壳里，pH电极外面还有一层聚四氟乙烯或硅橡胶膜，可选择性地让电中性的 CO_2 通过，带正电荷的 H^+ 及带负电荷的 HCO_3^- 不能通过。CO_2 扩散入电极内，与电极内的碳酸氢钠发生反应，使其内的 $NaHCO_3$、NaCl 溶液的pH下降，产生电位差（图5-26），而后被电极内的pH电极检

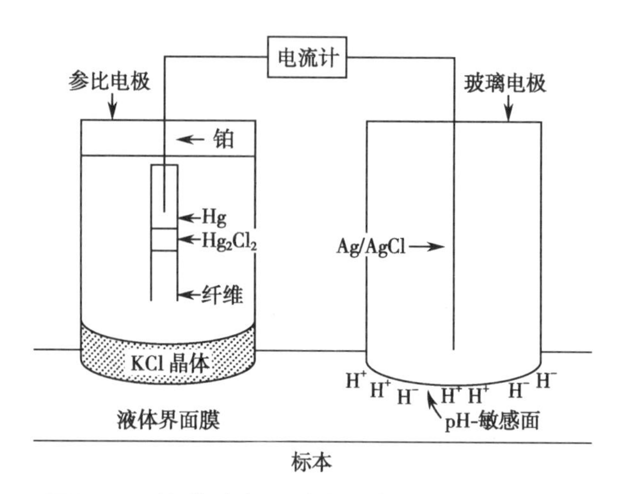

图 5-25　毛细管玻璃 pH 电极与参比电极结构示意图

测，pH 的改变与 PCO_2 数值的变化呈线性关系，根据这一关系即可测出 PCO_2 值。

$$CO_2+H_2O \rightarrow H_2CO_3 \rightarrow H^++HCO_3^-$$

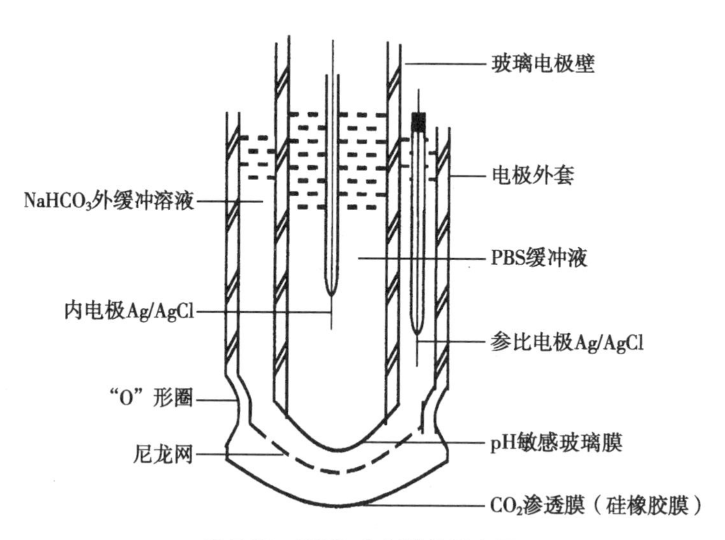

图 5-26　PCO_2 电极结构示意图

3. PO_2 电极　目前用得最多的氧电极是 Clark 电极，是由铂阴极、银/氯化银阳极、氯化钾电解质和透气膜构成(图 5-27)。

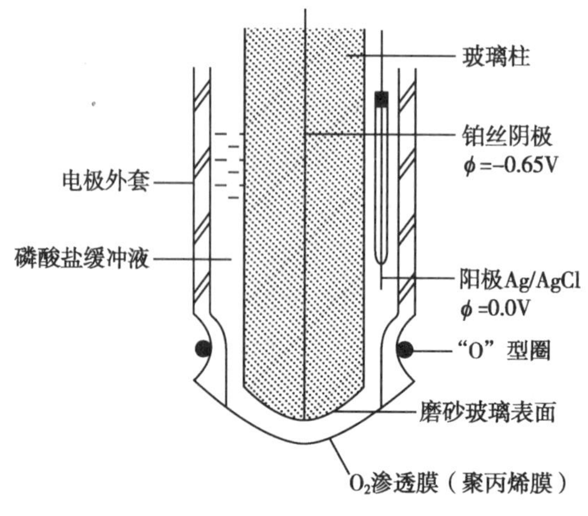

图 5-27　PO_2 电极结构示意图

待测溶液中的 O_2 可以借助电极外表面的 O_2 渗透膜（约 20μm 的聚丙烯或聚乙烯或聚四氟乙烯，此膜不能透过离子，仅 O_2 可透过），依靠 PO_2 梯度透过膜而进入电极。当外加电压在 0.4～0.8V（通常为 0.65V）时，O_2 在铂阴极表面不断被还原，阳极又不断地产生 Ag^+ 并与 Cl^- 结合成 AgCl 沉积在电极上，氧化还原反应导致阴阳极之间产生电流，其强度与 PO_2 成正比，以此测出 PO_2 值。

$$\text{阴极反应}\ O_2+2H_2O+4e^- \longrightarrow 4OH^+$$

$$\text{电解质反应}\ NaCl+OH^+ \longrightarrow NaOH+Cl^-$$

$$\text{阳极反应}\ Ag^++Cl^- \longrightarrow AgCl+e^-$$

（二）管路系统

主要由测量室、转换盘系统、气路系统、液路系统及泵体等组成（图 5-28）。在检测过程中，该系统出现故障的可能性最大。

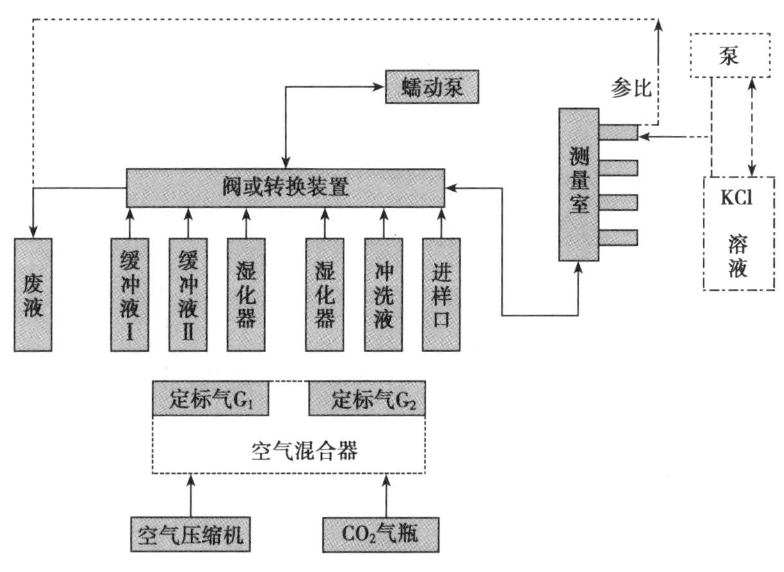

图 5-28　血气分析仪管路系统

1. 测量室　电极的电信号对温度变化非常敏感，因此测量室温度的控制非常重要，现在使用较多的是固体恒温式装置，具有加热速度快、热均匀性比较好、恒温精度较高的优点，通常被控制在 37℃±0.1℃。

2. 转换盘　是让样品进入并将有关溶液及气体送入测量室的装置，由计算机程序自动控制。

3. 气路系统　气路系统由空气压缩机、CO_2 气瓶、气体混合器、湿化器、泵、阀门及有关管道组成。气路系统可分为两种类型：①一种是压缩气瓶供气方式（常用），又叫外配气方式。气体混合器将空气压缩机送来的空气（4～6 个大气压，1atm＝101.3kPa）和 CO_2（纯度要求 99.5%）气瓶送来的气体进行混合，混合后得到两种浓度不同的气体："气体 1"含 20% 的 O_2 和 5% 的 CO_2，"气体 2"含 10% 的 CO_2。经过气瓶上装有的减压阀减压后输出的气体，首先经过湿化器饱和湿化后，再经阀或转换装置送到测量室中，对 PCO_2 和 PO_2 电极进行定标。②另一种是气体混合器供气方式，又叫内配气方式。通过仪器本身的气体混合器产生定标气对 PCO_2 和 PO_2 电极进行定标。

4. 液路系统　液路系统具有两种功能，一是提供 pH 电极系统定标用的两种缓冲液，二是自动将定标和测量时停留在测量毛细管中的缓冲液或血液冲洗干净。因此，一般至少需要四个盛放液体的瓶子，其中两个盛放缓冲液Ⅰ和缓冲液Ⅱ，第三个盛装冲洗液，第四个盛放废

液。有的仪器还配有专用的清洗液，在每次系统校准之前，先要用清洗液对测量室进行一次清洗。

5. **真空泵和蠕动泵**　血气分析仪利用内部的真空泵和蠕动泵来完成仪器的校准、测量和冲洗，利用电磁阀控制流体的流动速度，当用缓冲液校准与测量或样品未到达测量室时，蠕动泵快速转动，当样品到达测量室内时，蠕动泵变为慢速转动，以确保样品能够充满测量室而且没有气泡。转换装置一边接有各种气体与液体管路，另一边是流体的出口，在计算机的控制下，转换装置让不同的流体按预先设置好的程序进入测量室，并且某一时刻只有一个流体出口与测量毛细管的进入口相接。

目前，血气分析仪的自动化程度很高，具备比较复杂的液路系统以及配合液路工作的泵体和电磁阀泵。电磁阀、定标气及定标液均由计算机控制并监测。大多数血气分析仪可自动完成对样品的定标、测量和冲洗等功能。

（三）电路系统

不同的血气分析仪电路系统结构有所不同，其功能是将仪器测量信号进行放大和模数转换，通过键盘输入指令，对仪器实行有效控制、显示和打印结果（图 5-29）。近年来血气分析仪的进展主要体现在计算机技术和电子线路系统的技术进步上。

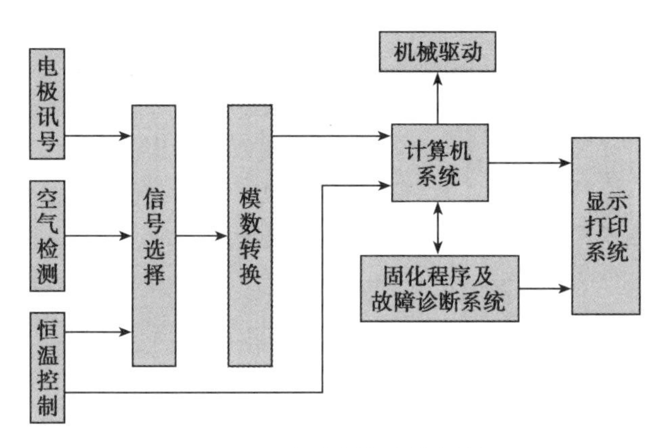

图 5-29　血气分析仪电路原理图

三、血气分析仪的使用方法

现在的血气分析仪自动化程度高，虽然型号、品牌较多，但操作流程基本一致（图 5-30）。

1. **开机、关机程序**　安装好各种试剂、标准气体和电极，打开分析仪后背的电源开关，分析仪自动执行液路试剂的充注、液体传感器的检测和校正、泵的校正、泄漏检测、两点定标，检查分析仪状态是否良好。如果需临时关机，应在 24 小时内开机，以免长时间关机影响电极和电极膜的寿命。

2. **样本测试**　①等待分析仪执行完程序，处于“准备”模式即可进入样本测定模式。②血液标本送入血气分析仪进行检测前，要排出针筒顶端的前两滴血，因为针筒顶端死腔的血液容易形成微小栓子。将样品注射器上下颠倒混匀标本，观察样本是否处于密闭状态、有无气泡、是否凝固，询问样本采集时间长短等，确定样本正常后，左右上下搓，搓 3～5 分钟开始测试：抬起注射器进样入口副翼，拔去注射器针头，轻轻插入注射器进样口；在触摸屏的样本模式中，选择注射器进样模式。③在触摸屏上按【开始】键，进样针自动进入注射器中吸取标本，当仪器发出“哔哔”提示音后，及时移去注射器，并关闭注射器进样口副翼。④在数据采集处理工作站的数据处理软件中输入患者标本信息，当测定结果显示后，在软件中进行刷新操作，选择相应的数据进行保存。⑤打印结果。

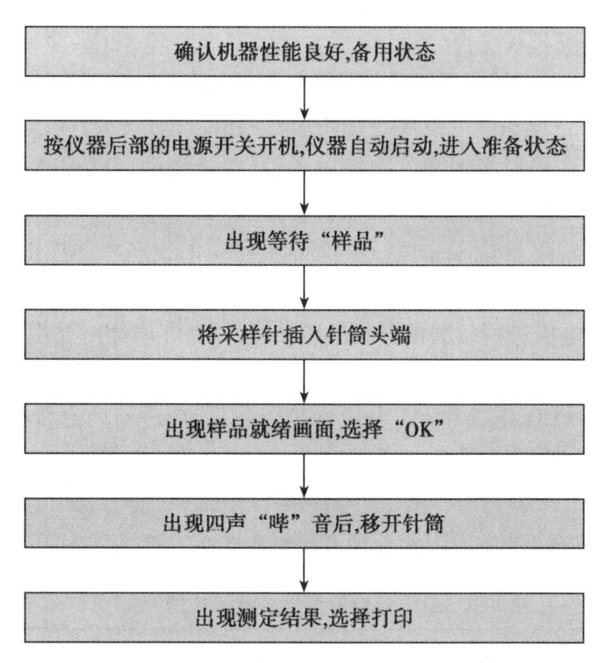

图 5-30　血气分析仪操作流程

四、血气分析仪的维护和保养

血气分析仪的正常运行和寿命长短取决于操作人员对仪器的熟悉程度、使用水平以及日常的精心维护和保养。

（一）仪器的日常保养

1. 每天检查大气压力、钢瓶气体压力。

2. 每天检查标准液、冲洗液是否过期,检查气泡室是否有蒸馏水。

3. 每周更换一次内电极液,定期更换电极膜。

4. 每周需对分析仪进行去污处理。每周至少冲洗一次管道系统,并擦洗分析室。连续测定时,每天需对分析仪的管道测量系统进行去蛋白处理,并去除废液瓶中的废液,观察试剂、标准气体的存留量,不足及时更换。

5. 若电极使用时间过长,电极反应变慢,可用电极活化液对 pH 电极和 PCO_2 电极活化,对 PO_2 电极进行轻轻打磨,除去电极表面氧化层。

6. 仪器避免测定强酸或强碱样品,以免损坏电极。若对偏酸或偏碱液进行测定时,可对仪器进行几次一点校正。

7. 保持环境温度恒定,避免高温,以免影响仪器准确性和电极稳定性。

8. 为节省试剂,不测定时把分析仪设定在睡眠状态。

（二）电极的保养

电极是一种十分贵重的部件,应注意保养,尽量延长其寿命。

1. pH 电极的保养　pH 电极不管是否使用,其寿命一般都为 1～2 年。所以在订购时应注意生产日期,以免过期失效。因为血液中的纤维蛋白容易黏附在 pH 电极表面,还必须经常按血液→缓冲液(或生理盐水)→水→空气的顺序进行清洗。若清洗后仍不能正常工作,应更换新电极。此外,还应避免电极的绝缘性能受到破坏。不能使用有机溶剂擦拭玻璃表面,避免电极表面绝缘的硅油被溶解而出现漂移现象。

2. 参比电极保养　参比电极一般用甘汞电极,每次在更换盐桥或电极内的 KCl 溶液时,除加入室温下饱和的 KCl 溶液外,还需要加入少许的 KCl 结晶,使其在 37℃ 恒温条件下也达到饱

和，同时防止气泡产生。参比电极套需要定期更换。如果一天作100个样品，每周应更换一次，在样品较少时，可视具体情况延长更换时间。

3. PCO_2电极保养　PCO_2电极半透膜应保持平整、清洁，无皱纹、裂缝及针眼。半透膜及尼龙网应紧贴玻璃膜，不能产生气泡。电极要经常使用专用清洁剂进行清洗，如果经清洗、更换缓冲液后仍不能正常工作时，应更换半透膜。电极用久后，阴极端的磨砂玻璃上会有 Ag^+或 AgCl 沉积，可预先用缓冲液润湿的细砂纸轻磨去沉积物，再用外缓冲液洗干净。不同的半透膜反应速度不一样，硅橡胶膜反应速度最快，不同批号的膜也有一定的批间差，使用时应注意。

4. PO_2电极的保养　PO_2电极中干净的内电极端部和四个铂丝点应该明净发亮。每次清洗时，都应该用电极膏对 PO_2电极进行研磨保养。但要注意，一是在研磨时要用电极膏将该电极的阳极，即靠电极头部1cm处的银套一并擦拭干净；二是氧电极内充的是氧电极液，不要弄错。

必须注意的是，在进行 PCO_2电极和 PO_2电极维护保养后，应进行两点校准，执行质控，确保仪器状态稳定，质控在控才能进行检测。

（三）常见故障及处理

血气分析仪一些常见故障、产生原因和处理方法见表5-6。

表5-6　血气分析仪常见故障和处理

故障名称	故障处理	
	排除原因	处理
1. 样品吸入不良	蠕动泵管老化、漏气或泵坏	更换泵管或维修蠕动泵
2. 样品输入通道堵塞	①血块堵塞；②玻璃碎片堵塞	①血块堵塞：一般用强力冲洗程序将血块冲出排除；②玻璃碎片堵塞，如毛细管断在进样口内等，可将样品进样口取下来，将玻璃碎片捅出即可
3. pH定标不正确	①pH定标液过期；②两种定标液接反；③仪器接地不好	检查有效期；重新安装电极；接地
4. PCO_2、PO_2定标不正确	①钢瓶中气体压力过低；②气体管道破裂、脱落或气路连接错误；③PCO_2内电极液使用时间过长或内电极液过期；④气室内无蒸馏水或蒸馏水过少，使通过气体未充分湿化；⑤电极膜使用时间过长或电极膜破裂；⑥PCO_2电极老化或损坏	①更换气压不足的气瓶；②应更换或重新连接管道；③更换内电极液；④补充蒸馏水；⑤更换电极膜；⑥更换电极
5. 定标不正确，但取样时不报警，标本常被冲掉	分析系统管道内壁附有微小蛋白颗粒或细小血凝块，使管道不通畅；连接取样传感器的连线断裂；取样不正确，混入微小气泡	应冲洗管道；重新连接取样传感器的连线；重新取样
6. Wash液流量不足	①偶然误差；②Wash液不足或Wash试剂瓶未安装好；③标本管破裂或漏气，蠕动泵管老化或漏气；④进样口有障碍物或血凝块；⑤电极未安装好或结合不紧密	①执行清洗（Wash）；②添加或更换Wash液，安装好Wash试剂瓶；③更换样本管和蠕动泵管；④添加或更换试剂，安好试剂瓶，执行两点定标；⑤重新安装试剂并使其结合紧密
7. 检测到气泡	①样本凝固或有凝块；②标本管漏气或破裂；③电极密封圈安装错误或污损	①立即停止测试并冲洗以清除管道内凝块；②更换样本管；③清洁并装好电极圈，更换损坏的密封圈

（徐群芳）

第五节　即时检测仪器

即时检测（ppoint-of-care testing，POCT）是检验医学发展应运而生的新事物，它顺应了目前高效、快节奏的工作方式，可使患者尽早得到诊断和治疗，在临床应用中得到了迅速的发展，同时也促使检验医学仪器的发展出现了大型自动化和小型 POCT 两极发展的趋势。

一、即时检测的概念与特点

即时检测（POCT）是指在患者旁边分析患者标本的分析技术，或者说只要测试不在主实验室做，并且它是一个可移动的系统，就可以称为 POCT。

POCT 主要强调的是快、旁、便、易四大特点，受到了医院和家庭用户青睐。POCT 一般不需要临床实验室的仪器设备，它包括一些可以快捷移动，操作简便，结果准确、可靠、易读的技术与设备。POCT 不需要专用的空间，不需要麻烦的标本采集与处理，不需要大型仪器设备，也不需要过高技术素质的人才，大大节约了卫生资源。可以迅速地获得可靠的检验结果，从而提高患者的临床医疗效果。简单地说，就是实验仪器小型化，操作方法简单化，结果报告即时化。其 POCT 与传统实验室检测的主要区别见表 5-7。

表 5-7　临床实验室检测与 POCT 的主要区别

比较项目	POCT	传统实验室检测
周转时间	快	慢
标本鉴定	简单	复杂
标本处理	不需要	通常需要
血标本	多为全血	血清、血浆
操作步骤	简单	繁杂
校正	不频繁	频繁
试剂	随时可用	需要配制
检测仪	简单	复杂
对操作者的要求	普通人亦可以	专业人员
单个试验花费	高	低
试验结果质量	一般	高

POCT 有着小巧、易携带、检测方便的优势，但是在灵敏度和可靠性上存在不足，还有各个试纸条的质量和标准都不可能一致，所以在质量上很难得到有效控制。目前国内尚未有 POCT 严格的质量保证体系和管理规范，往往出现实验结果质量不易保证的现象，造成对 POCT 结果可靠性的诸多争议。

二、即时检测的基本原理与分类

（一）基本原理

POCT 发展很快，主要得益于一些新技术的应用。目前，POCT 检测系统已经变得非常多样化，其操作简便，便于储藏和使用，并与临床实验室检测结果相一致。POCT 技术的基本原理大致可分为四类：

1. 把传统方法中的相关液体试剂浸润于滤纸和各种微孔膜的吸水材料内，成为整合的干燥

试剂块,然后将其固定于硬质型基质上,成为各种形式的诊断试剂条。

2. 把传统分析仪器微型化,操作方法简单化,使之成为便携式和手掌式的设备。

3. 把上述二者整合为统一的系统。

4. 应用生物感应技术,利用生物感应器检测待测物。

（二）即时检测技术的分类

1. 简单显色技术　简单显色技术是运用干化学测定的方法,将多种反应试剂干燥并固定在纸片上,被测样品中的液体作为反应介质,被测成分直接与固化于载体上的干试剂进行反应。加入待测标本后产生颜色反应,可以直接用肉眼观察(定性)或仪器检测(半定量)。如尿液蛋白质、葡萄糖、比密、维生素 C、pH 等项目以及血中前降钙素(PCT)的半定量检测多采用干化学技术。

2. 多层涂膜技术　多层涂膜技术是从感光胶片制作技术引申而来的,也属于干化学测定,将多种反应试剂依次涂布在片基上并制成干片。这种干片比运用简单显色技术的干化学纸片均匀平整,用仪器检测,可以准确定量。按照干片制作原理的不同,可分为采用化学涂层技术的多层膜法和采用离子选择性电极原理的差示电位多层膜法。

(1) 化学涂层技术的多层膜法:该类仪器是在干式试带的正面加上样品,样品中的水将干片上的试剂溶解,使之与待测成分在干片的背面产生颜色反应,并用反射光度计检测,进行定量。干片中的涂层按其功能分 4 层,分别是分布层(有时又分成扩散层和遮蔽层)、试剂层、指示剂层和支持层。此类方法的使用已经比较多见,最具代表性的仪器为干式全自动生化分析仪,可用于测定血糖、尿素氮、蛋白质、胆固醇、酶活性、胆红素等 30 多个生化项目。其结构见图 5-31。

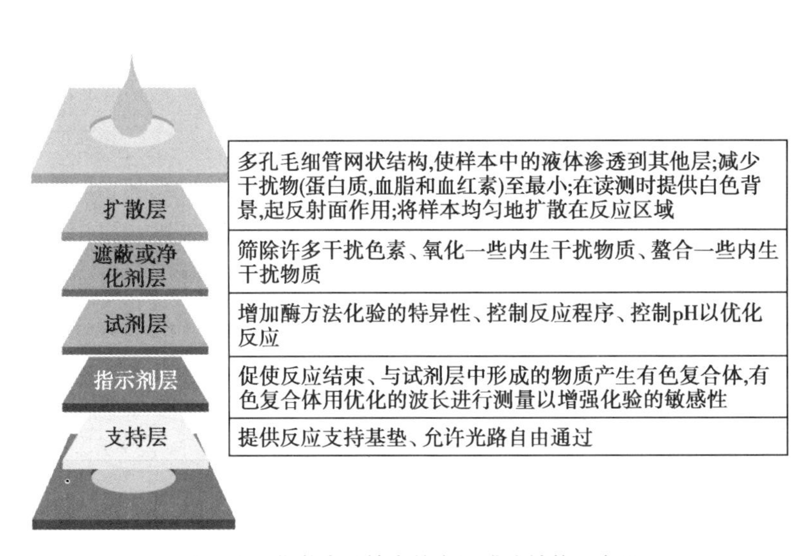

图 5-31　化学涂层技术的多层膜法结构示意图

(2) 差示电位多层膜法:该类仪器使用的膜片包括两个完全相同的“离子选择性电极”,均由离子选择敏感膜、参比层、氯化银层和银层组成,并以一纸盐桥相连。测定时取血清和参比液分别加入并列而又独立的两个电极构成的加样槽内,即可测定两者的差示电位。若样品液与参比液中的待测无机离子浓度相同,则差示电位为零,若两者浓度不同,则可以由差示电位的相应值计算出该离子的浓度。该多层膜的使用是一次性的,不存在电极老化和蛋白沉积的缺点,且标本用量少,在临床上广泛应用,如钠、钾、氯测定。其结构见图 5-32。

3. 免疫胶体金技术　胶体金、银、硒及色素(包括荧光色素和非荧光色素)可以牢固吸附在抗体的表面而不影响抗体的活性,当标记抗体与抗原反应聚集到一定浓度时,可以直接呈现颜色。目前,金、银、硒及色素标记免疫反应的方法主要有斑点渗滤法和免疫层析法,用于快速检

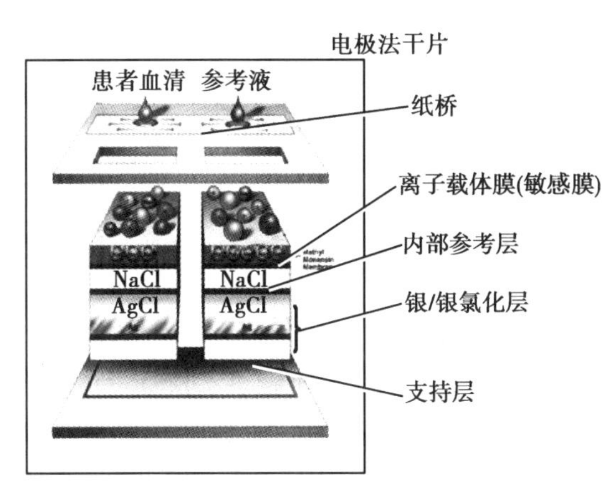

图 5-32　差示电位多层膜法结构示意图

测蛋白质类和多肽类抗原，如 cTnT、血清白蛋白、hs-CRP 及一些病毒如 HBV、HCV、HIV 等的抗原和抗体定性。配合小型检测仪，可做半定量和定量。

(1) 斑点免疫渗滤法：免疫渗滤技术是以硝酸纤维素膜为载体，利用微孔滤膜的可过滤性，使抗原抗体反应和洗涤在一特殊的渗滤装置上以液体滤过膜的方式迅速完成。在免疫渗滤技术相关 POCT 中，斑点金免疫渗滤试验（dot immunogold filtration assay，DIGFA）广泛应用于临床各种定性指标的测定，如检测血清抗精子抗体、抗结核杆菌抗体、抗核抗体等。此类方法所测项目大多为定性或半定量的结果，不需要特殊的仪器。免疫渗滤及操作见图 5-33。

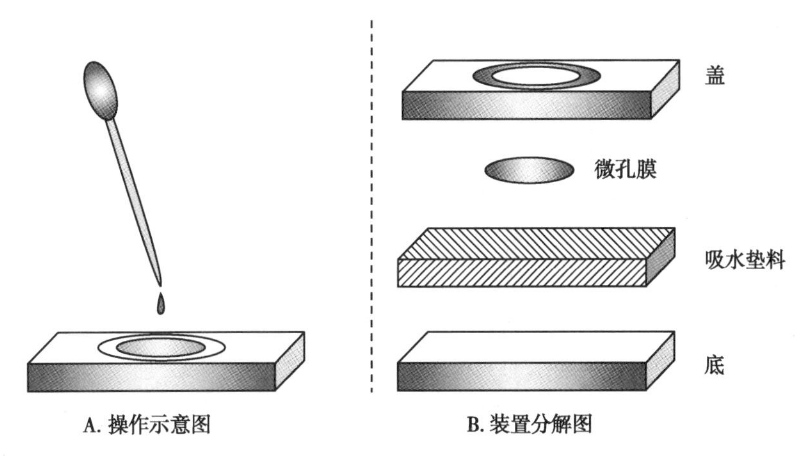

图 5-33　免疫渗滤及操作示意图

(2) 免疫层析法：免疫层析技术按照检测原理和运用方式的不同，可分成两个系统：①免疫层析法，以酶反应显色为基础，主要用于小分子药物的定量检测（图 5-34）；②复合型免疫层析法，以有色粒子作标记物，层析条为多种材料复合而成，多用于定性的检测，也有定量分析系统。目前，大多采用复合型免疫层析技术，如斑点免疫层析试验（dot immunochromatographic filtration assay，DICA），其分析原理与 DIGFA 基本相同，只是反应液体是层

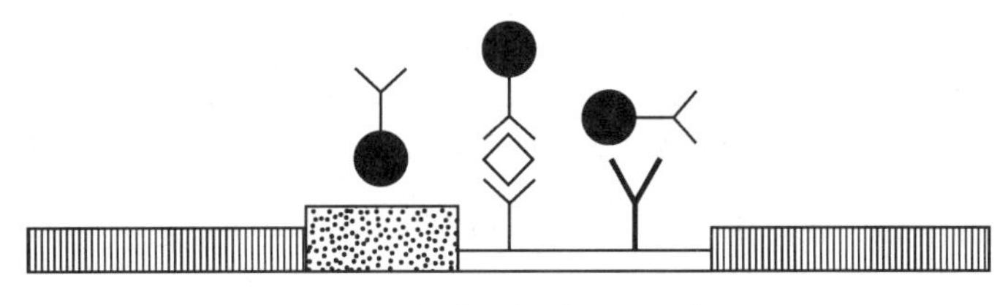

图 5-34　免疫层析法原理示意图

析作用的横向流动。此类技术操作简便、快速（只用一种试剂，只需一步操作），可肉眼观察结果，也可用金标定量检测仪器检测出定量结果，如一些性激素、病原微生物、肿瘤标志物、毒品及大便潜血检测等。

4. 免疫荧光技术　免疫荧光技术是将免疫学方法与荧光标记技术结合起来研究特异蛋白抗原在细胞内分布的方法，又称为荧光抗体技术（fluorescent antibody technique）。由于荧光素所发出的荧光可以在荧光显微镜下检出，从而可对抗原进行细胞定位。也可定量检测板条上单个或多个标志物。

与荧光抗体技术相关的POCT仪器是目前使用较多的POCT系统，自动化程度及检测灵敏度较高，具备内置质控，整体检测系统的变异系数小，一台仪器上可以检测多个项目。检测系统通常由荧光读数仪和检测板组成。检测板多采用层析法，分析物在移动的过程中形成免疫复合物，根据检测区域、质控区域荧光信号强弱的变化与分析物浓度呈一定的比例关系，获得定标出线，可用于检测未知样品中分析物的浓度。

近年来，出现了一种新型检测技术——时间分辨荧光免疫测定（time resolved fluorescence immunoassay，TR-FIA），它是以长荧光寿命镧系元素铕（Eu）螯合物作荧光标记物，延长荧光测量时间，待短寿命的自然本底荧光完全衰退后再进行测定，从而有效地消除了非特异性本底荧光的干扰。可用于检测心肌损伤标志物（Myo、cTnI、CK-MB）、生殖和感染标志物等项目的定量测定。

5. 红外分光光度技术　红外分光光度技术是利用物质对红外光的选择吸收特性来进行结构分析、性质鉴定和定量测定的一种仪器分析方法。常用于制作经皮检测仪器，可用于检测血液血红蛋白、胆红素、葡萄糖等多种成分。这类检测仪器轻便、廉价，可连续监测患者血液中的目的成分，无需抽血，这可以避免抽血可能引起的交叉感染和血液标本的污染，降低每次检验的成本和缩短报告时间。但是，这类经皮检测结果的准确性有待提高。

6. 生物传感器技术　生物传感器技术是利用离子选择电极，底物特异性电极，电导传感器等特定的生物检测器进行分析检测。该类技术是酶化学、免疫化学、电化学与计算机技术结合的产物，利用它可以对生物体液中的分析物进行分析。

（1）葡萄糖酶电极传感器：目前，生物传感器技术已经广泛应用于手掌型血糖分析仪及相关的胰岛素泵领域。电化学酶传感器法微量血快速血糖测试仪，采用生物传感器原理将生物敏感元件酶同物理或化学换能器相结合，对所测定对象作出精确的定量反应，并借助现代电子技术将所测得信号以直观数字形式输出的一类新型分析装置。采用酶法葡萄糖分析技术，并结合丝网印刷和微电子技术制作的电极，以及智能化仪器的读出装置，组合成微型化的血糖分析仪。根据所用酶电极的不同可以分为两类，一类采用葡萄糖脱氢酶电极，另一类采用葡萄糖氧化酶电极。

快速血糖仪测定结果受多种因素的影响，到目前为止，快速血糖仪测量血糖目前只适合日常监测，而不能作为准确诊断糖尿病的工具。

（2）荧光传感器：血气分析仪是荧光传感器相关的POCT仪器最具代表性的一种。其使用光学传感器检测技术，利用干化学的方式全自动测量血液pH、PCO_2、PO_2、K^+、Na^+、iCa^{2+}、Cl^-、Glu、BUN、tHb和SO_2等。

以PO_2的检测过程为例，血样被仪器吸入到测试片中，并覆盖光电极传感器。血样平衡后荧光发射。检测期间，灯泡发射的光通过光栅只让特定的光照到传感器上，产生荧光反应。荧光的强度取决于与传感器直接接触的血液中的PO_2，荧光传感器发射的光透过透镜和光滤过器等被光探头检测，探头输出的信号通过微处理器转换成一个常规测量单位的数字读数，并显示出来。

7. 生物芯片技术　生物芯片是现代微加工技术和生物科技相结合的产物，生物芯片可以在

小面积的芯片上短时间内同时测定多个项目。实现对原有检验仪器微型化，如血细胞分析、酶联免疫吸附试验（ELISA）、血液气体和电解质分析等都可进行 POCT。

生物芯片检测仪器是一种光、机、电、计算机及现代分子生物学等多学科高度结合的精密仪器，主要是利用强光照射生物芯片上的生物样品以激发荧光，并通过高灵敏度的光电探测器探测荧光强度，最后由计算机对探测结果进行分析处理以获取相关的生物信息。目前生物芯片可分基因芯片、蛋白质芯片、细胞芯片和芯片实验室。它们具有高灵敏度、分析时间短、同时分析项目多等特点。

8. 其他　其他 POCT 技术还包括快速酶标法或酶标联合其他技术检测病原微生物；电阻抗法检测血小板聚集性；免疫比浊法测定 C 反应蛋白、D-二聚体；电磁法检测止、凝血指标等；反向离子分析方法检测皮下组织液葡萄糖浓度等。

有关 POCT 的技术学分类见表 5-8。

表 5-8　POCT 的技术学分类

分类	方法原理
简单显色	直接观察/半定量
酶标记	免疫学反应
免疫渗滤和免疫层析	免疫学反应
生物传感器	光学和电学方法识别酶和抗体
电化学检测	电子探头对某些化学分子的敏感性
分光光度	光学吸光度
生物芯片	蛋白质之间相互作用

三、即时检测存在的问题与发展前景

（一）POCT 存在的问题

1. 质量保证问题　各种 POCT 分析仪的准确度和精密度各不相同，而且没有统一的室内和室间严格的质量控制，无法确保分析系统的质量。目前尚未有严格的质量保证体系和管理规范，导致出现实验结果质量不易保证的现象。非检验操作人员如医师和护士等工作人员没有经过适当的培训，不熟悉设备的性能和局限性，都是导致 POCT 产生质量不稳定的重要原因。由于 POCT 在使用和管理中的不规范导致对患者仍然存在潜在的危险，因此许多国家和地区均颁布了权威的 POCT 使用原则。

2. 循证医学评估问题　POCT 仪器及检验结果本身来说，尚缺乏循证医学的评估。

3. 费用问题　POCT 单个检验费用，高于常规性检验或传统实验室检验。

4. 报告书写　报告书写不规范，也是目前 POCT 存在的一个问题。

（二）POCT 的发展前景

由于 POCT 技术具有快速、方便、准确等优点，已经成为当前检验医学发展的潮流和热点。为了适应实际需要，理想的 POCT 仪器应该是结构灵巧、体积小、容易使用、不需要额外人工处理标本、不需要非常精确的加样，结果准确，并能自动保存所有记录的微型移动系统。应用无创性/少创性技术的 POCT 仪器将是 POCT 的另一个发展方向。此外，生物芯片技术相关的 POCT 因其具有高灵敏度、分析时间短、同时能检测的项目多等特点，也是 POCT 发展的一个重要趋势。

（董　立）

本章小结

临床生物化学分析仪器主要包括自动生化分析仪、尿液化学分析仪、电解质分析仪、血气分析仪以及即时检测(POCT)仪器等自动化监测设备,本章主要介绍了以上仪器的基本类型、特点、主要结构、仪器的使用方法、维护和简单故障的排除。自动生化分析仪按照结构原理不同,可分为连续流动式(管道式)、分立式、离心式和干片式四类,分立式生化分析仪是目前常用的生化分析仪,结构包括样品识别、自动加样、自动检测、数据处理、打印报告和自动报警等装置,仪器由计算机控制按照设定的程序进行工作。尿液化学分析仪是一台专用反射式光度计,在微电脑控制下,光学系统对试带上的颜色变化进行扫描。颜色的深浅与尿液样品中的各种成分的浓度成正比。电解质分析仪和血气分析仪是依据电化学分析技术设计的一类自动化检测设备。依据溶液电化学性质来测定物质组成及含量。溶液的电化学性质是指电解质溶液通电时,其电位、电流、电导和电量等电化学特性随化学组分和浓度而变化的性质。两种分析仪都主要由电极系统、管路或液路系统和电路系统三部分组成。即时检测是指利用便携式仪器快速分析患者标本并准确获取结果的分析技术。它具有作为大型自动化仪器的补充,节省分析前、后标本处理步骤,缩短标本检测周期,快速准确报告检验结果,节约综合成本等优势。但是,即时检测仪器存在质量保证及质控措施缺乏,单个检验费用高,报告书写不规范等问题。应引起足够的重视。

(徐喜林)

复 习 题

一、选择题

(一) 单项选择题

1. 连续流动式自动生化分析仪中气泡的作用是防止管道中的
   A. 样品干扰　　B. 试剂干扰　　C. 交叉污染
   D. 基底干扰　　E. 光源干扰
2. 可消除检测体系或样本混浊的方法是
   A. 单试剂双波长法　　B. 单波长双试剂法　　C. 双波长法
   D. 双试剂法　　E. 双波长双试剂法
3. 尿液化学分析仪试带的结构是
   A. 2层,最上层是塑料层　　B. 3层,最上层是吸水层　　C. 4层,最上层是尼龙层
   D. 5层,最上层是绒制层　　E. 4层,最上层是吸水层
4. 临床常用的电解质分析仪,测量样本溶液中离子浓度的电极是
   A. 离子选择电极　　B. 金属电极　　C. 氧化还原电极
   D. 离子交换电极　　E. 玻璃电极
5. 血气分析仪氧气和二氧化碳系统定标所使用的标准气是
   A. 5% CO_2和5% O_2　　B. 5% CO_2和10% O_2　　C. 5% CO_2和20% O_2
   D. 10% CO_2和5% O_2　　E. 10% CO_2

(二) 多项选择题

6. 血气分析仪种类很多,但其基本结构均包括
   A. 电源　B. 电极　C. 管路　D. 电路　E. 气瓶

7. 电极漂移与失控的原因及处理正确的是
   A. 地线未接好或者电压不稳定
   B. 避免电磁干扰
   C. 检查标准液及清洗液是否已用完
   D. 定位不好，造成溶液未全部浸没电极时，应重新定位操作
   E. 参比电极上方是否有气泡，试剂是否过期或被污染

二、简答题

1. 简述分立式自动生化分析仪与流动式自动生化分析仪在结构上的区别。
2. 尿液化学分析仪的安装注意事项有哪些？
3. pH 测定的基本原理是什么？常使用什么电极进行检测？
4. 在血气分析仪中，如何对 pH 电极进行保养？

三、案例分析

某全自动生化分析仪自检正常，测定过程没有错误报警。如果只有 ALT、AST、BUN、BIL（氧化法）等低波长的结果不稳定，则最有可能的原因是什么？

第六章

临床血液流变分析仪器

学习目标

1. 掌握：临床血液流变分析仪器的基本类型；各类临床血液流变分析仪器的工作原理。

2. 熟悉：各类临床血液流变分析仪器的主要结构；使用与维护。

3. 了解：临床血液流变分析仪器的用途。

临床血液流变分析仪器主要包括血液凝固分析仪、血液黏度计、红细胞沉降率测定仪等。主要用于凝血障碍性疾病、血栓栓塞性疾病的因素分析、了解血浆蛋白成分的变化对血液流体力学的影响等。近年来，由于综合性高科技的飞速发展，临床血液检验仪器也不断采用了最新的电子、光学、化学和计算机技术，能提供更加方便适用、更多功能的参数。从而不断满足临床工作对血液流变分析的要求。

第一节　血液凝固分析仪

血液凝固分析仪（automated coagulation analyzer，ACA），简称血凝仪。是血栓与止血分析的专用仪器，可检测多种血栓与止血指标，广泛应用于凝血障碍性疾病、血栓栓塞性疾病的诊断及溶栓治疗监测等方面。是目前血栓与止血实验室分析中广泛使用的设备。

一、血液凝固分析仪的分类与特点

临床常用的血凝仪根据自动化程度可分为半自动、全自动血凝仪及全自动血凝工作站。按检测原理又可分为光学法、磁珠法、超声波法血凝仪。

1. 半自动血凝仪　需要手工加样加试剂，应用检测项目少，价格便宜，速度慢，检测精度好于手工法，但低于全自动，主要检测一些常规凝血项目（图 6-1）。

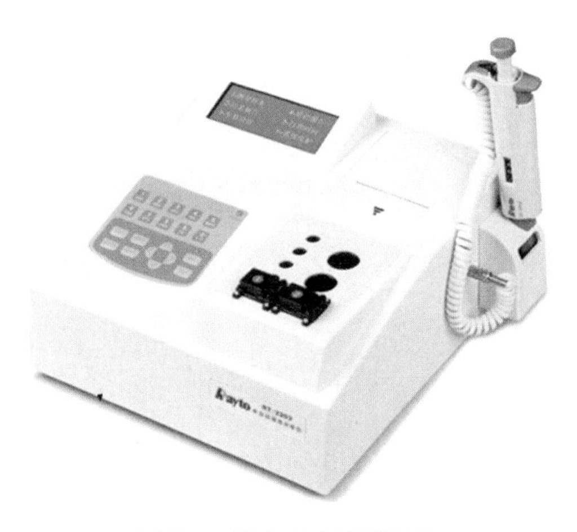

图 6-1　半自动血液凝固仪

2. 全自动血凝仪　自动化程度高、检测项目多、通道多、速度快。项目可任意组合，测量精度好、易于质控和标准化、智能化程度高，但是价格昂贵，对操作人员的素质要求高，除对常规凝血、抗凝、纤维蛋白溶解系统等项目进行全面的检测外，还能对抗凝、溶栓治疗等进行实验室监测（图 6-2）。

3. 全自动血凝工作站　由全自动血凝仪+

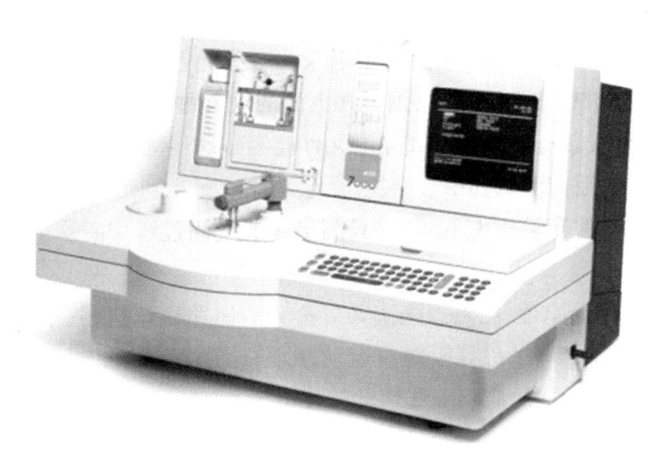

图6-2　全自动血凝仪

移动式机器人+离心机等设备组成，可进行样本自动识别和接收、自动离心、自动放置、自动分析、分析后样本的分离等。该系统还可与其他实验室自动化系统相结合，以实现全实验室自动化。

二、血液凝固分析仪的工作原理

血凝仪使用的检验技术主要有凝固法、产色底物法、免疫法等。凝固法是血栓/止血试验中最基本、最常用的方法。半自动血凝仪基本上以凝固法检测为主，全自动血凝仪不仅自动化程度高，除了使用凝固法外，还使用了如产色底物法和免疫法等其他分析方法。

（一）凝固法

早期仪器采用模拟手工的方法钩丝（钩状法），根据凝血过程中纤维蛋白原转化为纤维蛋白丝可导电的特性，当通电钩针离开样本液面时，纤维蛋白丝可导电来判定凝固终点。该法由于终点判断很不准确被淘汰。现在采用检测血浆在凝血激活剂作用下的一系列物理量（光、电、机械运动等）的变化，再由计算机分析所得数据并将之换算成最终结果，故也称生物物理法。按具体检测手段可分为超声分析法、光学法和磁珠法等。

1. 超声分析法　根据凝血过程中血浆的超声波衰减程度来判断终点。本法应用项目较少，故采用者不多。

2. 光学法（比浊法）　根据血浆凝固过程中浊度逐渐增强，导致光强度变化测定相关因子。根据不同的光学测量原理，又可分为散射比浊法和透射比浊法两类。

（1）透射比浊法原理：根据血浆在凝固过程中黏度逐渐增大，标本吸光度逐渐增强，来确定检测终点。在该方法中光源和样本与接收器呈直线排列，和普通光电比色计相仿，接收器得到的是很强的透射光和较弱的散射光，进行信号校正后得到透射光强度。

（2）散射比浊法原理：根据血浆在凝固过程中黏度逐渐增大，标本散射光强度逐步增强，来确定检测终点。该方法中光源和样本与接收器呈直角排列，接收器得到的完全是浊度测量所需的散射光。因此，散射比浊法略优于透射比浊法。

测试时，当向样品中加入凝血激活剂后，随样品中纤维蛋白凝块的增加，样品的散射光强度逐步增加；当样品完全凝固后，散射光强度不再变化。通常把凝固的起始点作为0%，凝固终点作为100%，把50%作为凝固时间，因为50%的部位单位时间内散射光量的变化最为显著，纤维蛋白单体的聚合速度最快，通常把这种方法称为“百分比终点法”。光探测器接收这一光学的变化，将其转化为电信号，仪器内微机据此绘制出凝固曲线。

光学法凝血测试的优点是灵敏度高、仪器结构简单、易于自动化。缺点是样本的光学异常、测试杯的光洁度、加样中的气泡等会成为测量的干扰因素。

3. 磁珠法　是根据磁珠运动的幅度随血浆凝固过程中黏度的增加而变化来测量凝血功能的方法。根据仪器对磁珠运动测量原理的不同,又可分为光电探测法和电磁探测法。

（1）光电探测法测试原理:测试时,测试杯下面的永久磁铁旋转,带动测试杯中磁珠沿杯壁旋转;测试杯的侧壁外安装有红外反射式光电元件监测磁珠运动变化;根据运动力学原理,旋转的磁珠依血浆黏度增大渐向测试杯中心靠拢,光电元件检测不到磁珠时测量结束。在该法中光电探测器的作用与前述的光学法中不同,它只测量血浆凝固过程中磁珠的运动规律,与血浆的浊度无关。

（2）电磁探测法测试原理:电磁探测法又可称为双磁路磁珠法,其中一对磁路产生恒定的交替电磁场,使测试杯内磁珠保持等幅振荡运动;另一对磁路利用测试杯内磁珠摆动过程中对磁力线的切割所产生的电信号,监测磁珠摆动幅度的变化,当磁珠摆动幅度衰减到50%判定血浆凝固终点(图6-3)。

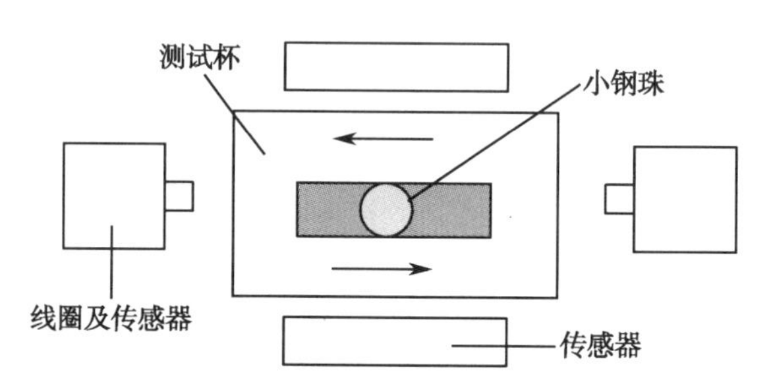

图6-3　双磁路磁珠法检测原理示意图

磁珠法凝血测试的优点是:不受溶血、黄疸、高脂血症标本及加样中微量气泡等特异血浆的干扰,试剂用量少,有利于血浆和试剂的充分混匀;缺点:磁珠的质量、杯壁的光滑程度等,均会对测量结果造成影响。

（二）产色底物法

通过测定产色底物的吸光度变化来推测所测物质的含量和活性,故也称生物化学法。其实质是光电比色原理,通过人工合成,与天然凝血因子氨基酸序列相似,并且有特定作用位点的多肽;该作用位点与产色的化学基团相连;测定时由于凝血因子具有蛋白水解酶的活性,作用于人工合成的肽段底物,从而释放出产色基团,使溶液呈色;呈色深浅与凝血因子活性呈比例关系,故可对凝血因子进行精确定量。

目前人工合成的多肽底物有几十种,而最常用的是对硝基苯胺(PNA),呈黄色,可用405nm波长进行测定。该法灵敏度高、精密度好,易于自动化,为血栓/止血检测开辟了新途径。

（三）免疫学方法

以纯化的被检物质为抗原,制备相应的抗体,被检物(抗原)与其相应抗体混合形成复合物,从而产生足够大的沉淀颗粒,导致浊度发生变化来对被检物进行定性或定量测定。实验室使用的方法有:免疫扩散法、火箭电泳法、双向免疫电泳法、酶标法、免疫比浊法。血凝仪通常使用光学法原理进行透射比浊或散射比浊进行测定。

三、血液凝固分析仪的基本结构

（一）半自动血凝仪的基本结构

主要由样品和试剂预温槽、加样器、检测系统(光学、磁场)及微机组成。部分半自动仪器还配备了产色底物法检测通道,使该类仪器同时具备了检测抗凝及纤维蛋白溶解系统活性的功能(图6-4)。

针对半自动血凝仪易受人为因素、重复性较差等缺陷,部分仪器配有自动计时装置,以告知

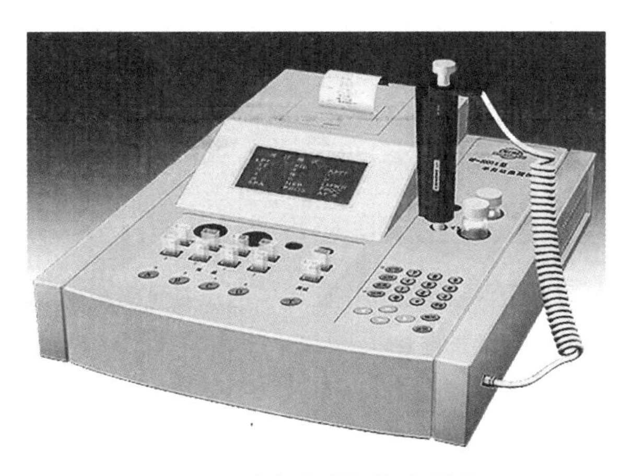

图 6-4　血凝仪预温槽、加样器

预温时间和最佳试剂添加时间；也有部分仪器在测试位添加试剂感应器，感应器从移液器针头滴下试剂后，立即启动混匀装置振动，使血浆与试剂得以很好地混合；还有的仪器在测试杯顶部安装了移液器导板，在添加试剂时由导板来固定移液器针头，从而保证了每次均可以在固定的最佳角度添加试剂并可以防止气泡产生。这一系列改进有利于提高半自动血凝仪操作的准确性。

（二）全自动血凝仪的基本结构

全自动血凝仪的结构包括样本传送及处理装置、试剂冷藏位、样本及试剂分配系统、检测系统、计算机、输出设备及附件等（图 6-5）。

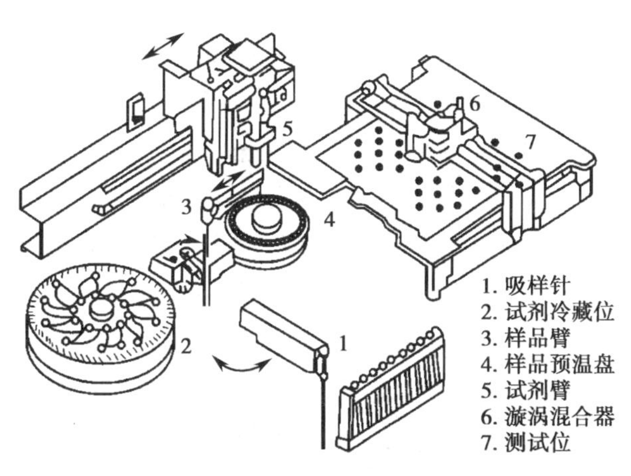

图 6-5　全自动血凝仪结构示意图

1. 样本传送及处理装置　血浆样本由传送装置依次向吸样针位置移动，多数仪器还设置了急诊位置，使常规样本检测在必要时暂停，急诊样本优先测定。样本处理装置由预温盘及吸样针构成，前者可以放置几十份血浆样本。吸样针将血浆吸取后放于预温盘的测试杯中，供重复测试、自动再稀释和连锁测试用。

2. 试剂冷藏位　可以同时放置几十种试剂进行 15℃冷藏，避免试剂变质。

3. 样本及试剂分配系统　包括样本臂、试剂臂、自动混合器等。样本臂会自动提起样本盘中的测试杯，将其置于样本预温槽中进行预温。然后试剂臂将试剂注入测试杯中（性能优越的全自动血凝仪为避免凝血酶对其他检测试剂的污染，有独立的凝血酶吸样针），由自动混合器将试剂与样本充分混合后送至测试位，已检测过的测试杯被自动丢弃于特设的废物箱中。

4. 检测系统　仪器的关键部件。通过前述凝固法、产色底物法、免疫学方法等多种检测原理对血浆凝固过程进行检测。

5. 计算机控制系统　根据设定的程序引导和控制血凝仪进行工作并将检测得到的数据进行分析处理，最终得到测试结果。通过计算机屏幕或打印机输出测试结果。还可完成对患者的检验结果进行储存、质控统计、记忆操作失误等工作。

6. 附件　主要有系统附件、穿盖系统、条码扫描仪、阳性样本分析扫描仪等组成。

四、血液凝固分析仪的性能评价

选择高质量的血凝仪，对于保证止血与血栓检验的质量至关重要。国际血液学标准化委员会（ICSH）对血凝仪性能评价的标准如下：

（一）测量重复性或精密度

采用血凝仪配套的试剂、校准品及相应的测定程序，对质控血浆或新鲜患者血浆在相同或不同时间内进行测定。评价时最好用高、中、低值三个水平的样本（$n \geqslant 15$）进行批内、批间及总重复性测定。每个项目重复测定10次，计算其算术平均值、标准差和变异系数。重复性要求见表6-1。

表6-1　常用凝血试验项目测定的重复性要求

项目名称	要求（CV%≤）	
	正常样本	异常样本
FIB（g/L）	8.0	15.0
APTT（s）	4.0	8.0
PT（s）	3.0	8.0
TT（s）	10.0	15.0

（二）正确度

使用同一批号的正常值和异常值质控血浆，同时检测常检项目或凝血因子活性，连续测定3次，计算算术平均值和相对偏倚，均值应在质控血浆标示的范围内，相对偏倚应符合表6-2的要求。或使用正常人混合血浆和异常值血浆样本，与已通过注册、具有相同预期用途、原理与结构相似的检测系统进行方法学比较，其相对偏倚应满足表6-2的要求。

表6-2　常用凝血试验项目测定的正确度要求

项目名称	要求（相对偏倚≤）	
	正常样本	异常样本
FIB（g/L）	10.0%	20.0%
APTT（s）	5.0%	10.0%
PT（s）	5.0%	10.0%
TT（s）	10.0%	20.0%

（三）线性范围

观察一定值的质控物、定标物或混合血浆，在不同稀释度（4～5个浓度）时的各个相关分析参数，是否随血浆被稀释而相应减低。理想结果是不同程度稀释及其相应结果在直角坐标纸上应呈一条通过原点的直线。

（四）携带污染率

即不同样本对测定结果的影响。可采用Bioughton法测定，常用凝血试验项目的携带污染率的要求见表6-3。

表 6-3　常用凝血试验项目的携带污染率的要求

项目	携带污染率
FIB(g/L)	≤10%
AFFr(s)	≤5%
PT(s)	≤5%

（五）干扰

指血凝仪在样本异常或有干扰物存在时的抗干扰能力。如高黄疸、乳糜、溶血样本及临床肝素治疗的血样本，对试验结果有无影响。

五、血液凝固分析仪的使用与维护

（一）血凝仪的操作

1. 半自动血凝仪　具有结构简单、价格低廉、方便快速、适于小医院使用等优点，其操作过程如图 6-6 所示。

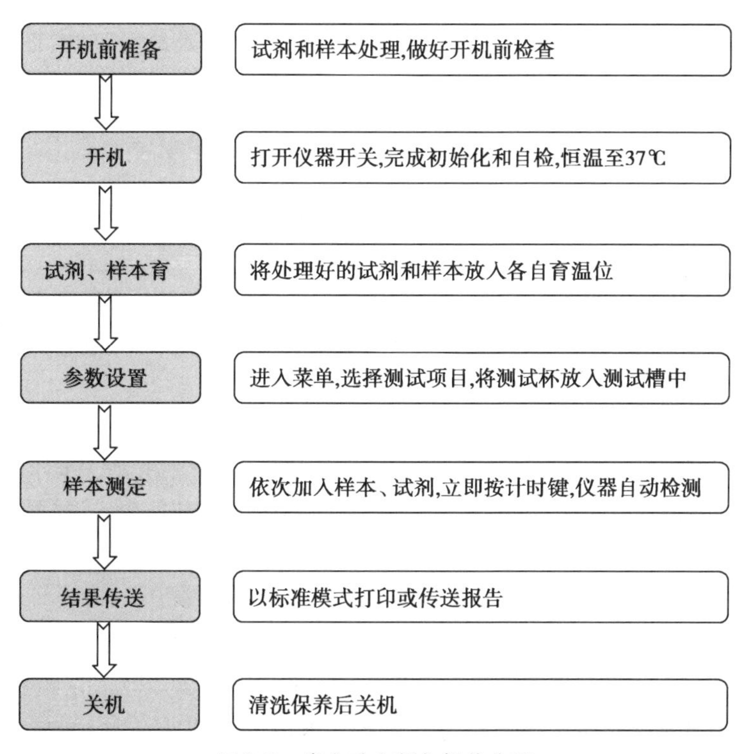

图 6-6　半自动血凝仪操作步骤

2. 全自动血凝仪　结构复杂、价格昂贵、精度高、结果好，操作较半自动血凝仪烦琐，对操作者的要求较高。操作一般有以下几个关键的步骤：

（1）开机：①检查蒸馏水量、废液量；②依次打开稳压电源、打印机电源、仪器电源、主机电源、终端计算机电源；③仪器自检通过后，进入升温状态；④达到温度后，仪器提示可以进行工作。

（2）测试前准备：①试剂准备：按照测试的检验项目做好试剂准备；严格按试剂说明书的要求进行溶解或稀释，溶解后室温放置 10～15 分钟，之后，将各种试剂放置于设置好的试剂盘相应位置；②选择测试项目，从仪器菜单选择要测试的检验项目；③检查标准曲线：观察定标曲线的线性、回归性等指标。

(3) 测试:①测试各项目质控品,按要求记录并进行结果分析;②患者标本准备,按要求编号、分离血浆、放于样本托架上;③患者信息录入,手工输入标本名称或患者名称,在"Test"栏中输入要检测的项目;④样本检测,再次确认试剂位置、试剂量及标本位置后,按"开始"进行检测。

(4) 结果输出:①设置好自动传输模式后,检测结果将自动传输到终端计算机上;②结果经审核确认后,打印报告单。

(5) 关机:①收回试剂:试验完毕后,将试剂瓶盖盖好,将试剂盘与试剂一同放入冰箱 2 ~ 8℃储存;②清洗保养:按清洗保养键,仪器自动灌注;等待 15 分钟,按"ESC"退出菜单;③关机:关闭主机电源、仪器电源、终端计算机电源、打印机电源等。

(二) 血凝仪的维护

1. 半自动血凝仪的维护　做好日常的维护是仪器正常运行的基本保证,包括:①电源电压为 220V±10%,最好使用稳压器;②避免阳光直晒和远离强热物体,保持仪器温度恒定在 37.0℃±0.2℃;③防止受潮和腐蚀;④保持测试槽清洁,严禁有异物进入;⑤若为磁珠型血凝仪,仪器和加珠器都必须远离强电磁场干扰源,并使用一次性测试杯及钢珠,以保证测量精度。

2. 全自动血凝仪的维护　一般性维护包括:①定期清洗或更换空气过滤器;②定期检查及清洁反应槽;③定期清洗洗针池及通针;④经常检查冷却剂液面水平;⑤定期清洁机械运动导杆和转动部分并加润滑油;⑥及时保养定量装置;⑦定期更换样品及试剂针;⑧定期数据备份及恢复等。

六、血液凝固分析仪使用的注意事项

1. 购置仪器后应按说明书标出的仪器应能达到的性能参数对仪器进行评价,发现问题及时与厂家联系。

2. 在检测过程中使用的加样器应进行校准,保证试剂稀释和加样量的准确。

3. 有定标血浆的检测项目,可用定标血浆建立标准曲线,在更换试剂批号或种类时均应用定标血浆重新建立标准曲线。

4. 检测标本时一定要做室内质量控制,半自动仪器的检测应作双份测定。

5. 做好分析前的质量控制非常重要,标本的采集和存储应严格按有关要求进行。

6. 试剂在预温槽内的放置时间应严格按试剂说明书的要求进行限定,放置时间延长会影响测定结果的准确性。

7. 鉴于目前凝血试验标准化工作还有待完善,不同检测系统(仪器、试剂、定标血浆、质控物)测出同一标本的结果有差异,为此在更换试剂种类甚至批号时有必要重新建立正常参考范围。

8. 光学法凝血测试的优点是灵敏度高、仪器结构简单、易于自动化;缺点是样品的光学异常、测试杯的光洁度、样品溶血、高脂血症或乳糜微粒、浑浊、加样中的气泡等都会成为测量的干扰因素。

(须　建)

第二节　血液黏度计

血液黏度测量是了解血液"浓、黏、聚、凝"功能的情况,是血液流变学研究的核心指标。包括全血黏度和血浆黏度测定。掌握血液黏度的变化规律,对于了解血液的流动状态和凝固性质,尤其是对于揭示血液流变学的改变与心血管、脑血管、血栓、高黏滞血症等疾病的发生和发展关系,具有重要意义。血液黏度计有不同的类型,采用不同的检测原理,其性能差异较大。下面就检测原理和性能作一简单介绍。

一、血液黏度计的类型

1. 根据工作原理分类　可分为毛细管黏度计和旋转式黏度计。前者根据结构又可分为乌氏黏度计和奥氏黏度计(图 6-7);后者根据结构亦可分为筒式、锥板式,以及电子-压力传感式黏度计等。

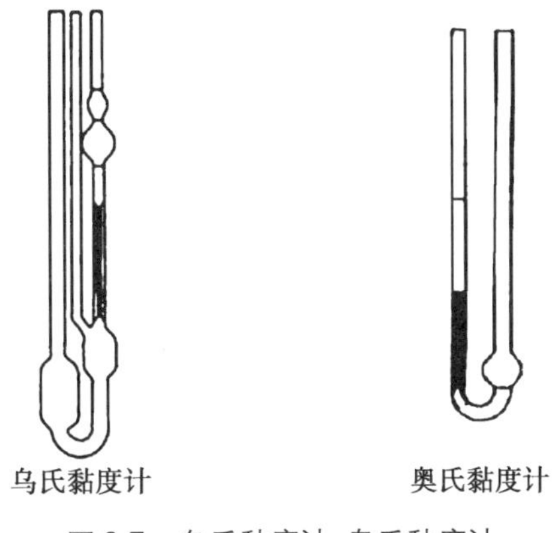

图 6-7　乌氏黏度计、奥氏黏度计

2. 根据自动化程度分类　可分为半自动黏度计和全自动黏度计即全自动血流变仪(图 6-8)。后者与前者相比,主要是增加了自动进样、自动清洗、自动吹干、计算机控制等功能。它不仅可测定 1 ~ 200/s 不同剪切率下的全血黏度,还可自动绘出流体的流动曲线和黏度时间曲线,即对血液的非牛顿特性进行更深刻的描述。目前临床应用最广泛的是全自动黏度计。

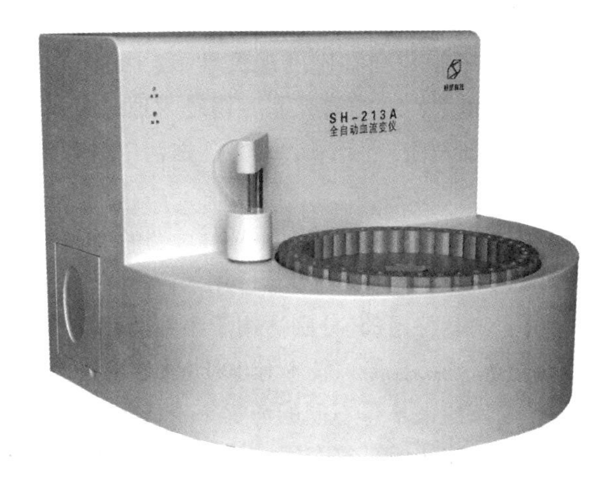

图 6-8　全自动黏度计

二、血液黏度计的工作原理和基本结构

(一) 血液黏度计的工作原理

1. 毛细管黏度计

(1) 工作原理:牛顿流体遵循 Poiseuille 定律,即一定体积的液体,在恒定的压力驱动下,流过一定管径的毛细管所需的时间与黏度成正比。临床上常测定一定体积的血浆与同体积蒸馏水通过毛细玻璃管所需要的时间之比,称为血浆的比黏度(ratio of viscosity)。即:血浆比黏度=血浆时间/蒸馏水时间

(2) 基本结构:包括毛细管、储液池、控温装置、计时装置等。

2. 旋转式黏度计

(1) 工作原理:以牛顿的黏滞定律为理论依据,主要有以外圆筒转动或以内圆筒转动的筒-筒式旋转黏度计(又称 Couette 黏度计)和以圆锥体转动或以圆形平板转动的锥板式黏度计(又称 Weissenberg 黏度计),后者最常用。

(2) 基本结构:包括样本传感器、转速控制与调节系统、力矩测量系统、恒温系统等(图 6-9)。

3. 电子-压力传感式黏度计

(1) 工作原理:仪器在一个密封的模拟血流在人体流动的细管内,加一定的压力,让血液在

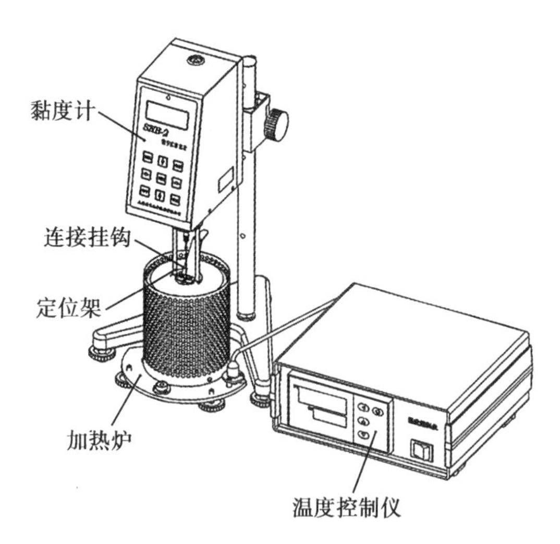

图 6-9　旋转式黏度计核心结构图

细管内流动，流动的同时压力不断减小，血流动的速度也随压力不同而发生变化；仪器通过计算机系统监测压力与流速变化的一组数据，测量出不同压力下的血液黏度。

（2）基本结构：由测量系统、计算机系统和自动进样系统三部分组成。

（二）仪器特点及性能评价

1. 毛细管黏度计　测定牛顿流体黏度结果可靠，适用于血浆、血清等样本测定。价格低廉、操作简便、速度快、易于普及；但不能直接检测在一定剪切率下的表观黏度，难以反映全血等非牛顿流体的黏度特性；对进一步研究红细胞、白细胞的变形性和血液的黏弹性等也无能为力。

2. 旋转式黏度计　能在稳态下测定不同剪切率时全血等非牛顿流体的黏度，结果准确，可定量了解全血的流变特性，红细胞与白细胞的聚集性、变形性、时间相关性等很多流变特性。操作使用较为简单，是目前血液流变学研究和应用较为理想的仪器。但价格较毛细管黏度计要贵一些，操作要求也更精细一些。但不适于血浆、血清等牛顿流体样本黏度的测定，结果偏高。

3. 电子-压力传感式黏度计　是新一代可以自由选择确切的剪切率和可以测量在不同剪切率下黏度值的新型黏度计。电子-压力传感式黏度计应用了流体力学原理，根据非牛顿流体的本构方程和流体平衡方程，使用了一套特定的、分别适用于牛顿流体和非牛顿流体表观黏度函数的微积分公式处理所测得的数据，并结合传感技术和电子技术，通过对系统压力（及流速）随时间变化的监测所得数据，按理论公式来求得不同的剪切率下样品的表观黏度，从而对全血进行直接、快速、准确的自动测量，而且还使用了符合国际规范的低剪切力来测定低黏度流体（如血浆）等。实现了在由高到低连续变化的剪切力的作用下，使流体（全血或血浆）在模拟人体血管的玻璃检测器中流动。特别适用于科研、临床对全血或血浆黏度的检测。

4. 性能评价　在安装、使用及维护一定时间后，为保证仪器正常工作和一定的测量精度，应对仪器的准确度、分辨率、重复性、灵敏度与量程定期进行检验。

（1）准确度：评价时以国家计量标准为准，在剪切率 1～200/s 范围内分别用低黏度油（约 2MPa×s）和高黏度油（约 20MPa×s）测定其黏度，各测定 5 次以上取均值。要求实际测定值与真值的相对偏差<3%。

（2）分辨率：是指黏度计所能识别出的血液表观黏度最小变化量。一般以血细胞比容的变化反映仪器的分辨率。取比容在 0.40～0.45 范围内的正常人全血，以其血浆调节比容的变化。在高剪切率 200s/s 状态下，仪器应能反映出比容相差 0.02 时的血液表观黏度的变化；在低剪切率 5s/s 以下状态，仪器应能反映出比容相差 0.01 时的血液表观黏度的变化。上述测量各测定 5 次以上取均值。

（3）重复性：系指多次测量同一样本同一指标时所测值的精密度。取同一血样，比容在 0.40～0.45 范围内，按照仪器操作规程测量 11 次，取后 10 次测定值计算 CV 值。在高剪切率时，血液表观黏度的 CV<3%；在低剪切率时，血液表观黏度 CV<5%。

（4）灵敏度与量程：测定剪切应力的灵敏度与量程是血液黏度计的关键指标，测力传感器应具有 10MPa 灵敏度才能测定 1/s 的血液黏度，对于一个恒定剪切应力的黏度计，这一控制范围应包括 100～1000MPa。

(5) 仪器控制温度:温度要准确控制在(37.0±0.5)℃方能满足测定要求。

三、血液黏度计的主要技术指标

1. 性能指标

(1) 黏度测试范围:0.7～30MPa·s。

(2) 剪切率变化范围:1～200/s,用户可参考使用手册自行设置,其分辨率为1/s。

(3) 黏度值重复性 CV<3%。

(4) 准确度:±3%。

(5) 控温准确度:±0.5℃,稳定性:±0.2℃。

(6) 样本用量0.8～2.0ml不等。

(7) 测试时间:稳态法多在3～5分钟/样本,而快速法多在20～30秒/样本。

2. 基本测试参数　血浆黏度、全血黏度(包括全血表观黏度、相对黏度、还原黏度)、血沉、血细胞比容等。

四、血液黏度计的使用、维护与常见故障处理

(一) 血液黏度计的使用

血液黏度计的使用较为简单,其基本操作流程如图6-10所示。

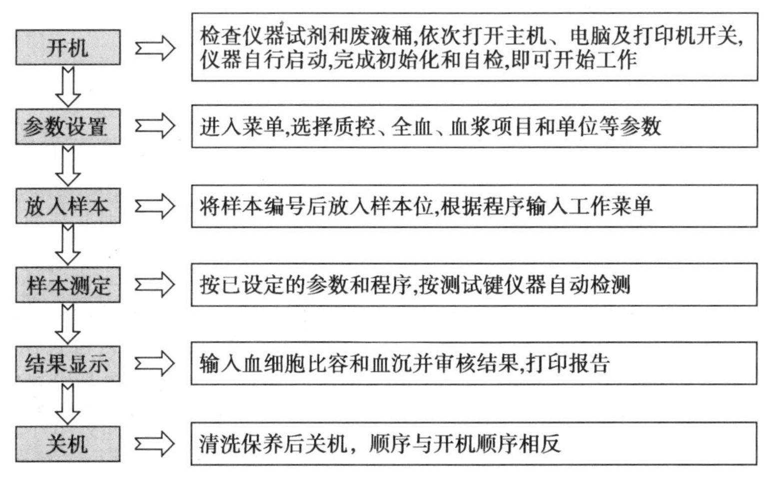

图6-10　血液黏度计基本操作流程

(二) 血液黏度计的维护

1. 毛细管黏度计的校准与维护

(1) 校准:黏度计出厂时标明了毛细管内径和标定值 t_0,即温度在37℃时重蒸馏水的流出时间。复检其准确度时,可用重蒸馏水在37℃时测得时间比 $D=(t-t_0)/t_0$,D≤1%。

(2) 维护

1) 为克服残留液影响,严格要求用蒸馏水多次冲洗毛细管,并使之干燥后再行测量下一样本。

2) 定期用中性洗涤剂清洗管子底、壁,并用蒸馏水清洗干净。然后根据参比液流出的时间来判断管子是否存在毛细管污染,合格后方可进行下一样本的检测。

3) 全血黏度随温度变化较复杂,有资料显示,在20℃以下时,全血相对黏度随温度降低而增加。在41℃以上时,其黏度随温度升高而增加。故须确保毛细管和样本温度一致并控制在25～37℃。

2. 旋转式黏度计的校准与维护

（1）校准：利用菜单编辑键或仪器附带的处理软件根据实验要求设置剪切率、温度、时间、打印控制及自动清洗条件等。完成参数设定后，用国家计量单位所标定的标准牛顿油，按仪器说明进行标定。日常工作中也可以用重蒸馏水检测仪器，看水的黏度是否为 0.69MPa · s（37℃）。

（2）维护：包括安装要求、日常保养、剪液锥保养等方面。

1）安装要求：①仪器应在额定的功率、电压下工作，如果电压波动大，则必须使用稳压装置；②环境应干净无尘，特别是机芯部位不允许落入尘埃污物；③除安装时的水平调节外，为了保证检测质量，建议用户每月至少做一次水平调整；每次移动仪器或检测结果不理想时首先查看仪器水平是否良好。

2）日常保养：每天测试第一份样本前和最后一份样本后，以及每次测试完毕后均应进行冲洗，并清洁废液瓶，加满蒸馏水瓶，以备下次使用。

3）剪液锥保养：①当剪液锥表面有血凝块或纤维蛋白等污染物时，可使用温水加中性洗涤剂（如洗洁精）进行手动清洗，推荐用户每日做一次手动清洗；②在取下剪液锥之前，必须抽空液槽内的样本，以免将样本带到中轴尖上而损坏仪器；③所用清洗液为中性，最好是仪器专用清洗液，不得使用消毒液、化学腐蚀剂和溶剂类液体；④对剪血板或剪液锥、驱动轴等敏感部件在测试和清洗时都要注意不施以重力；⑤清洗结束后，用柔软干净的纸巾清洁剪液锥以及液槽，将剪液锥和定心罩放置到原来位置；⑥清洗和加样时切勿将清洗液和样本加入轴孔内，否则会导致测试不准，甚至损坏机芯。

4）液槽保养：每天清洗工作结束后要检查排液口是否排液流畅，并使用柔软干净的纸巾清洁液槽，如果液槽内有血凝块或纤维蛋白等污染物，可使用温水加中性洗涤剂进行清洁。

5）清洗系统保养：如发生清洗无力，不上水现象，首先检查进液泵管是否良好，液体是否足够；其次检查管道是否通畅，并使用注射器抽吸各清洗管道。如还不能解决请与工程师联系。

6）排废系统保养：每天清洁废液桶并检测瓶内干簧管传感器是否灵敏可靠，检测方法：把废液瓶盖颠倒，仪器屏幕提示“废液瓶满”说明正常，如未提示则需向工程师求助解决。

（三）全自动血液黏度计在操作中的常见故障及排除

1.“无法测试”　正确输入检验号后按回车键，不能测试，系统提示“测试故障”或“系统未准备好”。常见原因：①黏度计电源未打开或信号线未正确连接好；②测试杯或剪血板（剪液锥）没有放正或定心罩没有对正；③强磁场干扰；④软件有病毒；⑤黏度计内部控制信号部件有故障。

可遵照上述先后顺序逐个排查：对于①、②两种情况，只要认真检查，很容易解决；对于③，在仪器安装以前就应该考虑到并予以解决好；在排除前三种情况以后，可以考虑④的可能性，用户需重新安装软件、杀毒，并重新标定；在完成上述操作仍不能排除故障时，需与厂家联系。

2.“突然停机”　按正确的操作进行，系统提示“加速故障”。常见原因：①一般为机芯中进入了血液、血浆、其他液体或杂物；②软件有病毒；③机芯磨损。处理办法：①待干燥后用洗耳球对准机芯用力吹 10～20 分钟，如仍不能解决者，需及时与厂家联系；②要重新安装软件、杀毒，并重新标定；③需专业人员修理机芯。

3. 测试数据与平时相差太大　可能原因：①预温时间不够；②标定值有变化；③机芯有轻微磨损；④机芯有异物进入；⑤软件有病毒。分别按相应办法处理即可。

4.“自动冲洗仪不进水”和“不排水”　大多是由于管道堵塞所致，仔细清洗即可解决。对于不能自动清洗的情况，还可能是由于蠕动泵的原因，需由专业人员维修；也可能是进水管磨损，需剪去磨损的部分，重新套上。

五、全自动血液黏度计使用的注意事项

1. 为保证仪器的正常运行，仪器必须满足下列条件：

（1）灰尘少、通风良好的环境，避免阳光直接照射。

（2）室内温度保持在 10～35℃，大气压力范围：70～160kPa。

（3）室内相对湿度应保持在 30%～80%。

（4）电源供应：AC220V±10%，50Hz±1Hz。有保护性接地（接地电阻<10Ω）。

（5）避免大功率电磁干扰设备与本仪器放置在同一房间或共用同一电源插座。

2. 开机前检查清洗液是否充足，必要时及时更换，如果每日关机，则开机后仪器自动冲洗，冲洗后观看是否清洁，可以再次手动清洗。

3. 当仪器测量结果过高或过低时，应按照仪器说明书中的"常见故障及其排除"的步骤排除仪器故障，故障排除后应对系统再次定标。

第三节　红细胞沉降率测定仪

红细胞沉降率即血沉是临床诊断和疗效观察的一项重要参数，其结果对许多疾病的活动、复发、发展有监测作用，有较高的参考价值。同时它与血液流变学中许多指标之间存在着相关性，常作为红细胞聚集、红细胞表面电荷、红细胞电泳的通用指标。血沉的传统测定方法为魏氏（Westergren）手工法。自20世纪80年代以来，随着光电技术与计算机技术在传统方法上的成功运用，诞生了自动红细胞沉降率测定仪。它结构简单，成本低廉，操作简便，检验准确，省时省力，自动化程度高，能和其他仪器联机使用，易在各级医院推广普及。

一、红细胞沉降率测定仪的工作原理

所有自动红细胞沉降率测定仪的原理都是在魏氏法的基础上，仪器根据红细胞下沉过程中血浆浊度的改变，采用红外线探测技术或其他光电技术定时扫描红细胞与血浆界面位置，动态记录血沉全过程，数据经计算机处理后得出检测结果。红细胞沉降前，管内血液均呈红色，可吸收红外线；沉降后，血液分为上下两层，上层为透明血浆，可透过红外线，下层的红细胞等物质呈褐红色，可吸收红外线；测量时可利用两层间的色彩差异利用红外线扫描方法找到分界面，通过计算得到红细胞沉降率（图6-11）。

图6-11　自动红细胞沉降率测定仪

二、红细胞沉降率测定仪的基本结构

自动红细胞沉降率测定仪由光源、沉降管、检测系统、数据处理系统四个部分组成。

1. **光源**　采用红外光源或激光。

2. **沉降管**　即血沉管，为透明的硬质玻璃管或塑料管。

3. **检测系统**　一般仪器采用光电阵列二极管，其作用是进行光电转换，把光信号转变成电信号。

4. **数据处理系统**　由放大电路、数据采集处理软件和打印机组成。其作用是将检测系统的

检测信号，经计算机的处理，驱动智能化打印机打印出结果。数据采集处理软件设计了数据采集、数据分析、数据库、打印等模块（图 6-12）。

图 6-12　自动红细胞沉降率测定仪结构示意图

三、红细胞沉降率测定仪的使用、维护与常见故障处理

1. 红细胞沉降率测定仪的使用　红细胞沉降率测定仪的使用较为简单，其基本操作流程见图 6-13。

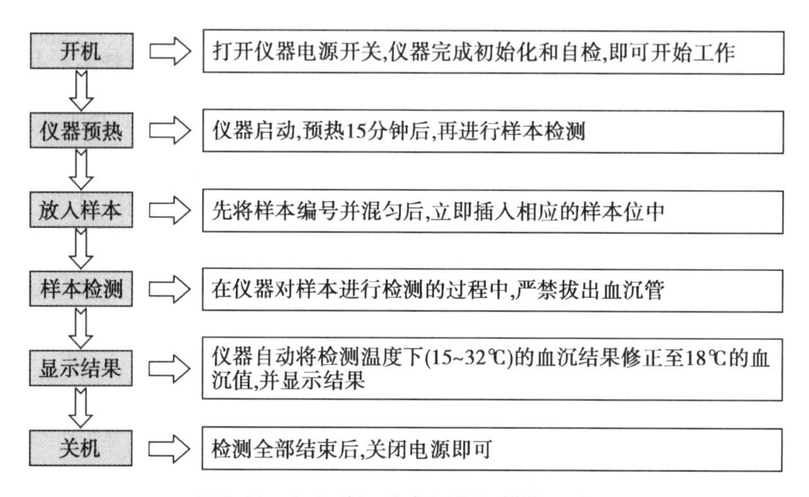

图 6-13　红细胞沉降率测定仪的使用流程

2. 仪器的维护　一般性维护包括：①将仪器安装在清洁、通风处的水平实验台上，避免潮湿、高温，远离高频、电磁波干扰源；②使用过程中，要避免强光的照射，否则会引起检测器疲劳，计算机采不到数据；③使用前要按程序清洗仪器，同时要定期彻底清洗并进行定期校检。

本设备维护很简单，同时部件也不需要特别的维护。最敏感的部件是红外线发射接收管，也在仪器内部。请注意设备的测试孔位，当设备不使用时请用防尘罩盖好设备。不要用水或潮湿的布清洗设备。水或固体物质进入孔中会对设备造成相当大的危险。

3. 仪器常见故障的处理

（1）放入血沉测试管时仪器一个测试周期后显示“×”：血沉管血液液面高出仪器测量范围或有其他不透光器械插入。

（2）电机在测量时转不停，出现电机抖动冲击声：检测板的红外检测器有故障，建议通知厂家修理。

（3）未插入管，但仪器显示有试管插入：检测板的红外检测器有故障或有较厚的灰尘、油污，建议通知厂家修理。

（4）仪器自检出错，显示“ERR1”，仪器不能继续运行：检测板的红外检测器有故障，建议通知厂家修理。

（5）仪器通电后无显示：①检查用户电源是否正常；②如电源没有问题，建议通知工程师修理。

四、红细胞沉降率测定仪使用的注意事项

1. 验收评价　购置仪器后应按说明书标出的仪器应能达到的性能参数对仪器进行评价，发

现问题及时与工程师联系。

2. 样本的准备 在血沉管上有两条标志线（图 6-14）。在血液注入血沉管时，一直注入到抗凝剂和血液的总高度达到血沉管上两条标志线之间，把血沉管上下慢慢颠倒 5～7 次，使抗凝剂和血液混匀，注意抗凝血中不能有气泡。

3. 样本检测 ①有血块或脂肪的样品不能测试；②ESR > 140mm/h 将仪显示 > 140mm/h；③温度小于 15℃ 或大于 30℃ 将按 15℃ 或 30℃ 校正。

4. 用户预防措施 为了避免电子-机械系统的危险，用户在使用设备前要认真阅读本手册。

5. 电器设备 电器设备在有电源状态下都有危险，要避免拆开。也请不要在电源线连接状态下搬动设备，防止电击。本设备配备专用的低电压电源，不要使用其他电源。

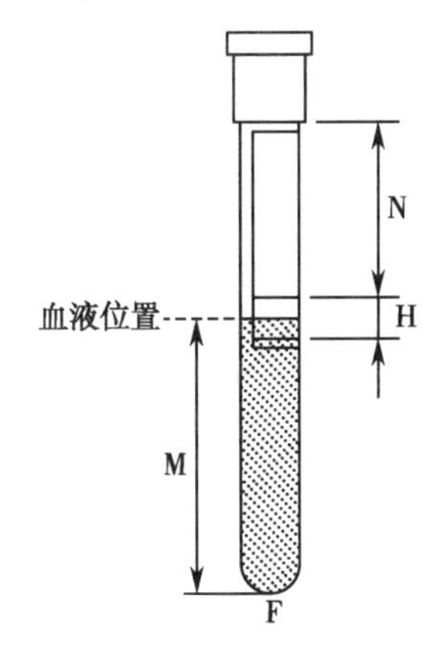

图 6-14 血沉管样本液面位置

6. 机械装置 任何情况下，都不能打开机械装置。在机械装置工作的状态下，试图开启或移动都将有危险。

（魏爱婷）

本章小结

本章重点介绍了血液凝固分析仪、血液黏度计、红细胞沉降率测定仪等为代表的血液流变诊断仪器。早期使用的血凝仪多采用凝固法进行测定，仪器的检测项目也比较有限，随着免疫比浊法和发色底物法的应用，血凝仪的检测项目大大增加。免疫比浊法主要用于 FDP、D-二聚体和 AT-Ⅲ的测定，发色底物法可用于 AT-Ⅲ、蛋白 C 和纤溶酶原等项目的测定。凝固法、免疫比浊法和发色底物法的联合应用使血凝仪不仅可用于临床的常规检测，同时也为研究新的实验指标在止血/血栓性疾病中的应用提供了有利条件。血液黏度计有不同的类型，采用不同的检测原理，其性能差异较大。毛细管黏度计可反映血液在平均剪切率下的血液黏度，是血浆、血清黏度测定的参考方法。旋转式黏度计可提供不同剪切率下的血液黏度值，能反映全血这一非牛顿流体的流变性，是目前血流变学研究和应用较为理想的仪器。红细胞沉降率测定仪采用红外线探测技术或其他光电技术定时扫描下沉红细胞与血浆界面位置，动态记录血沉全过程，数据经计算机处理后得出检测结果。红细胞沉降率常作为红细胞聚集、红细胞表面电荷变化的通用指标。

（须 建）

复习题

一、选择题

（一）单项选择题

1. 毛细管黏度计工作原理的依据是
   A. 牛顿的黏滞定律　B. 牛顿定律　C. 血液黏度定律
   D. 牛顿流体遵循定律　E. 非牛顿流体定律
2. 有关旋转式黏度计叙述不正确的是
   A. 运用激光衍射技术　B. 以牛顿黏滞定律为依据

C. 适宜于血细胞变形性的测定　　D. 有筒-筒式黏度计和锥板式黏度计

E. 适宜于全血黏度的测定

3. 按血凝仪检测原理,下述不属于凝固法的是

A. 双磁路磁珠法　　B. 电流法　　C. 超声分析法

D. 光学法比浊法　　E. 免疫比浊法

4. 双磁路磁珠法判定凝固终点是钢珠摆动幅度衰减到原来的

A. 20%　B. 80%　C. 70%　D. 50%　E. 100%

(二) 多项选择题

5. 血液黏度计按工作原理可分为

A. 毛细管黏度计　　B. 半自动黏度计　　C. 旋转式黏度计

D. 全自动黏度计　　E. 手动式黏度计

6. 关于毛细管黏度计下列叙述正确的是

A. 操作简便、速度快、易于普及

B. 适用于血浆、血清等牛顿流体样本的测定

C. 毛细管中不同部位剪切率不同

D. 能提供不同角速度下的剪切率

E. 被测液体中各流层的剪切率是一致的

7. 旋转式黏度计基本结构有

A. 计算机控制系统　　B. 样本传感器　　C. 转速控制与调节系统

D. 力矩测量系统　　E. 恒温控制系统

8. 血沉自动分析仪基本结构有

A. 光源　　B. 沉降管　　C. 检测系统

D. 力矩测量系统　　E. 计算机处理系统

二、简答题

1. 如何对血凝仪的性能进行评价?

2. 毛细管黏度计和旋转式黏度计的测定原理是什么?

3. 毛细管黏度计和旋转式黏度计的特点是什么?

4. 红细胞沉降率测定仪的基本结构包括哪些?

三、案例分析

在“光电磁珠法”的设计中,在待测样本中加入具有一定浊度的试剂和一粒钢珠,钢珠在磁场的作用下起搅拌作用,样本在凝固过程中产生的纤维蛋白丝不断缠绕于钢珠上,使液体逐渐变清,吸光度值将逐渐降低。这样对检测结果会产生影响吗?

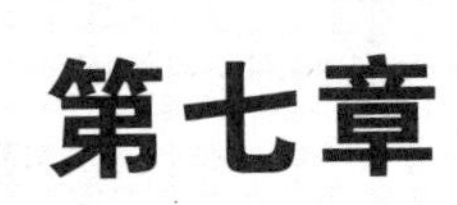

第七章

临床免疫分析仪器

学习目标

1. 掌握:酶免疫测定仪、发光免疫分析仪的工作原理、分型及性能评价;免疫比浊分析仪的工作原理。

2. 熟悉:酶免疫测定仪、发光免疫分析仪的使用、维护与常见故障处理;免疫比浊分析仪的性能评价;放射免疫测定仪器的工作原理。

3. 了解:酶免疫测定仪、放射免疫测定仪器、发光免疫分析仪的结构;免疫比浊分析仪的使用、维护与常见故障处理。

免疫分析技术利用抗原抗体反应来检测标本中的微量物质,具有高特异性和高敏感性,是临床检验中最为重要的技术之一。各类型临床免疫分析仪器都是以免疫分析技术为基础工作原理设计而成,因具有准确、灵敏、快速、高效等特征而被临床广泛使用。本章重点介绍了各类酶免疫测定仪、放射免疫测定仪、发光免疫分析仪以及免疫比浊分析仪的原理、分型、结构、性能评价、使用、维护及故障处理。

第一节　酶免疫测定仪

酶免疫分析(enzyme immunoassay,EIA)是标记免疫分析中的一项重要技术,是以酶标记的抗体(抗原)作为主要试剂,将抗原抗体反应的特异性和酶催化底物反应的高效性和专一性结合起来的一种免疫检测技术,具有高敏感性、特异性、试剂稳定、操作简便、对环境污染小等优点,是临床检验、生物学研究、食品和环境科学中广泛应用的主导技术。

一、酶免疫测定仪的工作原理

分光光度法是酶免疫测定仪的基本工作原理,临床上常用的酶免疫测定仪基本上都是在光电比色计或分光光度计的基础上根据酶联免疫吸附测定的特点进行设计的。以临床上最常用的酶标仪为例,酶免疫测定仪的工作原理如图 7-1 所示。

光源发出的光束通过滤光片或单色器后,成为单色光,再经塑料微孔板中的待测标本吸收一部分后到达光电检测器,光电检测器将接收到的光信号转变为电信号,再经过前置放大、对数放大、模数转换等模拟信号处理后,进入微处理器进行数据的处理和计算,最后的检测结果在显示器上显示并可以直接打印出来。

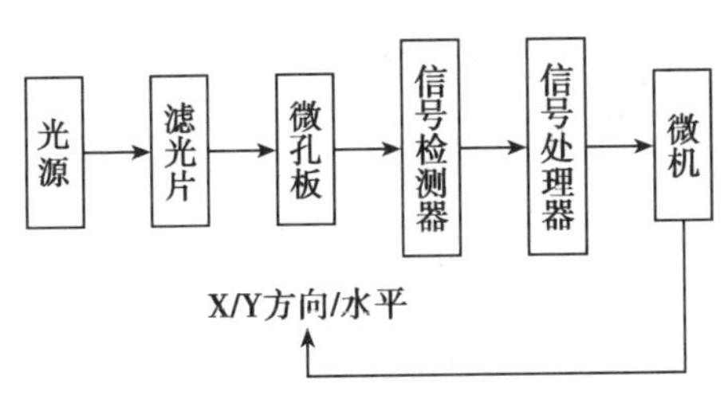

图 7-1　酶标仪工作原理简图

光照射微孔板的过程中,仪器会自动对酶标孔进行中心定位,以消除酶标孔底的凹凸不平所

带来的检测误差，一般情况下，仪器要进行35个点的测量，然后选取中间的5个点的均值作为本孔的最终测量结果。光通过被检测物，前后的能量差异即是被检测物吸收掉的能量。在特定波长下，同一种被检测物的浓度与被吸收的能量成定量关系。酶标仪就是利用以上原理通过测定一定波长下待测物的吸光度值来得出待测物的相应浓度的。

二、酶免疫测定仪的分型

根据固相支持物的不同可将酶免疫测定仪分为微孔板固相酶免疫测定仪、管式固相酶免疫测定仪、微粒固相酶免疫测定仪和磁微粒固相酶免疫测定仪等。

微孔板固相酶免疫测定仪即临床上最为常用的酶标仪，也称为ELISA测读仪（ELISA reader）。根据通道的多少可分为单通道和多通道酶标仪；根据自动化程度可分为半自动和全自动两类，多通道酶标仪检测速度快，一般均为自动化型（图7-2）；根据波长是否可调节又分为滤光片酶标仪和连续波长酶标仪。

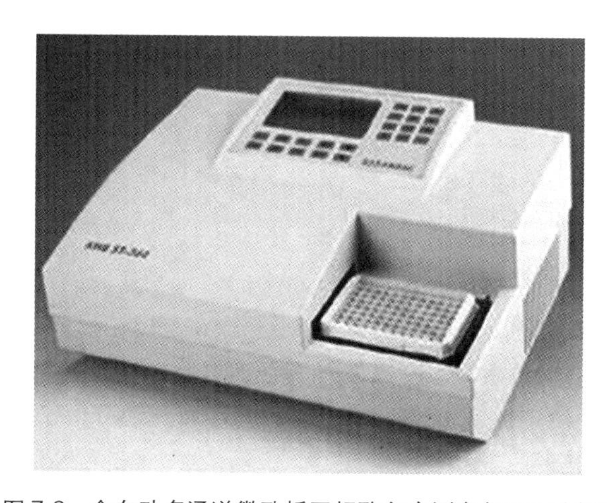

图7-2　全自动多通道微孔板固相酶免疫测定仪（96孔板）

三、酶免疫测定仪的基本结构

临床上最常用的酶免疫测定仪是微孔板固相酶免疫测定仪，国际上多使用96孔板作为ELISA测定的固相载体。全自动的微孔板固相酶免疫测定仪主要包括两部分，即主机部分和微机部分。主机部分为仪器的运行反应测定部分，包括原材料配备部分、液路部分、机械传动部分、光路检测部分（图7-3）。微机部分是仪器的控制中心，其功能有程控操作、自动监测、指示判断、数据处理、故障诊断等。

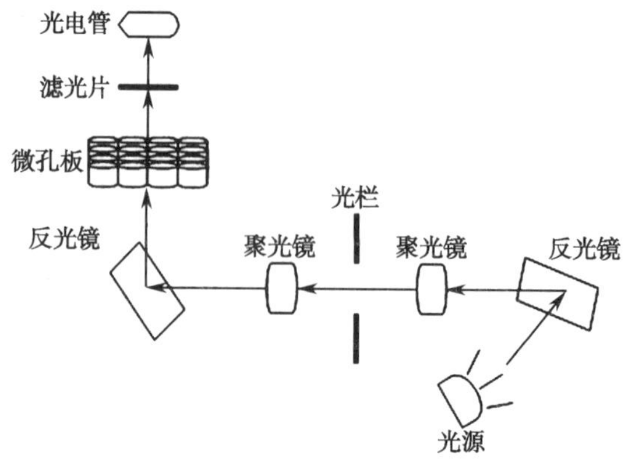

图7-3　酶标仪光路图

酶标仪与普通光电比色计的不同之处就在于：①盛放比色液的容器不是比色皿而是微孔板；②光束是垂直通过待测液，方向既可以是从上到下，也可以是从下到上穿过；③酶标仪通常用光密度(optical density，OD)来表示吸光度。

四、酶免疫测定仪的性能评价

酶免疫测定仪的迅速发展使得酶免疫分析在临床上的应用越来越普及，为了对各种不同型号的酶免疫测定仪进行系统的评价以提高酶免疫测定仪检测结果的准确性和可靠性，相关专家建立了一套评价的标准。

1. 滤光片波长精度检查及其峰值测定　用高精度紫外-可见分光光度计(波长精度±0.3nm)在可见光区对不同波长的滤光片进行光谱扫描，检测值与标定值之差即为滤光片波长精度，其差值越接近于零且峰值越大表示滤光片的质量越好。

2. 通道差与孔间差检测　通道差检测：取一只酶标板小杯置于不同通道的相应位置，蒸馏水调零，于490nm处连续测三次，观察其不同通道之间测量结果的一致性，可用极差值来表示其通道差；孔间差的测定：选择同一厂家、同一批号酶标板条(8条共96孔)分别加入200μl甲基橙溶液(吸光度调至0.065～0.070)先后置于同一通道，蒸馏水调零，于490nm处采用双波长检测，其误差大小用±1.96S衡量。

3. 零点漂移　取8只小孔杯，分别置于8个通道的相应位置，均加入200μl蒸馏水并调零，采用双波长或单波长(490nm)每隔30分钟测定一次，观察8个通道4小时内的吸光度变化，其与零点的差值即为零点漂移。观察各个通道4小时内吸光度的变化。

4. 精密度评价　每个通道3只小杯，分别加入200μl高、中、低三种不同浓度的甲基橙溶液，蒸馏水调零，采用双波长做双份平行测定，每日测定两次，连续测定20天。分别计算其批内精密度、日内批间精密度、日间精密度和总精密度及相应的CV值。

5. 线性测定　准确配制5个系列浓度的甲基橙溶液，于490nm(参比波长650nm)处用蒸馏水调零平行检测8次。计算回归方程、相关系数(r)及标准误$S_{y,x}$，并用±1.96$S_{y,x}$表示样品的95%测量范围。

6. 双波长评价　取同一厂家、同一批号酶标板条(每个通道2条共24孔)每孔加入200μl甲基橙溶液(吸光度调至0.065～0.070)先后于8个通道分别采用单波长(450nm)和双波长(测定波长450nm、参比波长630nm)进行检测，计算单波长和双波长测定结果的均值、标准差，比较各组之间是否具有统计学差异以考察双波长清除干扰因素的效果。

五、酶免疫测定仪的使用、维护与常见故障处理

(一) 酶免疫测定仪的使用

酶免疫测定仪在使用的过程当中对环境条件有一定的要求，一定要注意防电、防震，远离强磁场，避免日光直接照射，温度保持在10～30℃，相对湿度要≤70%，交流电源电压保持在220V±10%范围内，并且要在机器两边留出足够的空间以保证空气流通。具体的操作程序不同型号的酶免疫测定仪会有所不同，操作人员应严格按照仪器的操作说明书进行检测。图7-4是以酶标仪为例概括讲述酶免疫测定仪的基本操作过程。

(二) 酶免疫测定仪的维护

酶免疫测定仪主要是通过吸光度或光密度来反映被测物质的含量，所以如果想让酶免疫测定仪的结果准确可靠，就要把维护的重点放在光学部分，而光学部分的维护主要是防止滤光片霉变，应定期检测校正，保持其良好的工作性能，做到：①每天要核对滤光片波长；②每周清洁仪器表面，保护光学零件不沾灰尘；③每年检查、清洗滤光片，如果出现破裂或霉点则要更换。

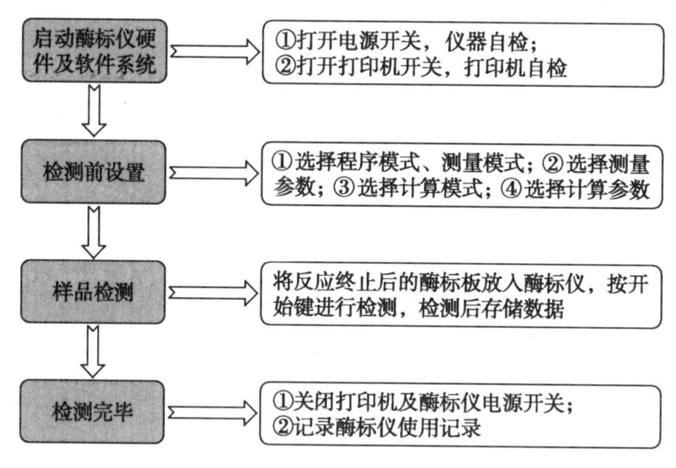

图 7-4　酶标仪操作流程图

（三）酶免疫测定仪常见故障处理

酶免疫测定仪是由光、机、电等多部分组成的精密仪器，为了保证测定结果的准确可靠，我们不但要严格按照仪器的操作规程进行检测，注意对仪器进行正确的安装调试及保养，还应该了解并能排除仪器常见故障。

酶免疫测定仪常见故障和排除方法（以酶标仪为例）如表 7-1 所示。

表 7-1　酶标仪常见故障及其处理方法

常见故障	故障原因	处理方法
开机后无反应	电源未接通	1. 电源线是否接好 2. 保险丝是否烧断
仪器显示“酶标板错误”	卡板	关机后用手推载板架，同时检查有无异物造成阻碍
目测结果与酶标仪测定结果差异较大	滤光片设置不正确	重新按滤光片轮中实际的情况设置滤光片参数
重复性差	光路及机械传动部分不稳定	1. 应重点检查光源是否稳定（测试光源电压） 2. 程控放大器输出是否稳定 3. 导轨移动是否平稳，导轨应保持清洁，加涂一些润滑脂
打印机不工作	1. 连接问题 2. 酶标仪设置问题 3. 打印机方面故障	1. 检查打印机与仪器的接口是否正常 2. 仪器内置打印机是否关闭 3. 检查仪器有无设置外置打印机 4. 打印机无纸或纸未装好 5. 注意打印机开机顺序，以及打印机是否与仪器兼容

第二节　放射免疫测定仪器

放射免疫分析（radioimmunoassay，RIA）是以放射性核素为标记物的标记免疫技术，有放射免疫技术和免疫放射技术两种方法模式。最初用于糖尿病患者血浆胰岛素含量的测定，现如今其应用范围更加广泛，主要用于检测各种激素、肿瘤标志物、药物以及微量蛋白质等，是一种高灵敏性、精确性和特异性相结合的体外测定超微量（10^{-15}～10^{-9}g）物质的检测技术。利用放射免疫法进行检测的仪器称为放射免疫测定仪。依据检测射线的种类不同可将放射免疫测定仪分为

两类：液体闪烁计数仪（图7-5），主要用于检测β射线，如^{3}H、^{32}P、^{14}C等；晶体闪烁计数仪，主要用于检测γ射线，如^{125}I、^{131}I、^{57}Cr等。

图7-5　液体闪烁计数仪

一、放射免疫测定仪器的工作原理

（一）放射免疫分析（RIA）

在反应体系中，标记抗原（Ag*）和非标记抗原（Ag）与特异性抗体（Ab）发生竞争性结合，且标记抗原和特异性抗体的含量是固定的（抗体的量一般取能结合40%～50%标记抗原的量）。当加入待测抗原以后，反应体系中就会出现以下四种成分：Ag*-Ab、Ag-Ab、游离Ag*、游离Ag，其中Ag*-Ab与Ag的总量之间存在一定的函数关系，当Ag的数量少时，Ag*-Ab的生成量就会增多，游离Ag*的数量就会减少，反之当Ag的数量增多时，Ag*-Ab的生成量就会减少，游离Ag*的数量就会增多。我们可以依据Ag*-Ab/游离Ag*或Ag*-Ab/Ag*来估算待测抗原量。

（二）免疫放射分析（IRMA）

在反应体系中加入过量的标记抗体（Ab*）与待测抗原（Ag）发生反应，产生Ag-Ab*复合物，分离游离的Ab*，测定复合物的放射性，其活度与待测抗原的量呈正相关。

（三）放射性活度测定方法

无论是哪一类放射免疫测定仪都是将射线（放射线）与闪烁体的作用转换成光脉冲（光能），然后用光电倍增管将光脉冲转换成电脉冲（电能），通过电脉冲在单位时间内出现的次数来反映发出射线的频率，通过电脉冲的电压幅度来反映射线能量的高低。计数单位是探测器输出的电脉冲数，单位为cpm（计数/分），也可用cps（计数/秒）表示。

二、放射免疫测定仪器的基本结构

（一）液体闪烁计数仪的基本结构

液体闪烁计数仪主要测定发生β核衰变的放射性核素，尤其对低能β更为有效，是临床实验室常用的一种放射免疫测定仪。近几年来，随着核技术应用领域的不断拓展，液体闪烁计数仪在结构和性能上也有了不断的进步，实现了高度的自动化。目前多采用双管快符合对称系统多独立道分析，其基本结构主要包括基本电子线路（图7-6）、自动换样器和微机操作系统。

（二）晶体闪烁计数仪的基本结构

晶体闪烁计数仪主要用于检测γ射线，又称为γ放射计数器。其基本结构主要有闪烁体、光电倍增管（图7-7）和多道脉冲分析器。

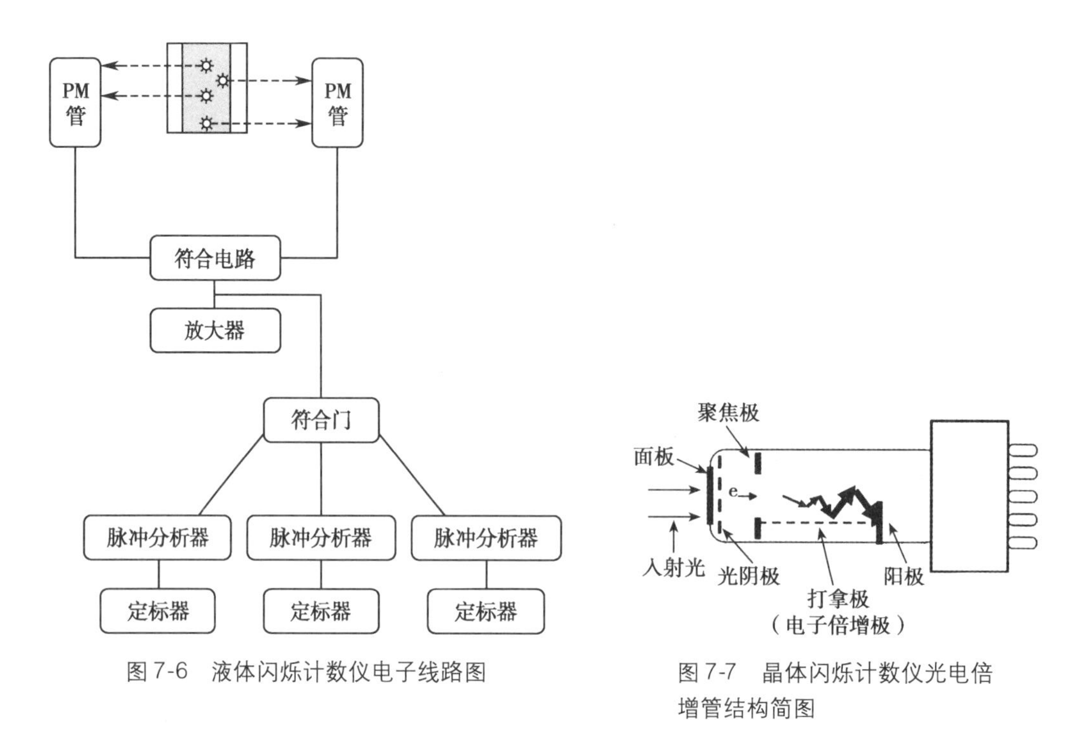

图7-6　液体闪烁计数仪电子线路图

图7-7　晶体闪烁计数仪光电倍增管结构简图

三、放射免疫测定仪器的使用、维护与常见故障处理

（一）放射免疫测定仪的使用

液体闪烁计数仪和晶体闪烁计数仪是放射免疫分析的两个基本工具，现以液体闪烁计数仪为例概述放射免疫测定仪操作的关键环节。

1. 样品-闪烁液反应体系的建立　样品和闪烁液按一定比例装入测量瓶，向光电倍增管提供光信号，样品与闪烁液的体积比在1∶5左右时计数率最低，测量时应避开这个比例。

（1）闪烁液：包括溶剂和溶质（闪烁体）。溶剂有1,2,4-三甲苯、对甲苯、甲苯及苯等，最常用的是甲苯，有时为了有助于样品制备还要加入第二溶剂。闪烁体溶质分第一溶质和第二溶质：第一溶质的用量通常为第二溶质用量的10～15倍，为主要的发光体，要求其具有发光效率高、猝灭耐受性好及溶解度大等特性，最常用的是2,5-二苯基噁唑（2,5-diphenyloxazole，DPO/PPO）；第二溶质被称为移波剂，其作用是吸收第一闪烁体发射的光子，激发后退激时放出能量发光，其发射光谱（约440nm）与光电倍增管更为匹配，最常用的是1,4-双2,5-苯基噁唑苯[1,4-Di(5-phenyl-2-oxazolyl)benzene，POPOP]。

（2）测量瓶：常用的测量瓶用低钾玻璃、聚乙烯等材料制作，用聚四氟乙烯制作的测量瓶质量较好（图7-8）。一般使用的规格容量为20ml，口径为22mm。

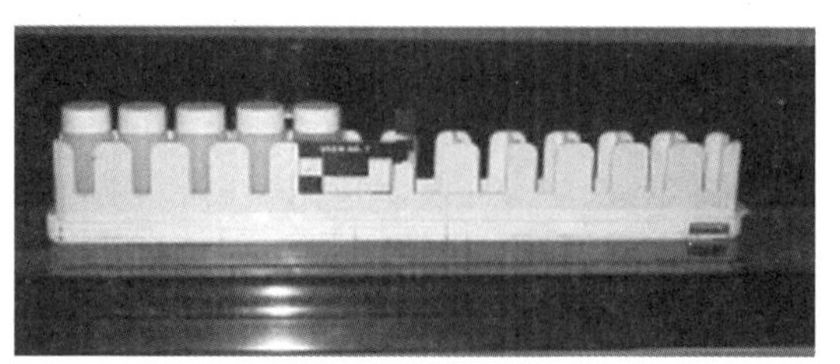 

图7-8　液体闪烁计数仪测量瓶

（3）样品：根据溶解性不同，对样品进行不同的处理。对于不能进行均相测量的样品，可选择加入乳化剂使其形成稳定的乳浊液后再进行测量，也可直接将样品吸附在滤纸上进行非均相

测量。

2. 猝灭　样品、氧气、水及色素物质等加入闪烁体中，会使闪烁体的荧光效率降低。减小猝灭可采取的措施有：①在闪烁液中通氮气或氩气趋氧；②将样品的 pH 调至 7 左右，避免酸的猝灭作用；③对卟啉、血红蛋白等着色样品进行脱色处理。

3. 计数效率测定　液体闪烁计数仪通常用于放射性的相对测量，即通过样品的计数率与标准样品的计数率的比较来测定样品。常用的计数效率测定方法有内标准道比法和外标准道比法等。

（二）放射免疫测定仪器的维护

放射免疫测定仪的使用涉及放射性核素，所以不但环境和工作人员会受到放射性核素的影响，仪器本身也会受到环境的影响。要想使仪器有一个较长的使用寿命，并且保证检测结果的准确性和可靠性，放置仪器的环境要保持清洁、干燥，空气要流通。另外，由于电源和仪器的放大倍数会产生漂移，从而使闪烁计数仪的工作点产生漂移，因此，闪烁计数仪应工作在坪区，使计数比较稳定。在日常维修或保养时如需拆开机器拔插机内电路板时，一定要关掉主机电源，避免由于电流的冲击而使集成电路元件受到损坏。

（三）放射免疫测定仪器常见故障处理

放射免疫测定仪所使用的放射免疫技术对环境和操作者本身都有一定的影响，所以随着非放射性核素标记技术的发展和广泛应用，放射免疫测定仪的使用有下降的趋势。表 7-2 为放射免疫测定仪常见故障及其处理方法。

表 7-2　放射免疫测定仪常见故障及其处理方法

常见故障	故障原因	处理方法
开机后没有复“0”显示，计算机未出现初始化	1. 没有在仪器搬动后进行正确连接 2. 未使升降杆回到下端 3. 传感器工作状态不稳定 4. 组合电路板出现损坏	1. 查看所有插头插座连接情况 2. 查看有无异物阻塞升降滑膛或对滑膛认真清洗 3. 找专业人士维修
升降杆运动不止或上升无力	1. 升降导向杆没有到达下位 2. 传感器损坏	1. 确定导向杆位置是否正确 2. 查看传感器线路和信号输出状态 3. 查看传感器机械部分的灵活程度
测定所得的结果偏高	本底增高	1. 清洗或者更换了尼龙头 2. 清洗防护套内壁 3. 测试高压甄别阈电路稳定性 4. 给室内通风后再次检测
接通电源时，具备自动换样功能的垂直电机始终不停地运转	换样控制系统的机械传动装置、接口电路或换样控制电路等出现异常	1. 先查看微动开关的开闭状态和具体位置 2. 查看手动换样的工作状态 3. 查看 PC 机 ISA 插槽中 PIAPC 卡有无故障

（曹　越）

第三节　发光免疫分析仪

发光免疫技术是将发光反应与免疫反应相结合，以检测抗原或抗体的方法。它采用微量倍增技术，敏感度、特异性好；检测的范围非常广泛，从传统蛋白质、激素、酶到药物均可检测。本节主要介绍目前国内临床应用较多的全自动化学发光免疫分析仪、全自动微粒子化学发光免疫分析仪和全自动电化学发光免疫分析仪(图 7-9)。

图 7-9 全自动电化学发光免疫分析仪

一、化学发光免疫分析仪的工作原理

(一)全自动化学发光免疫分析仪

化学发光免疫分析技术又称为微量倍增技术,包括两种方法:①竞争法:多用于测定小分子抗原物质。用过量包被磁颗粒的抗体,与待测的抗原和定量的标记吖啶酯抗原同时加入反应杯温育,使标记抗原与抗体(或待测抗原与抗体)结合形成复合物。②夹心法(图 7-10):多用于测定大分子的抗原物质。标记抗体与被测抗原同时与包被抗体结合,生成包被抗体-测定抗原-发光抗体的复合物。仪器利用某些化学基团标记在抗原或抗体上,该化学基团被氧化后形成激发态,在返回基态的过程中释放出一定波长的光子,光电倍增管将接受到的光能转变为电能,以数字形式反映光量度,再计算测定物的浓度。

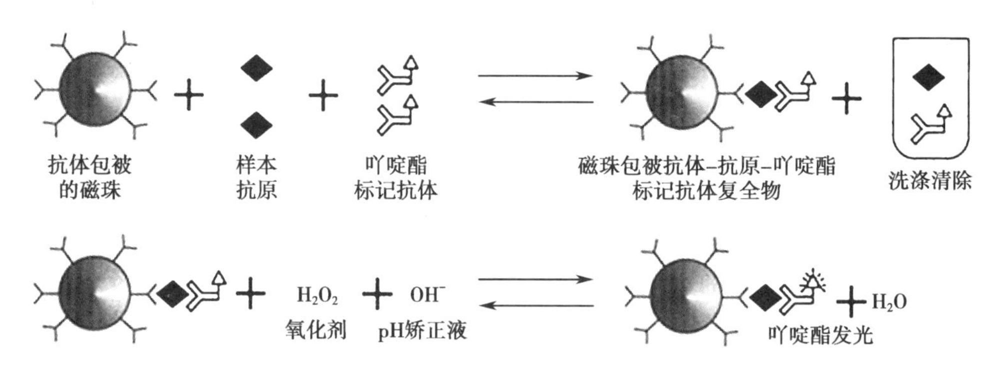

图 7-10 吖啶酯标记的化学发光免疫分析反应原理

(二)全自动微粒子化学发光免疫分析仪

应用经典的免疫学原理,采用单克隆抗体试剂,以磁性微粒作为固相载体,碱性磷酸酶为标记物,发光剂采用 3-(2′-螺旋金刚烷)-4-甲氧基-4-(3″-磷酰氧基)苯-1,2-二氧杂环丁烷(AMPPD),小分子物质采用竞争法或抗体捕获法进行测定,而大分子物质采用夹心法(图 7-11)进行测定。

(三)全自动电化学发光免疫分析仪

将待测标本与包被抗体的顺磁性微粒和发光剂标记的抗体混合在反应杯中共同温育,形成磁性微珠包被抗体-抗原-发光剂标记抗体复合物。当磁性微粒流经电极表面时,被安装在电极

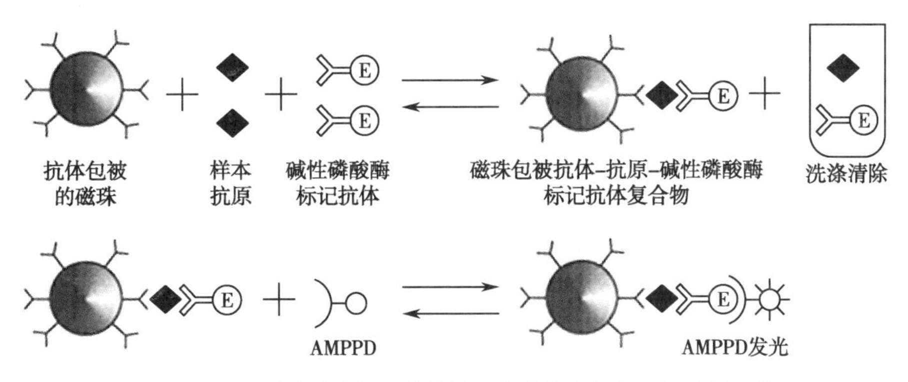

图 7-11　碱性磷酸酶标记的微粒子化学发光免疫分析反应原理

下的磁铁吸引住，而游离的发光剂标记抗体被缓冲液冲洗走。同时在电极加电压，使发光剂标记物三联吡啶钌$[Ru(bpy)_3]^{2+}$在电极表面进行电子转移，产生电化学发光，光的强度与待测抗原的浓度成正比。抑制免疫法用于小分子量蛋白质抗原检测；夹心免疫法用于大分子量物质检测(图 7-12)。

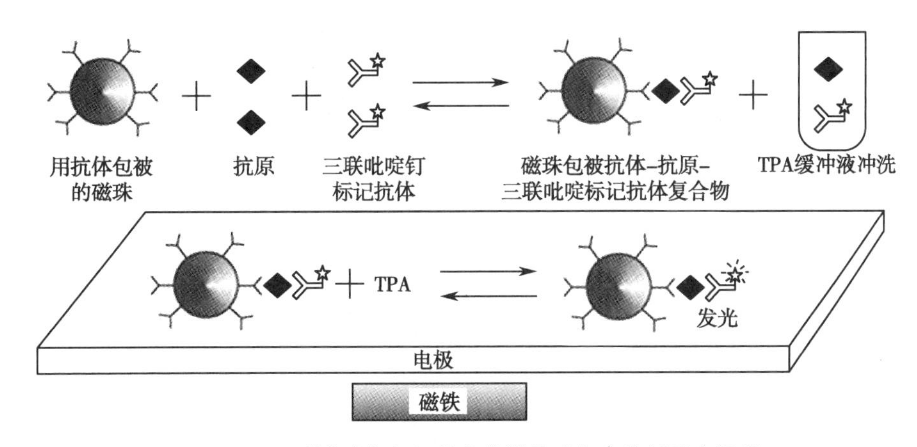

图 7-12　三联吡啶钌标记的电化学发光免疫分析反应原理

二、化学发光免疫分析仪的分类及特点

(一) 化学发光免疫分析的基本种类

化学发光免疫根据标记物的不同，有化学发光免疫分析、电化学发光免疫分析、微粒子化学发光免疫分析、化学发光酶免疫分析和生物发光免疫分析等分析方法(表 7-3)。根据发光反应检测方式的不同，发光免疫分析又可分为液相法、固相法和均相法等测定方法。

表 7-3　化学发光免疫分析的基本种类及常用标记物

种类	常用标记物
化学发光免疫分析	氨基酰肼类及其衍生物，如 5-氨基邻苯二甲酰肼(鲁米诺)等
电化学发光免疫分析	三联吡啶钌
微粒子化学发光免疫分析	二氧乙烷磷酸酯等
化学发光酶免疫分析	辣根过氧化物酶
生物发光免疫分析	荧光素
时间分辨荧光分析	镧系三价稀土离子及其螯合物(如 Eu^{3+}螯合物)

（二）发光免疫分析仪的特点

1. 全自动化学发光免疫分析仪 采用化学发光技术和磁性微粒子分离技术相结合，是一个全自动、随机存取、软件控制的智能分析系统。在反应体系中，固相载体用磁性颗粒，其直径仅1.0μm，大大增加了包被表面积，使抗原或抗体的吸附量增加，反应速度加快，清洗和分离也更加简单。具有操作灵活，结果准确可靠，试剂贮存时间长，自动化程度高等优点。

2. 全自动微粒子化学发光免疫分析仪 采用微粒子化学发光技术对人体内的微量成分以及药物浓度进行定量测定，具有高度的特异性、敏感性和稳定性等特点。

3. 全自动电化学发光免疫分析仪 电化学发光免疫分析是一种在电极表面由电化学引发的特异性化学发光反应，属于第三代化学发光免疫分析技术。与其他免疫技术相比具有十分明显的优点：①由于所用标记物三联吡啶钌可与蛋白质、半抗原激素、核酸等各种化合物结合，因此检测项目很广泛；②由于磁性微珠包被采用“链霉亲和素-生物素”新型固相包被技术，使检测的灵敏度更高，线性范围更宽，反应时间更短。

三、化学发光免疫分析仪的基本结构

（一）全自动化学发光免疫分析仪的组成

1. 主机部分 是仪器的运行反应测定部分，包括原材料配备、液路、机械传动、光路检测、电路部分。①原材料配备部分包括反应杯、样品盘、试剂盘、纯净水、清洗液、废水在机器上的贮存和处理装置；②液路部分包括过滤器、密封圈、真空泵、管道、样品及试剂探针等；③机械传动部分包括传感器、运输轨道等；④光路检测部分包括光源、分光器件、光电倍增管；⑤电路部分包括电源和放大处理系统及线路控制板。

2. 微机处理系统 为仪器的关键部分，是指挥控制中心。其功能有程控操作、自动监测、指示判断、数据处理、故障诊断等，并配有光盘。主机还配有预留接口，可通过外部贮存器自动处理其他数据并遥控操作，用于实验室自动化延伸发展。

（二）全自动微粒子化学发光免疫分析仪的组成

1. 样品处理系统 包括传送舱和主探针系统，负责将标本、试剂、缓冲液加入到反应管中。

2. 实验运行系统 即流体系统，由冲洗液、废液、底物泵及阀、真空泵、贮水罐、液体箱和探针冲洗塔组成。

3. 中心供给和控制系统 由反应管支架、反应管供给舱、恒温带和光电读取舱组成。它负责传送反应管，并且在传送过程中通过恒温带把反应管加热到一定温度，当恒温过程完成后，由光电识别装置把光信号转变为电信号。

4. 微电脑控制系统 由打印电路板、电源、硬盘驱动器、软盘驱动器、重启动按钮和内锁开关组成。外周设备包括彩色监视器、打印机、键盘、外部条码识别笔、外部条码扫描器及连接臂。可对仪器进行相应指令操作和数据的读取并存档。

（三）全自动电化学发光免疫分析仪的组成

主要由样品盘、试剂盒、温育反应盘、电化学检测系统及计算机控制系统组成，可分为三个单元模块。

1. 控制单元 就是一台完整的计算机，并配有支架及打印系统。

2. 核心单元 主要由条形码阅读器、标本舱位、标本架转盘、模块轨道等组成。

3. 分析模块 是检测系统的核心，主要包括预清洗区、测量区、系统试剂区、试剂区、耗品区（图7-13）。

图 7-13　全自动电化学发光免疫分析仪分析模块结构图
A:预清洗区;B:试剂区;C:测量区;D:耗品区;E:系统试剂区(前门后面)

四、化学发光免疫分析仪的性能评价

目前应用于临床检验的发光免疫分析仪具有检测速度快、精度好、重复性高、条码识别系统、24 小时待机、系统稳定等特点。三种全自动发光免疫分析仪主要性能指标的比较见表 7-4。

表 7-4　三种发光免疫分析仪的性能比较

项　目	全自动化学发光免疫分析仪	全自动微粒子化学发光免疫分析仪	全自动电化学发光免疫分析仪
测定速度	60～180 个/小时	>100 个/小时	>80 个/小时
最小检测量	10^{-15}g/ml	≥10^{-15}g/ml	≥10^{-15}g/ml
重复性	CV≤3%	CV≤3%	CV≤3%
样品盘	60 个标本	60 个标本	75 个标本
试剂盘	13 种试剂	24 种试剂	25 种试剂
急诊标本	均可随到随做,无需中断运行		

五、化学发光免疫分析仪的使用、维护与常见故障处理

(一) 化学发光免疫分析仪的使用

化学发光免疫分析仪种类较多,仪器自动化程度较高,不同仪器的具体操作略有不同,但其基本的操作流程大致相同。如图 7-14 所示。

(二) 化学发光免疫分析仪的维护

先进的设备需要正确的维护。日保养、周保养和定期的系统检测是保障仪器正常运转的前提。全自动化学发光免疫分析仪的维护包括以下几个方面。

1. 日保养　每天要保持机器外壳干净,以免灰尘进入仪器。做日常常规保养之前一定要检查系统温度状态、液路部分、耗材部分、废液罐、缓冲液等是否全部符合要求,之后再按保养程序进入清洗系统进行保养操作。

2. 周保养　检查主探针上导轨,检查完毕后用无纤维拭子清洁主探针下导轨,然后按要求在主菜单下进入保养程序进行特殊清洗,清洗完毕后用乙醇拭子清洁主探针上部,然后检查废液罐过滤器。检查孵育带上的感应点是否有灰尘,用无纤维拭子擦干净。每周保养后一定要做

开机	打开仪器电源,开机仪器进行初始化自检
工作前准备	进入程序菜单进行系统参数设置后,装入各类试剂、耗材,并按要求进行质控和定标
样本装载	将样本装入标本架,在测试菜单下输入标本架号、标本号以及检测项目的信息
样本测定	确认标本装载无误后,开始测定操作,仪器会自动检查耗材和校准状态
结果查询传送	测定结果可自动打印,也可以在菜单下选择浏览结果,以标准模式发送结果
关机	卸载标本,清理废弃物,清晰管路后,关闭仪器电源

图 7-14　化学发光免疫分析仪基本操作流程图

系统检测,以确保系统检测数据在控制范围内。

3. 月保养　每月用专用不锈钢小刷刷洗 1 次主探针、标本采样针、试剂针的内部,以除污物。由于针内部空隙小,刷洗后用注射器吸取生理盐水反复冲洗针内部,使污物全部冲干净。针外部可用酒精擦拭干净。

(三) 化学发光免疫分析仪的常见故障处理

化学发光免疫分析仪自动化程度较高,都具备自我诊断功能。一旦有故障发生时,仪器一般能自动检测到,显示错误信息并伴有报警声。常见故障主要有以下几个方面。

1. 压力表指示为零　进行真空压力测试,能听到泵的工作声音,但压力表指示为零。首先检查废液瓶所接的真空管,测试真空压力判断该故障是否因漏气或压力表损坏引起。检查各管道的接口,有无漏气,检查相关的四只电磁阀(在真空压力测试时,这四只电磁阀不工作,为关闭状态),对有问题的管道或电磁阀及时修复或者更换。

2. 真空压力不足　进行真空压力测试,若测试结果正常,可知是因真空传感器检测不到真空压力引起。该机的压力测试由两个传感器分别检测高、低压力,对有问题的传感器进行调整或清洗后,再次测试真空压力,压力正常后调节传感器螺丝使高、低压力指示在规定范围内。

3. 发光体错误　检查发光体表面发现有液体渗出,该故障分三步检查:①检查废液探针、相关管路及清洗池是否有堵塞、漏液;②检查加样电磁阀、排液电磁阀,电磁阀有污物会引起进水或排水不畅;③检查与废液探针管路相连接的碱泵清洗管路是否有漏气以及碱泵是否有裂缝。

4. 轨道错误　该故障因标本架在轨道中错位而使轨道无法运行引起,因轨道很长,而且密闭不易拆,一般先检查与轨道相接的水平升降机,如果正常,再检查轨道,只要取出错位的标本架,故障即可排除。

第四节　免疫比浊分析仪

免疫比浊技术将现代光学仪器与自动分析检测系统相结合应用于免疫沉淀反应,可对各种液体介质中的微量抗原、抗体、药物及其他小分子半抗原物质进行定量测定,临床上主要用于各种体液蛋白质、激素和药物浓度等测定(图 7-15)。

根据检测原理的不同,免疫比浊技术分为透射比浊法(turbidimetry)和散射比浊法(nephe-

图 7-15　ARRAY 特种蛋白分析仪

lometry)(图 7-16)。据此研制开发的免疫分析仪的种类有 ARRAY 特种蛋白分析仪、DBlOO 特种蛋白分析仪、IMMAGE 免疫比浊分析仪、BN Prospec 特种蛋白免疫分析仪。免疫比浊分析仪具有稳定性好、敏感度高、分析简便快速、避免标本交叉污染和标本用量少的特点,在临床上已推广应用。

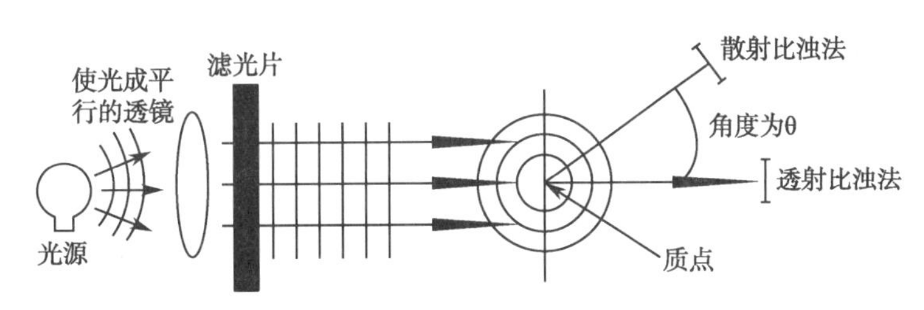

图 7-16　透射比浊法和散射比浊法原理示意图

一、免疫比浊分析仪的工作原理

(一) 免疫透射比浊测定

免疫透射比浊测定可分为沉淀反应免疫透射浊度测定法和免疫胶乳浊度测定法。

1. 免疫透射浊度测定法原理　抗原抗体在特殊缓冲液中快速形成抗原-抗体复合物,使反应液出现浊度。当反应液中保持抗体过剩时,形成的复合物随抗原增加而增加,反应液的浊度亦随之增加。被测物质与浊度呈正相关关系,通过计算可得出其含量。

2. 免疫胶乳浊度测定法原理　将抗体预先吸附于大小适中、均匀一致的胶乳颗粒上,与相应抗原相遇时,会发生凝集。单个胶乳颗粒大小必须在入射光波长之内,光线可透过。当胶乳颗粒凝集时,透射光减少,减少的程度与胶乳凝聚成正比,即相当于与抗原量成正比。

(二) 激光散射比浊测定

激光散射比浊测定的基本原理:激光沿水平轴照射,通过溶液时碰到小颗粒的抗原-抗体复合物时,光线会被折射发生偏转。偏转角度可为 0°~90°,这种偏转的角度可因光线波长和粒子大小不同而不同。散射光的强度与抗原-抗体复合物的含量成正比,同时也和散射夹角成正比,和波长成反比。

激光散射比浊测定根据测定方式的不同分为终点散射比浊法和速率散射比浊法。

1. 终点散射比浊法　在抗原与抗体反应达到平衡,复合物浊度不再受时间影响,通常在反应 30~60 分钟进行测定。

2. 速率散射比浊法　测定抗原与抗体反应过程中,单位时间内复合物的生成速度。速率法

选择在抗原与抗体反应的最高峰(约1分钟内)测定复合物形成的量。该法具有快速、准确、灵敏度和特异性好的特点。

二、免疫比浊分析仪的基本结构

免疫比浊分析仪器的种类很多,下面以ARRAY特种蛋白分析仪为例介绍其基本结构。其主要部件包括:

1. 散射比浊仪　采用双光源碘化硅晶灯泡(400～620nm)作为光源。自动温度控制装置可将仪器温度恒定在26℃±1℃。化学反应在一次性流式塑料杯中进行,由固体硅探头监测反应过程。

2. 加液系统　包括自动稀释加液器、标本、抗体智能探针,具有液体感知装置,控制加液体积的准确性。

3. 试剂和样品转盘　放置试剂、待测标本和质控液。

4. 卡片阅读器　可读取卡片内贮存的对某一测定项目有用的参数,包括检测项目的名称、批号、标准曲线信息和所需的稀释倍数等。软盘驱动器阅读软盘中的操作指令,如数据输入、仪器功能运行等。

三、免疫比浊分析仪的性能评价

特种蛋白分析仪通常采用红色激光散射比浊原理测定单个样本中的特定蛋白含量。操作简便,无需做定标曲线,仪器能自动做空白对照。

1. 精密度　分批内精密度和批间精密度。采用两种不同浓度的物质进行3次批内测试、批间测试,每次测定重复10次,求出其平均变异系数。

2. 正确度　采用仪器配套的定值质控血清,重复测定20次,评价仪器测定的正确度。

3. 线性范围　精确配制5～8个系列浓度的定值参比血清,平行测定8次,进行统计学分析以评价其线性范围。

4. 测定速度　根据其检测项目的不同,测定速度在20～90个/小时。

四、免疫比浊分析仪的使用、维护与常见故障处理

(一)免疫比浊分析仪的使用

ARRAY特种蛋白分析仪具有灵活方便的软件系统,操作简便快捷,其基本操作流程如图7-17所示。

(二)免疫比浊分析仪的维护

良好的保养可以延长机器的使用寿命并减少故障的发生,因此检验工作者应严格按照操作手册定期对仪器做保养。下面以ARRAY特种蛋白分析仪为例简单介绍。

1. 日保养　每次开机之前应先检查注射器,稀释液、缓冲液及抗体试剂中液体的体积,废液桶中的废液是否已经装满,并及时处理。在检测之前必须对所有光路进行光路校正。关机时,要进行所有管道冲洗,以防止血液中的蛋白成分沉积或者缓冲液中的化学成分因水分蒸发在管道末端析出而造成管道阻塞。

2. 周保养　每周更换流动比色杯和小磁棒,并用纱布蘸10%漂白溶液清洁探针的外部。每周需将蠕动泵上的橡皮管卸下并将钳制阀杠杆抬起,将上面的塑料管道取下,用手将其恢复原状或左右稍微变换位置后再一一对应管道序号放回相应的位置,这样做可有效地避免管道长期受压后出现阻塞现象。

3. 每2个月一次的保养　①更换注射器插杆顶端,以保证注射器的密封性;②取下空气过滤网并用清水冲洗;③用细针疏通标本探针和抗体探针的内部。

4. 每6个月一次的保养　①重新更换钳制阀上管道和泵周管道;②给机械传动部分的螺丝

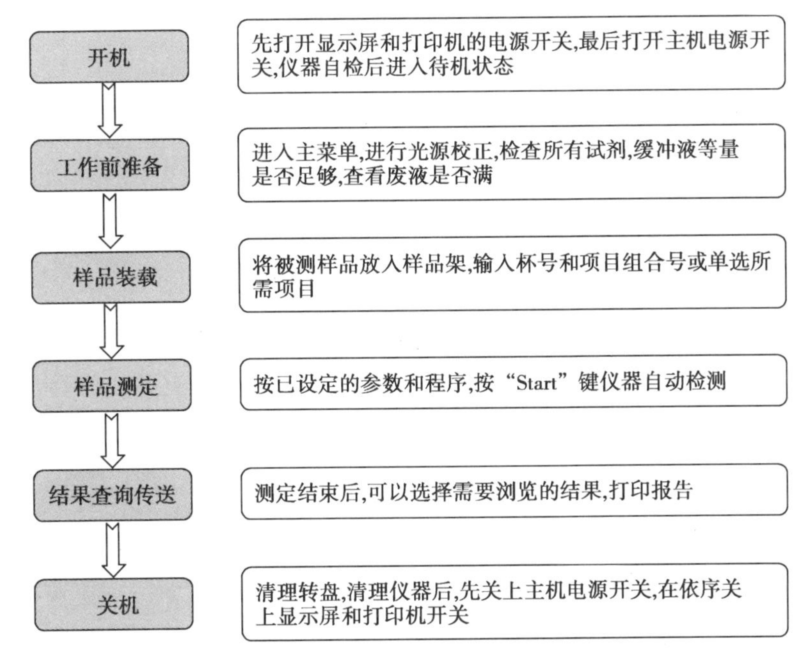

图 7-17　ARRAY 特种蛋白分析仪操作流程图

上润滑油。

(三)免疫比浊分析仪的常见故障处理

1. 机械传动问题　开机自检数秒后机内发出咔、咔声,错误信息提示样本/试剂针出现了机械传动上的问题。可能原因有:①样本/试剂针的机械传动部分润滑不良或有物体阻挡;②电机下部的光耦合传感器及嵌于电机转子上的遮光片配合不合理或控制电路板上信号连接线插头与插座之间有松动接触不好。处理对策:①对样本/试剂针的机械传动部分进行清洁及上油处理;②检查传感器与遮光片,使其配合合理;检查信号连接线插头与插座,使其接触良好。

2. 流动池液体外流故障　主要原因:①废液瓶内废液已盛满;②蠕动泵管运转不良;③管路有堵塞。处理:①检查废液是否需要倾倒;连接废液瓶的管路是否堵塞;②检查蠕动泵管是否老化,若老化应更换新的备件;③打开分析仪前面的面板,按照液体流程图对管路进行检查。若有堵塞,用注射器打气加压使其导通,再进行冲洗。

3. 信息处理系统无检测信号　首先应检查信号传输线插头是否脱落或接触不良;其次检查主机设置情况是否得当;然后再考虑信息处理系统故障,必要时联系工程师检修。

(黄作良)

本章小结

酶免疫分析技术其本质就是分光光度法,由于其自身的高敏感度、高特异性等优点而被临床广泛应用。放射免疫分析以放射性核素为标记物,有放射免疫技术和免疫放射技术两种方法模式。利用放射免疫分析技术进行测量的仪器称为放射免疫测定仪器,主要有液体闪烁计数仪和晶体闪烁计数仪两类。利用发光免疫技术设计的发光免疫分析仪目前国内临床应用较多的是全自动化学发光免疫分析仪、全自动微粒子化学发光免疫分析仪和全自动电化学发光免疫分析仪。免疫比浊分析仪具有稳定性好、敏感度高、分析简便快速、避免标本交叉污染和标本用量少的特点,临床上主要用于各种体液蛋白质、激素和药物浓度等测定。

(曹　越)

复　习　题

一、选择题

（一）单项选择题

1. 应用最广泛的非均相酶免疫分析技术是
   A. CEDIA　B. SPEIA　C. EMIT
   D. ELISA　E. IFA
2. 下面有关酶标仪的性能指标评价的叙述中，正确的是
   A. 灵敏度评价中，其吸光度应小于 0.01A
   B. 滤光片的检测值与标定值之差越接近于零且峰值越大，则滤光片的质量越好
   C. 准确度的评价中，其吸光度应在 0.1A 左右
   D. 线性测定中，利用单波长平行检测 8 次
   E. 通道差检测中，蒸馏水调零后，于 750nm 处检测三次
3. 晶体闪烁计数仪光电倍增管打拿极的最大倍增因子可达
   A. 4　B. 6　C. 10
   D. 8　E. 12
4. 下列有关闪烁液第二溶质的描述正确的是
   A. 第二溶质的用量一般是第一溶质的 10～15 倍
   B. 第二溶质为主要发光体
   C. 最常用的第二溶质是 PPO
   D. 第二溶质被称为移波剂
   E. 激发后退激时放出能量发光，其发射光谱约 490nm

（二）多项选择题

5. 化学发光免疫技术的方法学类型包括
   A. 时间分辨荧光免疫测定　B. 化学发光免疫测定
   C. 荧光偏振免疫测定　D. 化学发光酶免疫测定
   E. 电化学发光免疫测定
6. 化学发光免疫分析通常用于
   A. 甲状腺激素检测　B. 生殖激素检测
   C. 肿瘤标志物分子检测　D. 贫血因子检测
   E. 淋巴细胞亚群检测
7. 下列关于化学发光免疫分析的描述，正确的是
   A. 双抗体夹心法是用固相抗体和标记抗体与待测标本中相应抗原反应
   B. 双抗体夹心法分析其检测的发光量与待测的抗原含量成反比
   C. 固相抗原竞争法常用于小分子抗原的测定
   D. 固相抗原竞争法分析其检测的发光量与待测的抗原含量成正比
   E. 双抗体夹心法常用于大分子抗原的测定
8. 免疫胶乳比浊测定法的特点是
   A. 为一种带载体的免疫比浊法
   B. 吸附有抗体的胶乳颗粒，遇相应抗原时可发生凝集
   C. 光线可以透过均匀分散的胶乳颗粒
   D. 胶乳颗粒凝聚时，可使透过光减少

E. 适用于免疫胶乳比浊法的胶乳颗粒直径应稍大于入射光的波长

二、简答题

1. 什么是酶免疫分析？
2. 简述放射免疫测定仪的分类。
3. 简述电化学发光免疫分析仪的特点和临床应用。
4. 免疫比浊分析法有哪些优点？

第八章

临床微生物检测仪器

学习目标

1. 掌握:生物安全柜的工作原理及分级;第三代血培养系统的检测原理及分类;微生物自动鉴定及药敏分析系统的工作原理、基本结构与功能。

2. 熟悉:生物安全柜的基本结构与功能、选用原则、使用及维护方法;自动血培养系统的基本结构与功能、使用、常见故障及处理;微生物自动鉴定及药敏分析系统的性能特点。

3. 了解:生物安全柜的常见故障及处理方法;自动血培养系统的性能特点;微生物自动鉴定及药敏分析系统的常见故障及处理方法。

微生物的鉴定是微生物分类的实验过程,长期以来,临床微生物实验室一直沿用传统的微生物学鉴定方法。这些传统的鉴定方法不仅过程烦琐,费时费力,且在方法学和结果的判定、解释等方面易发生因主观片面而引起的错误,难以进行质量控制。20 世纪 60 年代以后,微生物学和工程技术的发展结合,对微生物的研究采用了物理、化学的分析方法,发明了很多自动化仪器,并根据细菌不同的生物学性状和代谢产物的差异,逐步发展了微量快速培养系统和微量生化反应系统,使原来缓慢、烦琐的手工操作变得快速、简单,并实现了自动化和机械化。

第一节　生物安全柜

由于近年来 SARS、禽流感、甲型流感等疾病的暴发流行,实验室生物安全日益受到人们重视。多个国家和组织相继制定了生物安全标准和规定。生物安全柜(biological safety cabinet,BSC)(图 8-1)是这些标准和规定中必不可少的设备之一,是能防止实验操作处理过程中某些含有危险性或未知性生物微粒发生气溶胶散逸的箱型空气净化负压安全装置。其广泛应用于微生物学、生物医学、基因工程、生物制品等领域的科研、教学、临床检验和生产中,是实验室生物安全中一级防护屏障中最基本的安全防护设备。

图 8-1　生物安全柜

一、生物安全柜的工作原理

生物安全柜的工作原理主要是将柜内空气向外抽吸,使柜内保持负压状态,通过垂直气流来保护工作人员;外界空气经高效空气过滤器(high-efficiency particulate air filter,HEPA 过滤器)过滤后进入安全柜内,以避免处理样品被污染;柜内的空气也需经过 HEPA 过滤器过滤后再排放到大气中,以保护环境。

二、生物安全柜的结构

生物安全柜一般由箱体和支架两部分组成(图8-2)。箱体部分主要包括以下结构:

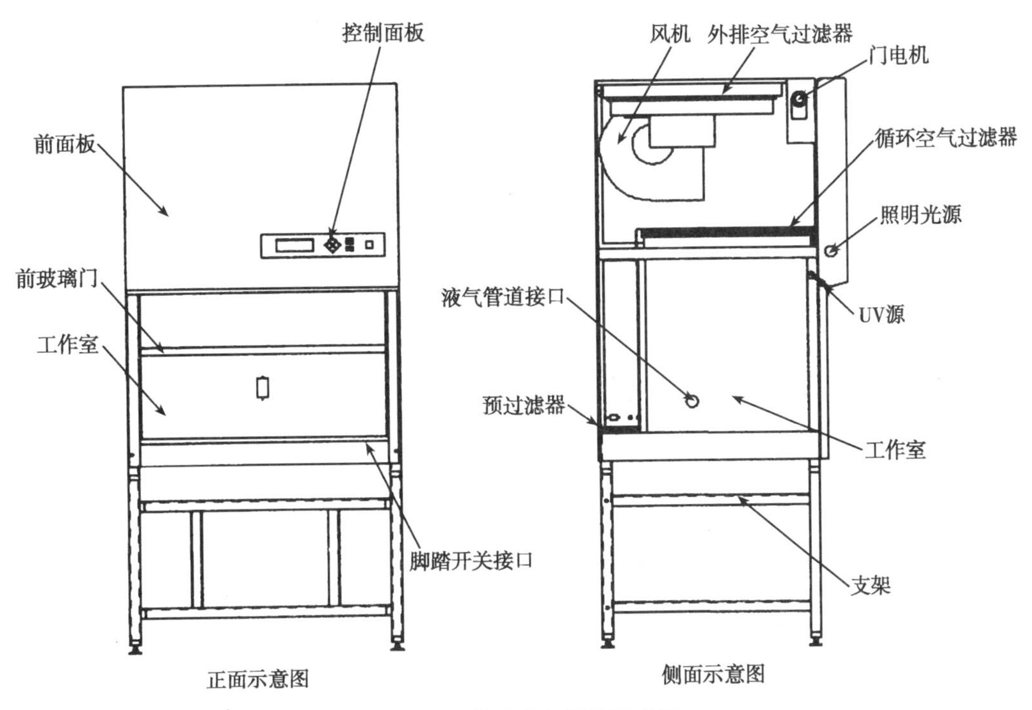

图8-2　生物安全柜结构示意图

1. **空气过滤系统**　空气过滤系统是保证本设备性能最主要的系统,它由驱动风机、风道、循环空气过滤器和外排空气过滤器组成(图8-3)。其最主要的功能是不断地使洁净空气进入工作室,使工作区的下沉气流(垂直气流)流速不小于0.3m/s,保证工作区内的洁净度达到100级。同时使外排气流也被净化,防止污染环境。

该系统的核心部件为HEPA过滤器,其采用特殊防火材料为框架,框内用波纹状的铝片分隔成栅状,里面填充乳化玻璃纤维亚微粒,其过滤效率可达到99.99%～100%。进风口的预过滤罩或预过滤器,使空气预过滤净化后再进入HEPA过滤器中,可延长HEPA过滤器的使用寿命。

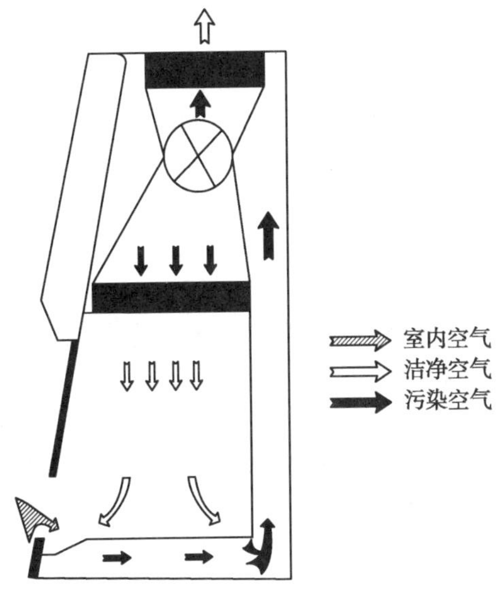

图8-3　生物安全柜内部气流示意图

2. **外排风箱系统**　外排风箱系统由外排风箱壳体、风机和排风管道组成。外排风机提供排气的动力,将工作室内不洁净的空气抽出,并由外排过滤器净化而起到保护样品和柜内实验物品的作用,由于外排作用,工作室内为负压,防止工作区空气外逸,起到保护操作者的目的。

3. **滑动前窗驱动系统**　滑动前窗驱动系统由前玻璃门、门电机、牵引机构、传动轴和限位开关等组成,主要作用是驱动或牵引各个门轴,使设备在运行过程中,前玻璃门处于正常位置。

4. **照明光源和紫外光源**　位于玻璃门内侧以保证工作室内有一定的亮度和用于工作室内的台面及空气的消毒。

5. **控制面板**　控制面板上有电源、紫外灯、

照明灯、风机开关、控制前玻璃门移动等装置,主要作用是设定及显示系统状态。

三、生物安全柜的分级

目前世界上执行的生物安全柜领域最重要的标准是 2000 年 5 月欧洲标准化委员会(Commitee Europeen de normalisation, European standardization committee, CEN)颁布的生物安全柜欧洲标准 EN12469:2000 和美国国家卫生基金会的第 49 号标准(National Sanitation Foundation standard number 49, NSF49)。NSF49 出现于 20 世纪 70 年代,于 2002 年正式获得美国国家标准学会(American National Standard Institute, ANSI)的认可,被公认为目前生物安全领域最完善的标准。按照 NSF49 标准,生物安全等级 1 级(P1)的媒质是指普通无害细菌、病毒等微生物;生物安全等级 2 级(P2)的媒质是指一般性可致病细菌、病毒等微生物;生物安全等级 3 级(P3)的媒质是指烈性/致命细菌、病毒等微生物,但感染后可治愈;生物安全等级 4 级(P4)的媒质是指烈性/致命细菌、病毒等微生物,感染后不易治愈。此标准将生物安全柜分为Ⅰ、Ⅱ、Ⅲ级,可适用于不同生物安全等级媒质的操作。

生物安全柜分级

1. Ⅰ级生物安全柜　是设计简单、最基本的一类生物安全柜。空气的流动为单向、非循环式,空气流经前窗进入柜内,通过工作台面后又被过滤,经排气口排出。微生物操作时产生的气溶胶混合外界空气进入安全柜,经过滤系统将粉尘颗粒或感染因子过滤,最后将干净无污染的气体排到外界环境中。过滤系统通常包含预过滤器和 HEPA 过滤器。虽然一级安全生物柜能够确保操作人员和环境免受生物危害,但是它不能确保实验中使用的样品不会被实验室内的空气所污染,也不能完全排除样品间交叉感染的可能性。因此,Ⅰ级生物柜的使用范围极为有限,而且此类生物安全柜已经落后于现代生物安全水平的防护需要(图 8-4)。Ⅰ级生物安全柜适用于对处理样品安全性无要求且生物危险度等级为 1、2、3 级媒质的操作。

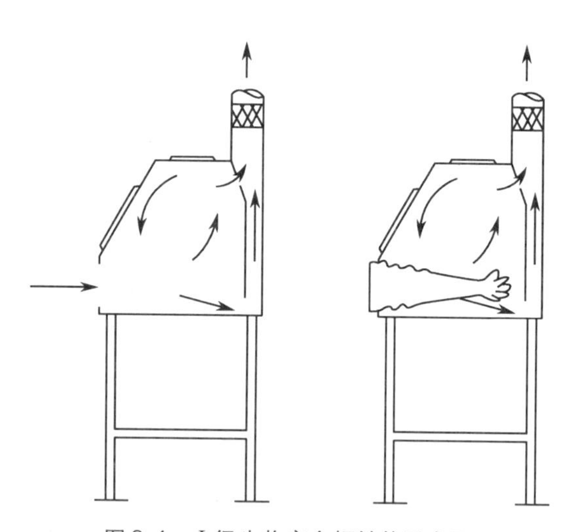

图 8-4　Ⅰ级生物安全柜结构示意图

2. Ⅱ级生物安全柜　为临床中处理高浓度或大容量感染性材料时使用最普遍、应用最广泛的一类生物安全柜。Ⅱ级生物安全柜在工作时,既能够保护操作人员和实验室环境免受危害又能够保护实验样品在微生物操作过程中免受污染。其设计的关键是操作窗口内侧的下沉气流和外部吸入气流交汇点的平衡。下沉气流或外部吸入气流过强,就会造成柜内含有微生物的空气逸出或未经过滤的气流污染操作平台。Ⅱ级生物安全柜适用于生物危害等级为 1、2、3 级媒质的操作。

按照美国 NSF49 标准,一般将Ⅱ级生物安全柜划分为 A1、A2、B1、B2 四种类型。不同型号的Ⅱ级生物安全柜的主要区别在于:排气的比例以及气体经过空气高压再循环的比例不同。另外，不同的Ⅱ级生物安全柜具有不同的排气方式：有的安全柜将空气过滤后直接排到室内，有的是通过连接到专用通风管道上的套管或通过建筑物的排风系统排到建筑物外面。

（1）A1型：吸入安全柜进风格栅的平均空气流速（计算或测量值）不低于为0.38m/s（75ft/min）。经HEPA过滤器过滤的下沉气流是由静压箱送出的垂直气流和吸入气流混合后的一部分：即柜内70%气体通过HEPA过滤器再循环至工作区；30%的气体通过排气口HEPA过滤器过滤排出。进入柜内的气流在工作台表面分为两部分，一部分通过前方的回风格栅，另外一部分通过后方的回风格栅把在工作台面上形成的所有气溶胶通过气流经过风道带入静压箱。该型生物安全柜允许经排出口HEPA过滤器过滤后的气流返回实验室，允许有正压的污染风道和静压箱（图8-5）。因此，Ⅱ级A1型生物安全柜不能用于挥发性的有毒化学物质和挥发性放射性物质的实验。

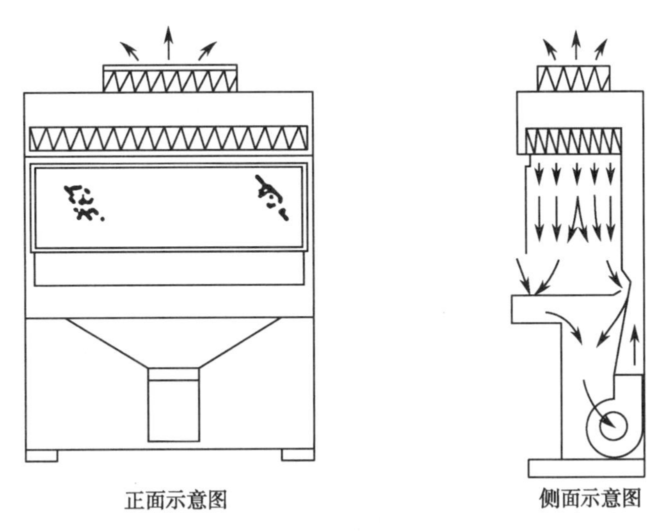

图8-5　Ⅱ级A1型生物安全柜结构示意图

（2）A2型：吸入安全柜进风格栅的平均空气流速（计算或测量值）至少为0.51m/s（100ft/min）。经HEPA过滤器过滤的下沉气流是由静压箱送出的垂直气流和吸入气流混合后的一部分：即柜内70%气体通过HEPA过滤器再循环至工作区，30%的气体通过排气口HEPA过滤器过滤后经外排设备排到室外，不可进入生物安全柜再循环或返回实验室。所有污染风道和静压箱应保持负压或被负压包围（图8-6）。因此，Ⅱ级A2型生物安全柜可用于少量挥发性有毒化

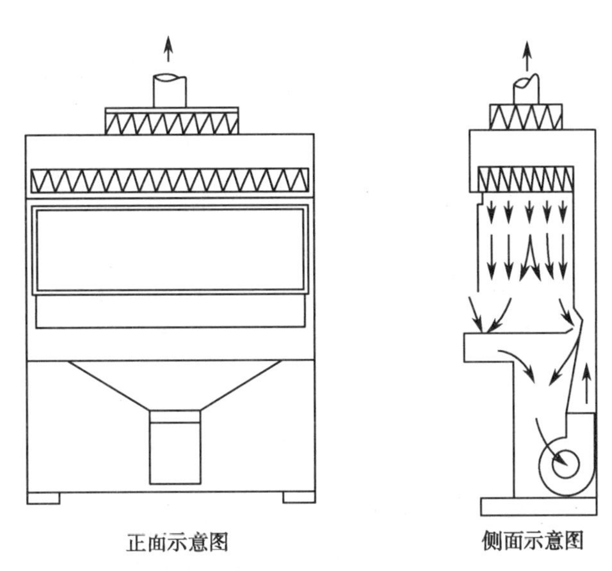

图8-6　Ⅱ级A2型生物安全柜结构示意图

学物质和挥发性放射性物质的实验。

（3）B1 型：吸入安全柜进风格栅的平均空气流速（计算或测量值）至少为 0.51m/s（100ft/min）。经 HEPA 过滤器过滤的下沉气流中绝大部分是由未污染的吸入气流，即柜内气体 30% 是通过供气口 HEPA 过滤器再循环至工作区，70% 通过排气口 HEPA 过滤器过滤后，通过专用风道过滤后排入大气，所有污染风道和静压箱应保持负压或被负压包围。此型生物安全柜排气导管的风机连接紧急供应电源，其目的是在断电的情况下仍可保持负压，避免危险气体泄漏到实验室（图 8-7）。因此，Ⅱ级 B1 型生物安全柜可用于挥发性有毒化学物质和挥发性放射性物质的实验。

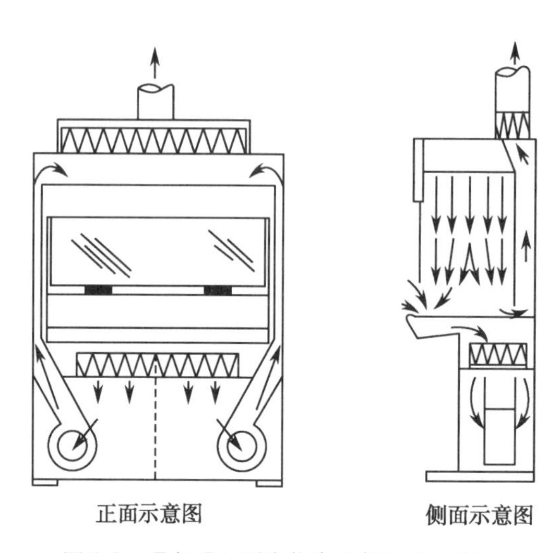

图 8-7　Ⅱ级 B1 型生物安全柜结构示意图

（4）B2 型（全排型）：吸入安全柜进风格栅的平均空气流速（计算或测量值）不小于 0.51m/s（100ft/min）。经 HEPA 过滤器过滤的下沉气流中全部来自于实验室内或者室外，即安全柜内的排出气体不进入垂直气流的循环过程，而是经过 HEPA 过滤器过滤后，通过专用风道排入大气。所有污染风道和静压箱应保持负压或被负压包围。此型生物安全柜排气导管的风机连接紧急供应电源，其目的是在断电的情况下仍可保持负压，避免危险气体泄漏到实验室（图 8-8）。因此，Ⅱ级 B2 型生物安全柜适用于处理感染性样品、挥发性有毒化学物质和挥发性放射性物质的实验。

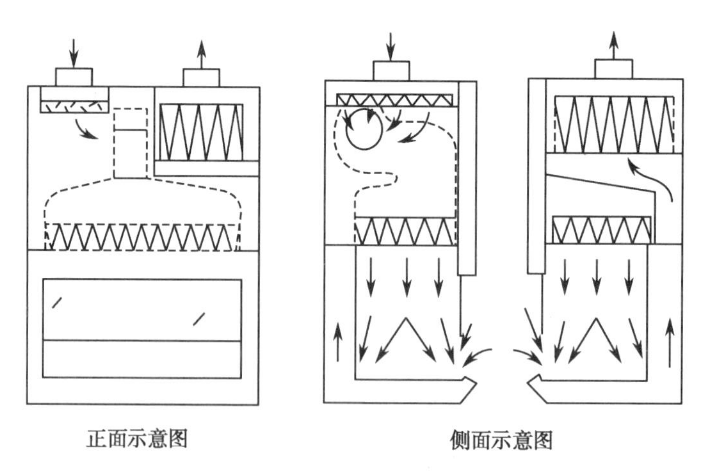

图 8-8　Ⅱ级 B2 型生物安全柜结构示意图

3. Ⅲ级生物安全柜　提供Ⅰ级、Ⅱ级安全柜无法提供的绝对安全保障。Ⅲ级生物安全柜是焊接金属构造，并采用完全密闭设计，实验操作通过前窗的手套进行。实验所需的物品通过安置在安全柜侧面的隔离通道送进柜内。在日常操作过程中，安全柜内部将一直保持至少 120Pa

的负压状态。Ⅲ级生物安全柜的进入气流是经数个 HEPA 过滤器过滤后的无涡流单向流的洁净空气，为实验物品提供保护，并且防止样品交叉污染的情况出现。废气通常应经双层 HEPA 过滤器过滤或通过 HEPA 过滤器过滤和焚烧来处理。Ⅲ级生物安全柜可在涉及生物危险度等级为 1、2、3 和 4 级媒质的实验中使用，也适用于在实验中需要添加有毒化学品的微生物操作，尤其适用于产生致命因子的生物试验。

各级生物安全柜的差异见表 8-1。

表 8-1　各级生物安全柜的差异

生物安全柜	气流流速（m/s）	再循环气流比例（%）	外排气流特点	非挥发性有毒化学品及放射性物质操作	挥发性有毒化学品及放射性物质操作
Ⅰ级	0.38	0	100%气体经过滤后外排至实验室内或室外	可（微量）	否
Ⅱ级 A1 型	0.38～0.51	70	30%气体经过滤后外排至实验室内或室外	可（微量）	否
Ⅱ级 A2 型	0.51	70	30%气体经过滤后外排至实验室外，气体循环通道、排气管及柜内工作区为负压	可	可（微量）
Ⅱ级 B1 型	0.51	30	70%气体经过滤后通过专用风道排至室外	可	可（微量）
Ⅱ级 B1 型	0.51	0	100%气体经过滤后通过专用风道排至室外	可	可（微量）
Ⅲ级	NA	0	100%气体经双层 HEPA 过滤器过滤或通过 HEPA 过滤器过滤和焚烧来处理	可	可（微量）

不同级别生物安全实验室对生物安全柜的级别要求不同，表 8-2 列出了选用原则。

表 8-2　生物安全实验室选用生物安全柜的原则

实验室级别	生物安全柜选用原则
一级	一般无须使用生物安全柜，或使用Ⅰ级生物安全柜
二级	当可能产生微生物气溶胶或出现溅出的操作时，可使用Ⅰ级生物安全柜；当处理感染性材料时，应使用部分或全部排风的Ⅱ级生物安全柜；若涉及处理化学致癌剂、放射性物质和挥发性溶媒，则只能使用Ⅱ-B 级全排风（B2 型）生物安全柜
三级	应使用Ⅱ级或Ⅲ级生物安全柜；所有涉及感染材料的操作，应使用全排风型Ⅱ-B 级（B2 型）或Ⅲ级生物安全柜
四级	应使用Ⅲ级全排风生物安全柜。当人员穿着正压防护服时，可使用Ⅱ-B 级生物安全柜

四、生物安全柜的安装、使用、维护与常见故障处理

（一）生物安全柜的安装

1. 生物安全柜在运输过程中不得侧置、冲击、碰撞，且不能受雨雪的直接侵袭及日光暴晒。
2. 生物安全柜的工作环境为 10～30℃，相对湿度为<75%。
3. 设备应安装在不能移动的水平面上。
4. 设备必须安装在靠近固定电源插座处，在没有连接外排系统的情况下，其顶部距离房间

顶部障碍物至少200mm距离，后面与墙面间隔至少300mm距离，以利于外排气流畅通和安全柜的维护。

5. 为了防止气流干扰，要求不得将设备安装在人员往来的通道中，并且不得使生物安全柜滑动前窗操作口正对实验室的门窗或靠门窗太近，应远离人员活动，物品流动及可能会扰乱气流的地方。

6. 在高海拔地区使用，安装后必须重新校正风速。

（二）生物安全柜的使用及注意事项

1. 生物安全柜的使用

（1）接通电源。

（2）穿好洁净的实验工作服，清洁双手，用70%的酒精或其他消毒剂全面擦拭安全柜内的工作平台。

（3）将实验物品按要求摆放到安全柜内。

（4）关闭玻璃门，打开电源开关，必要时应开启紫外灯对实验物品表面进行消毒。

（5）消毒完毕后，设置到安全柜工作状态，打开玻璃门，使机器正常运转。

（6）设备完成自净过程并运行稳定后即可使用。

（7）完成工作，取出废弃物后，用70%的酒精擦拭柜内工作平台。维持气流循环一段时间，以便将工作区污染物质排出。

（8）关闭玻璃门，关闭日光灯，打开紫外灯进行柜内消毒。

（9）消毒完毕后，关闭电源。

2. 注意事项

（1）为了避免物品间的交叉污染，整个工作过程中所需要的物品应在工作开始前一字排开放置在安全柜中，以便在工作完成前没有任何物品需要经过空气流隔层拿出或放入，特别注意：前排和后排的回风格栅上不能放置物品，以防止堵塞回风格栅，影响气流循环。

（2）在开始工作前及完成工作后，需维持气流循环一段时间，完成安全柜的自净过程，每次试验结束应对柜内进行清洁和消毒。

（3）操作过程中，尽量减少双臂进出次数，双臂进出安全柜时动作应该缓慢，避免影响正常的气流平衡。

（4）柜内物品移动应按低污染向高污染移动原则，柜内实验操作应按从清洁区到污染区的方向进行。操作前可用消毒剂浸湿的毛巾垫底，以便吸收可能溅出的液滴。

（5）尽量避免将离心机、振荡器等仪器安置在安全柜内，以免仪器震动时滤膜上的颗粒物质抖落，导致柜内洁净度下降；同时这些仪器散热排风口气流可能影响柜内的气流平衡。

（6）安全柜内不能使用明火，防止燃烧过程中产生的高温细小颗粒杂质带入滤膜而损伤滤膜。

（三）生物安全柜的维护

为了保障生物安全柜的安全性，应定期对安全柜进行维护和保养：

1. 每次使用前后应对安全柜工作区进行清洁和消毒。

2. HEPA过滤器的使用寿命到期后，应由接受过生物安全柜专门培训的专业人员更换。

3. WHO颁布的实验室生物安全手册、美国生物安全柜标准NSF49和中国食品药品监督管理局生物安全柜标准YY0569都要求有下列情况之一者，应对生物安全柜进行安全检测：①安装完毕投入使用前；②一年一度的常规检测；③当安全柜移位后；④更换HEPA过滤器和内部部件维修后。安全检测包括以下几个方面：

（1）进气流流向和风速检测：进气流流向采用发烟法或丝线法在工作断面检测，检测位置包括工作窗口的四周边缘和中间区域；进气流风速采用风速计测量工作窗口断面风速。

（2）下沉气流风速和均匀度检测：采用风速仪均匀布点测量截面风速。

（3）工作区洁净度检测：采用尘埃粒子计数器在工作区检测。

（4）噪声检测：生物安全柜前面板水平中心向外300mm，且高于工作台面380mm处用声级计测量噪声。

（5）光照度检测：沿工作台面长度方向中心线每隔30cm设置一个测量点。

（6）箱体漏泄检测：给安全柜密封并增压到500Pa，30分钟后在测试区连接压力计或压力传感器系统用压力衰减法进行检测，或用肥皂泡法检测。

（四）生物安全柜的常见故障处理

表8-3列出了一些使用中可能出现的故障、原因及建议处理方法，如果仍然不能解决，应与仪器生产厂家联系进行检查维修。

表8-3　生物安全柜常见故障原因及处理方法

常见故障	原因	处理方法
风机指示灯点亮但风机不运行	线路故障	检查风机连接是否正常
	风机过热	设备停止使用一段时间
	前玻璃门关闭	打开前玻璃门
照明光源或紫外灯无法点亮	线路故障	检查线路
	镇流器失效	更换镇流器
	灯管坏	更换灯管
蜂鸣器连续报警、报警灯常亮	过滤器失效	更换过滤器
	玻璃门不在安全位置	移动玻璃门到安全位置
	传感器异常	更换传感器
	管道阻塞	疏通管道

（费　嫦）

第二节　自动血培养系统

自动血培养系统主要用于检验血液标本中有无病原微生物存在，对于菌血症、败血症等循环系统感染的诊断和治疗具有十分重要的意义。此外，血培养系统还可用于其他无菌部位标本如脑脊液、关节腔液、腹腔液、胸腔液等体液病原微生物的检测。本节主要介绍目前临床广泛使用的第三代血培养系统，即连续监测血培养系统（continuous-monitoring blood culture system，CMBCS）（图8-9）。

一、自动血培养系统的工作原理

自动血培养系统的工作原理主要是通过自动监测培养基（液）中的混浊度、pH、代谢终产物CO_2的浓度、荧光标记底物或其他代谢产物的变化，定性地检测微生物的存在。目前已有多种类型自动血培养系统在临床微生物实验室应用，其检测原理主要有以下3种：

1. 应用测压原理的血培养系统　微生物生长时会分解利用培养基中的不同营养成分，或产生气体或消耗气体，如O_2、CO_2、H_2、N_2等，导致培养瓶内压力改变，系统可通过检测培养瓶内压力大小的变化来判断瓶内是否有微生物生长。

2. 应用光电比色原理监测的血培养系统　该系统是目前国内外应用最广泛的血培养系统。

图 8-9　全自动快速血液培养仪

其基本原理是各种微生物在代谢过程中必然会产生终末代谢产物 CO_2，导致培养基的 pH、氧化还原电势或荧光物质的改变，利用光电比色检测血培养瓶中这些代谢产物量的变化，判断培养瓶内有无微生物生长。根据检测手段的不同，有 BioArgos 系统、BacT/Alert 系统、Bactec9000 系列和 Vital 系统。其中临床上以 BacT/Alert 系统和 Bactec9000 系列最为常见。

（1）BacT/Alert 系统：该系统在每个培养瓶底部装置一带有含水指示剂的 CO_2 感受器，当培养瓶内有微生物生长时，其释放出的 CO_2 与水发生化学反应释放氢离子，使指示剂颜色改变，此时感受器受发光二极管照射的反射光强度也会发生变化。由光电探测器测量其产生的反射光强度并传送至计算机后，由计算机根据程序来分析判断阳性或阴性（图 8-10）。

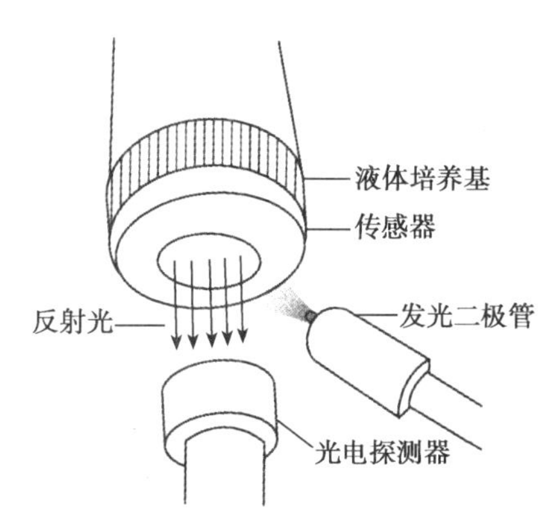

图 8-10　BacT/Alert 系统检测原理示意图

（2）Bactec9000 系列：是 Bactec 系统的最新产品，该系统利用荧光法作为检测手段。其 CO_2 感受器上含有荧光物质。当培养瓶中有微生物生长时，释放 CO_2 形成的酸性环境促使感受器释放出荧光物质。荧光物质在发光二极管发射的光激发下产生荧光，光电比色检测仪直接对荧光强度进行检测。计算机可根据荧光强度的变化分析细菌的生长情况，判断阳性或阴性（图 8-11）。

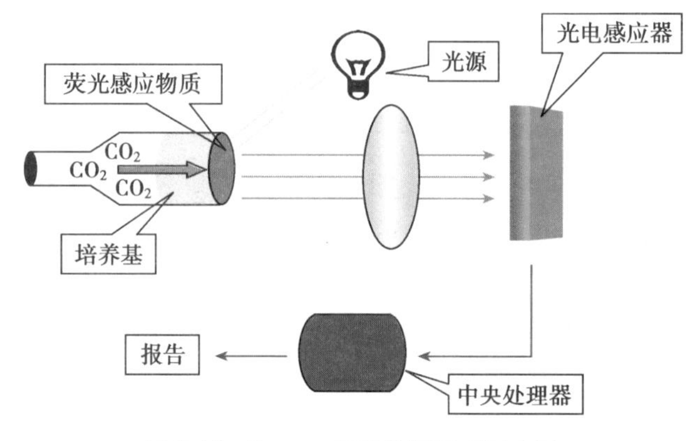

图 8-11　Bactec 系统检测原理示意图

3. 检测培养基导电性和电压的血培养系统　该系统是在培养基中加入一定的电解质而使培养基具有一定的导电性能。微生物在代谢过程中会产生质子、电子、各种带电荷的原子团（如在液体培养基中 CO_2 变成 HCO_3^-），使培养基的导电性和电压发生改变，通过电极检测培养基的导电性和电压变化来判断培养基内有无微生物的生长。

二、自动血培养系统的基本结构

通常血培养系统主要由培养瓶、培养仪和数据管理系统三部分组成。

1. 培养瓶　是一次性无菌培养瓶，瓶内为负压。不同类型的培养瓶各具特点。有需氧培养瓶、厌氧培养瓶、小儿专用培养瓶、分枝杆菌培养瓶、高渗培养瓶、中和抗生素培养瓶等，根据临床不同需要灵活选用。培养瓶上一般贴有条形码，用条形码扫描器扫描后就能将该培养瓶信息输入到微机内。

2. 培养仪　一般分为恒温孵育系统和检测系统两部分。

（1）恒温孵育系统：设有恒温装置和振荡培养装置。培养瓶的支架根据容量不同可放置不同数量的标本，常见的有 50 瓶、120 瓶、240 瓶等。培养瓶放入仪器后，仪器对标本进行恒温培养并可连续监测每个培养瓶的状态。

（2）检测系统：不同半自动和全自动血培养系统根据其各自检测的原理设有相应的检测系统。检测系统有的设在每个培养瓶支架的底部，有的设在每个培养瓶支架的侧面，有的仅有一个检测器，自动传送系统按顺序将每个培养瓶送到检测器所在的位置进行检测分析。

3. 数据管理系统　血培养系统均配有计算机，提供了必要的数据管理功能。数据管理系统是血培养系统不可分割的一部分，主要由主机、监视器、键盘、条形码阅读器及打印机等组成，主要功能是收集并分析来自血培养仪的数据，判读并发出阴阳性结果报告。通过条码识别样品编号，记录和打印检测结果，进行数据的存储和分析等。

三、自动血培养系统的性能

目前临床上广泛使用的第三代自动血培养系统具有以下性能特点：

1. 培养基营养丰富，检测范围广泛。针对不同微生物对营养和气体的特殊要求，患者的年龄和体质差异及培养前是否使用抗生素三大要素，不仅提供细菌繁殖所必需的营养成分，而且瓶内空间还充有合理的混合气体，无需外界气体。最大限度检出所有阳性标本，防止假阴性结果。

2. 以连续恒温振荡方式培养，使细菌易于生长。

3. 采用封闭式非侵入性的瓶外检测方式，避免标本之间的交叉污染。

4. 自动连续检测，缩短了检测出细菌生长的时间，85% 以上的阳性标本均能在 48 小时内被检出，保证了阳性标本检测的快速、准确。

5. 培养瓶多采用双条形码技术，查询患者结果时，只需用电脑上的条形码阅读器扫描报告单上的条码，就可直接查询到患者的结果及生长曲线。

6. 数据处理功能强大，数据管理系统随时监视感应器的读数，依据读数判定标本的阳性或阴性，并可进行流行病学的统计与分析。

四、自动血培养系统的常见故障处理

仪器使用过程中，不可避免地会出现各种各样的问题，当仪器提示存在错误或警告信息时，操作者应立即对不同情况予以处理。

1. 温度异常（过高或过低）　多数情况下是由于仪器门打开的次数太多或打开时间过长引起的。需要注意尽量减少仪器门开关次数，并确保培养过程中仪器门是紧闭的。通常仪器门要关闭30分钟后才能保持温度稳定。血培养仪对培养温度要求比较严格，必须在35～37℃范围内，为维持适宜的培养温度，应经常进行温度核实与校正。

2. 瓶孔被污染　如果培养瓶破裂或培养液外漏，需按要求及时进行清洁和消毒处理。

3. 数据管理系统与培养仪失去信息联系或不工作　此类故障只在计算机与血培养仪相对独立的系统（如BacT/Alert系统）中出现。此时培养仪仍可监测标本，但只能保留最后72小时的数据，检测时也只能打印阳性或阴性标本的位置。此时放置培养瓶时，必须注意要先扫描条形码，再把培养瓶放入启用的瓶孔内，患者、检验号、培养瓶的信息要等到计算机系统工作之后才能输入。

4. 仪器对测试中的培养瓶出现异常反应　有的仪器在运行时，其测定系统认为某一瓶孔目前是空的，实际上孔内有一个待测的培养瓶，此时应通过打印或"Problem Log"命令读出存在问题的瓶孔号，重新扫描后再置入。

（黄作良）

第三节　微生物自动鉴定及药敏分析系统

微生物自动鉴定及药敏分析系统，不仅具有特异性高、敏感度强、重复性好、操作简便、检测速度快等特点，而且自动化程度高，因此适用于临床微生物实验室、卫生防疫和商检系统，主要功能包括细菌鉴定、细菌药物敏感性试验及最低抑菌浓度（minimum inhibitory concentration，MIC）的测定等（图8-12）。

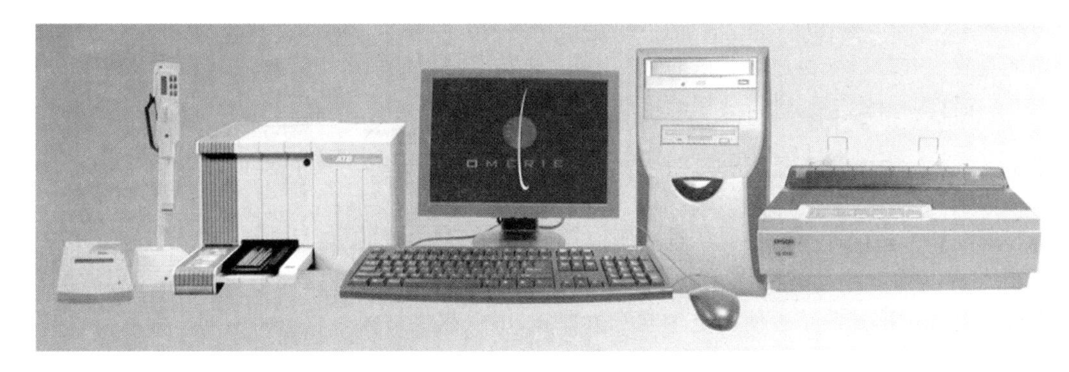

图8-12　微生物自动鉴定及药敏分析系统

知识链接

常用的微生物自动鉴定及药敏分析系统

1985年第一台自动化细菌分析仪器Vitek-AMS进入中国并成功使用。1999年底法国梅里埃公司推出VITEK2系统，从接种物稀释、密度计比较及卡冲填和封卡等步骤均实现了全自动化。目前已有多种微生物自动鉴定及药敏测试系统问世，如VITEK-Automated Microbic System（AMS）、Sensititre、PHOENIX、MicroScan、ABBott（MS-2 System）、AUTO-BACIDXSys-tern等。

一、微生物自动鉴定及药敏分析系统的工作原理

（一）微生物自动鉴定原理

临床微生物自动鉴定系统的原理是通过数学的编码技术将细菌的生化反应模式转换成数

学模式，给每种细菌的反应模式赋予一组数码，建立数据库或编成检索本。通过对未知菌进行有关生化试验并将生化反应结果转换成数字或编码，查阅检索本或数据库，得到细菌名称。其实质就是计算并比较数据库内每个细菌条目对系统中每个生化反应出现的频率总和，是由光电技术、电脑技术和细菌八进位制数码鉴定相结合的鉴定过程。

微生物自动鉴定系统的鉴定卡通常包括常规革兰阳（阴）性板和快速荧光革兰阳（阴）性卡两种，其检测原理有所不同。常规革兰阳（阴）性板对各项生化反应结果（阴性或阳性）的判定是根据比色法的原理，将菌种接种到鉴定板后进行培养，由于细菌各自的酶系统不同，新陈代谢的产物也有所不同，而这些产物又具有不同的生化特性，因此各生化反应的颜色变化各不相同。仪器自动每隔 1 小时测定每一生化反应孔的透光度，当生长孔的透光度达到终点阈值时，指示已完成反应；快速荧光革兰阳（阴）性卡则根据荧光法的鉴定原理，通过检测荧光底物的水解、荧光底物被利用后的 pH 变化、特殊代谢产物的生成和某些代谢产物的生成率来进行菌种鉴定。

（二）药敏试验（抗生素敏感性试验）的检测原理

1. 常规测试板（比浊法）　比浊法的实质是微型化的肉汤稀释试验，根据不同的药物对待检菌最低抑菌浓度不同，应用光电比浊原理，经孵育后，每隔一定时间自动测定小孔中细菌生长状况，即可得到待测菌在各浓度的生长斜率。待检菌斜率与阳性对照孔斜率之比值，经回归分析得到 MIC 值，并根据美国国家临床实验室标准化委员会（Clinical and Laboratory Standards Institute，NCCLS）标准获得相应的敏感度：敏感“S（sensitive）”、中度敏感“MS（middle-sensitive）”、和耐药“R（resistance）”。

2. 快速荧光测试板（荧光法）　采用 NCCLS 推荐改良的微量肉汤稀释 2～8 孔，在每一反应孔内参考荧光底物，若细菌生长，表面特异酶系统水解荧光底物，激发荧光，反之无荧光。以无荧光产生的最低药物浓度为最低抑菌浓度（MIC）。

二、微生物自动鉴定及药敏分析系统的基本结构

（一）测试卡（板）

测试卡（板）是微生物自动鉴定及药敏分析系统的工作基础，不同的测试卡（板）具有不同的功能。最基本的测试卡（板）包括革兰阳性菌鉴定卡（板）和革兰阳性菌药敏试验卡（板）、革兰阴性鉴定卡（板）和革兰阴性菌药敏试验卡（板）。使用时应根据涂片、革兰染色结果进行选择。此外，有些系统还配有特殊鉴定卡（板）（鉴定奈瑟菌、厌氧菌、酵母菌、需氧芽胞杆菌、嗜血杆菌、李斯特菌和弯曲菌等菌种）以及多种不同菌属的药敏试验卡（板）。

各测试卡（板）上附有条形码，上机前经条形码扫描器扫描后可被系统识别，以防标本混淆。

（二）菌液接种器

绝大多数微生物自动鉴定及药敏分析系统都配有自动接种器，大致可分为真空接种器和活塞接种器，一般以真空接种器较为常用，操作时只需把稀释好的菌液放入仪器配有的标准麦氏浓度比浊仪中确定浓度即可。

（三）培养和监测系统

孵箱/读数器是培养和监测系统。一般在测试卡（板）接种菌液放入孵箱后，监测系统要对测试板进行一次初扫描，并将各孔的检测数据自动储存起来作为以后读板结果的对照。有些通过比色法测定的测试板经适当的孵育后，系统会自动添加试剂，并延长孵育时间。

监测系统每隔一定时间对每孔的透光度或荧光物质的变化进行检测。常规测试板通过光感受二极管测定通过每个测试孔的光量所产生相应的电信号，从而推断出菌种的类型及药敏结果；快速荧光测定系统则直接对荧光测试板各孔中产生的荧光进行测定，并将荧光信号转换成电信号，数据管理系统将这些电信号转换成数码，与原已储存的对照值相比较，推断出菌种的类型及药敏结果。

（四）数据管理系统

数据管理系统始终保持与孵箱/读数器、打印机的联系，控制孵箱温度，自动定时读数，负责数据的转换及分析处理，就像整个系统的神经中枢。当反应完成时，计算机自动打印报告，并可进行菌种发生率、菌种分离率、抗菌药物耐药率等流行病学统计。有些仪器还配有专家系统，可根据药敏试验的结果提示有何种耐药机制的存在，对药敏试验的结果进行“解释性”判读。

三、微生物自动鉴定及药敏分析系统的性能与评价

1. **自动化程度较高**　可自动加样、联机孵育、定时扫描、读数、分析、打印报告等。

2. **功能范围大**　包括需氧菌、厌氧菌、真菌鉴定及细菌药物敏感试验、最低抑菌浓度（MIC）测定。

3. **检测速度快**　绝大多数细菌的鉴定可在 4 ~6 小时内得出结果，快速荧光测试板的鉴定时间一般为 2 ~4 小时，常规测试板的鉴定时间一般为 18 小时左右。

4. **系统具有较大的细菌资料库**　鉴定细菌种类可达 100 ~700 余种不等，可进行数十种甚至 100 多种不同抗生素的敏感性测试。

5. **使用一次性测试卡（板）**　可避免由于洗刷不洁而造成人为误差。

6. **数据处理软件**　功能强大可根据用户需要，自动对完成的鉴定样本及药敏试验作出统计和组成多种统计学报告。

7. **数据管理系统和测试卡（板）**　大多可不断升级更新，检测功能和数据统计功能不断增强。

8. **设有内部质控系统**　保证仪器的正常运转。

四、微生物自动鉴定及药敏分析系统的使用、维护与常见故障处理

（一）微生物自动鉴定及药敏分析系统的使用

以 VITEK2 微生物自动鉴定及药敏分析系统为例：

1. 按要求配制菌液后，将菌液管放入专用试管架，在紧挨待检菌液管的位置放入一空的菌液管（供药敏试验用）。

2. 打开检验信息录入工作站电源，仪器自检完成后，进入操作程序，将试管架放入工作站。

3. 输入待检菌样品编号，扫描输入鉴定卡和药敏卡的 ID 号，将鉴定卡和药敏卡放入相应的槽位，进样管插入相应的菌液管中。取下试管架，关闭工作站电源。

4. 打开鉴定仪，按要求设定参数，仪器自检完毕后自动进入检测程序。

5. 仪器自动检测并读取样品信息，自动完成稀释、进样、封闭程序，并将卡片送入孵育检测单元。

6. 读书器定时对卡片进行扫描并读数，记录动态反应变化。当卡内的终点指示孔达到临界值，则表示实验完成。

7. 微生物自动鉴定及药敏分析完成后，检测数据自动传入数据管理系统进行计算分析，结果经人工确认后即可打印报告。

（二）微生物自动鉴定及药敏分析系统的维护

1. 严格按操作手册规定进行开、关机及各种操作，防止因程序错误造成设备损伤和信息丢失。

2. 定期清洁比浊仪、真空接种器、封口器、读数器及各种传感器，避免由于灰尘而影响判断的正确性。

3. 定期用标准比浊管对比浊仪进行校正，用 ATCC 标准菌株测试各种试卡，并作好质控记录。

4. 建立仪器使用以及故障和维修记录，详细记录每次使用情况和故障的时间、内容、性质、原因和解决办法。

5. 定期由工程师作全面保养，并排除故障隐患。

（三）微生物自动鉴定及药敏分析系统常见故障处理

1. 当仪器出现故障时，会发出声音警报、可视警报或者两种方式同时警报。

（1）声音警报：即仪器可通过设置选择声音警报，当出现故障时仪器发出警报声。

（2）可视警报：这种警报方式显示在操作屏幕上，当这种警报方式启动时，屏幕会闪动，提示用户有新的警报或错误信息，应及时处理。

2. 当仪器初始化或测试卡正在检测时出现错误警报，即需要用户进行干预。

（1）在填充测试卡时出现警报，根据系统提示应立即终止继续操作，先检查填充门是否能关闭，不能关闭者应选择删除测试卡 ID，放弃测试卡，再根据用户使用说明一一进行错误信息处理。

（2）填充完成后，测试卡架装载至装载箱中时出现警报，应删除测试卡 ID，放弃测试卡。

3. 条形码读数错误，可使用仪器上用户界面的数字键盘输入测试卡 ID 号。

4. 操作不能继续，仪器发出干预警报时，应先确认测试卡架在装载/卸载区内放置位置是否正确，证实填充门是否关闭，若没有此类问题，再检查是否出现阻塞，仪器可以检测出测试卡在仪器中的任何位置，根据提示打开用户门去除阻塞物。注意：当排除阻塞时，不可交换转盘部件和单个测试卡，防止出现不正确的结果。

一般情况下根据系统提示进行操作即可排除故障，出现无法处理故障时应及时联系专业技术人员进行检查维修。

本章小结

生物安全柜是防止操作处理过程中某些含有危险性或未知性生物微粒发生气溶胶散逸的箱型空气净化负压安全装置。其核心部件为 HEPA 过滤器。根据防护程度不同，可将生物安全柜分为Ⅰ、Ⅱ、Ⅲ级。临床工作中，Ⅱ级生物安全柜应用最普遍。自动血培养系统通过自动监测培养基（液）中的混浊度、pH、代谢终产物 CO_2 的浓度、荧光标记底物或其他代谢产物等的变化，定性地检测微生物的存在。根据检测的原理不同可分为三类：检测培养基导电性和电压的血培养系统；应用光电比色原理检测的血培养系统和采用测压原理的血培养系统。自动血培养系统主要由培养瓶、培养仪和数据管理系统三部分组成。微生物自动鉴定采用了数码鉴定的原理，通过数学的编码技术将细菌的生化反应模式转换成数学模式，给予每种细菌的反应模式赋予一组数码，建立数据库或编成检索本。抗生素敏感性试验实质是应用光电比浊原理和快速荧光检测原理。

（费　嫦）

复习题

一、选择题

（一）单项选择题

1. 根据防护程度的不同，通常将生物安全柜分成的等级是

A. 2 级　　B. 3 级　　C. 4 级
D. 5 级　　E. 6 级

2. 下列有关Ⅱ级生物安全柜功能特点的叙述中，正确的是

A. 用于保护操作人员、处理样品安全，而不保护环境安全

B. 用于保护操作人员、环境安全，而不保护处理样品安全

C. 用于保护操作人员、处理样品安全与环境安全

D. 用于保护处理样品、环境安全，而不保护操作人员安全

E. 用于保护处理样品安全，而不保护操作人员、环境安全

3. 目前国内、外应用最广泛的第三代自动血培养系统的检测目标为

A. H_2　　B. N_2　　C. NO

D. O_2　　E. CO_2

4. 微生物自动鉴定系统的工作原理是

A. 光电比色原理　　B. 荧光检测原理

C. 化学发光原理　　D. 微生物数码鉴定原理

E. 呈色反应原理

（二）多项选择题

5. 自动血培养系统的工作原理，主要是自动监测培养基

A. 混浊度的变化　　B. pH 的变化

C. 代谢终产物 CO_2 的浓度变化　　D. 荧光标记底物的变化

E. 代谢产物的变化

6. 通常自动血培养系统主要由哪几部分组成

A. 主机　　B. 培养瓶　　C. 孵育器

D. 培养仪　　E. 数据管理系统

二、简答题

1. 简述生物安全柜的工作原理。

2. 简述自动化血培养仪检测系统的工作原理。

3. 简述微生物自动鉴定和抗生素敏感性试验的检测原理。

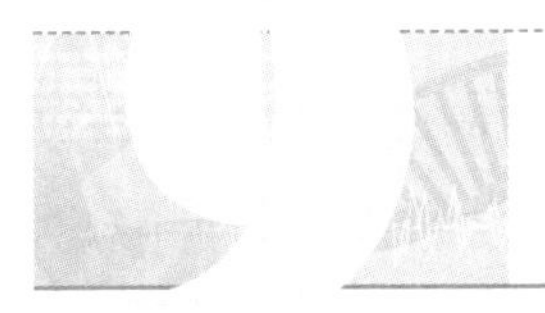

第九章

临床分子诊断仪器

学习目标

1. 掌握:聚合酶链反应(PCR)技术的原理和反应体系;PCR 仪、全自动 DNA 测序仪、蛋白质自动测序仪的工作原理;PCR 扩增仪的使用方法。

2. 熟悉:PCR 仪的分类、结构、性能评价、维护与常见故障处理;全自动 DNA 测序仪的基本结构;蛋白质自动测序仪的基本结构;生物芯片的原理及基本组成。

3. 了解:全自动 DNA 测序仪的使用、维护与常见故障处理;蛋白质自动测序仪的使用、维护与常见故障处理;生物芯片分类、使用和维护;各类临床分子诊断相关仪器的发展及应用领域。

临床分子诊断仪器主要包括聚合酶链反应基因扩增仪、全自动 DNA 测序仪、蛋白质自动测序仪、生物芯片等。这些仪器设备主要用于分子诊断技术,具体来说就是对生物大分子(核酸和蛋白质)进行分析、检测。随着分子生物学的快速发展,分子诊断技术进入了常规临床实验室的应用技术范畴,越来越多的分子诊断实验项目应用于疾病的诊断、治疗监测和预后判定,从而不断提升临床检验工作的品质和意义。

第一节　聚合酶链反应基因扩增仪

聚合酶链反应(polymerase chain reaction,PCR)是一个在体外特异地复制一段已知序列的 DNA 片段的过程,这个过程很类似于体内的复制过程,通过这项技术人们能很快地在体外获得大量拷贝的特异核酸片段。PCR 技术是生物医学领域中的一项革命性创举和里程碑。

PCR 仪(instrument for polymerase chain reaction)是利用 PCR 技术对特定基因做体外的大量合成,并用于以检测 DNA/RNA 为目标的各种基因分析,因此也称为基因扩增仪。PCR 仪具有灵敏度好、特异性高、产率高、快速、简便、重复性好、易自动化等突出优点;能在一个试管内将所要研究的目的基因或某一特定 DNA 片段在数小时内扩增至十万乃至百万倍,达到肉眼能直接观察和判断的程度。PCR 仪可从生物材料,如一根毛发、一滴血,甚至一个细胞等中,扩增出足量的 DNA 供分析研究和检测鉴定使用。今天,PCR 仪被广泛应用在生命科学、医学、农业科学、环境科学、考古学及历史事件解读和卫生安全等方面。

一、聚合酶链反应技术的原理及发展

(一) PCR 技术的原理

PCR 的基本原理类似于 DNA 的半保留复制过程,其特异性依赖于与靶序列两端互补的寡核苷酸引物。DNA 的半保留复制是生物进化和传代的重要途径,双链 DNA 在多种酶的作用下可以变性解链为单链,在 DNA 聚合酶的作用下,以单链为模板,根据碱基互补配对原则复制成

新的单链，与模板配对成为双链分子拷贝。

科学家在体外实验中发现，DNA 在高温时也可以发生变性解链，当温度缓慢降低后又可以复性成为双链。因此，通过温度变化控制 DNA 的变性和复性，并设计与模板 DNA 的 5′端结合的两条引物，加入 DNA 聚合酶、dNTP（脱氧核苷三磷酸）就可以完成特定基因的体外复制。多次重复“变性解链—退火—合成延伸”的循环就可以使目的基因的拷贝数呈几何级数大量扩增。

PCR 技术的诞生

核酸研究至今已有 100 多年的历史，核酸体外扩增最早的设想是用于基因的克隆。1983 年的一天，美国科学家 Kary Mullis 驱车在蜿蜒的州际高速公路上行驶，灵光一闪，孕育出了 PCR 技术的原型。经过两年的努力，他在实验上证实了 PCR 的构想，并于 1985 年申请了有关 PCR 的第一个专利，在 *Science* 杂志上发表了第一篇 PCR 的学术论文。从此 PCR 技术得到了生命科学界的普遍认同，Kary Mullis 也因此获得了 1993 年的诺贝尔化学奖。

PCR 仪内 DNA 片段的扩增过程由变性—退火—延伸三个基本反应步骤构成：

1. 模板 DNA 的变性　被扩增的模板 DNA 经加热至 90 ~ 95℃一定时间后，模板 DNA 双链解离，生成 DNA 单链，以便与引物结合，为下轮反应作准备。

2. 模板 DNA 与引物的退火（复性）　模板 DNA 经加热变性生成单链后，变性后温度快速冷却至 40 ~ 60℃，引物与模板 DNA 单链的互补序列配对结合。

3. 引物的延伸　DNA 模板与引物的结合物在耐热的 DNA 聚合酶的作用下，以 dNTP 为反应原料，靶序列为模板，按碱基互补配对与半保留复制原理，合成一条新的与模板 DNA 链互补的单链 DNA。延伸温度一般选择在 70 ~ 75℃，常用温度为 72℃，过高的延伸温度不利于引物和模板的结合。（图 9-1）

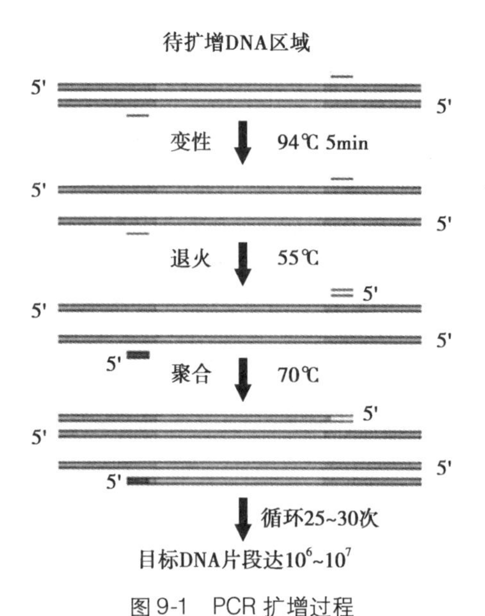

图 9-1　PCR 扩增过程

重复循环变性—退火—延伸三个过程，就可获得更多的新链，而且这些新链又可成为下次循环的模板。每完成一个循环需 2 ~ 4 分钟，2 ~ 3 小时就能将目的基因扩增放大数百万倍。PCR 反应一般设置 20 ~ 40 次循环，每一循环都包括高温变性、低温退火、中温延伸三步反应，如果循环次数是 30 次，那么新生 DNA 片段理论上可达到 2^{30} 个拷贝（约为 10^9 个分子）。PCR 的循环过程并不能够让模板无限扩增，当循环达到一定次数之后扩增过程将会进入平台期，即循环次数增加而基因拷贝数几乎不增加的期间。到达平台期所需循环次数主要取决于样品中初始模板的拷贝数量。

（二）PCR 的反应体系

参加 PCR 反应的物质包括 7 种基本成分：模板 DNA、特异性引物、热稳定 DNA 聚合酶、脱氧核苷三磷酸（dNTP）、缓冲液、二价阳离子（一般为 Mg^{2+}）及其他成分（如一价阳离子、液状石蜡等）。

1. 模板 DNA　模板 DNA 是待扩增的核酸序列。基因组 DNA、质粒 DNA、噬菌体 DNA、预先

扩增的 DNA、cDNA 和 mRNA 等几乎所有形式的 DNA 和 RNA 都能作为 PCR 反应的模板。模板可以是粗品，但不能混有任何蛋白酶、核酸酶、Taq DNA 聚合酶抑制剂以及能结合 DNA 的蛋白质。

2. 特异性引物　引物是与靶 DNA 的 3′端和 5′端特异性结合的寡核苷酸片段，是决定 PCR 特异性的关键。引物一般在 PCR 反应中的浓度介于 0.1～1μmol/L 之间。

3. 热稳定 DNA 聚合酶　热稳定 DNA 聚合酶是 PCR 技术实现自动化的关键。热稳定 DNA 聚合酶是从两类微生物中分离得到的：一类是嗜热和高度嗜热的真细菌，另一类是嗜热古细菌。Taq（*T. aquaticus*）DNA 聚合酶是从嗜热古细菌（*T. aquaticus*）中分离到的，也是最先被分离、了解最透彻和最常用的 DNA 聚合酶。

4. 脱氧核苷三磷酸（dNTP）　标准 PCR 反应体系中包含 4 种摩尔浓度完全相等的脱氧核苷三磷酸，即 dATP、dTTP、dCTP 和 dGTP。在常规 PCR 反应液中，脱氧核苷三磷酸要达到一定的浓度，每种 dNTP 的浓度一般在 50～200μmol/L，不能低于 10～15μmol/L。

5. 缓冲液　要维持 PCR 反应体系的 pH，必须用 Tris-Cl 缓冲液。标准 PCR 缓冲液中的浓度为 10mmol/L，在室温将 PCR 缓冲液的 pH 调至 8.3～8.8。

6. 二价阳离子　缓冲液中二价阳离子的存在至关重要，影响 PCR 的特异性和产量。常用的是 Mg^{2+} 和 Mn^{2+}，Mg^{2+} 优于 Mn^{2+}。通常情况下，Mg^{2+} 的最佳浓度为 1.5mmol/L（当 4 种 dNTP 浓度均为 200mmol/L 时），但也并非对任何一次 PCR 的过程均为最佳。

7. 其他成分　一价阳离子：标准的 PCR 缓冲液中包含有 50mmol/L 的 KCl，它对于扩增大于 500bp 长度的 DNA 片段是有益的。

明胶和 BSA 或其他的非离子型去垢剂：具有稳定酶的作用，一般用量为 100μg/ml，但目前的研究表明，它们对扩增结果的影响不大。

（三）PCR 的发展

随着分子生物学的飞速发展，疾病的诊断已逐步深入到了分子水平。分子诊断已成为检验医学的一个重要组成部分，不仅能在患病早期作出确切的诊断，还能判别致病基因的携带者，确定个体对疾病的易感性，对疾病进行分期、分型、疗效监控和预后判断。PCR 因其快速、灵敏、特异、简便、重复性好、易自动化等优点成为分子诊断最常用的技术，PCR 基因扩增仪也成为分子诊断所使用的主要仪器，被广泛用于感染性疾病、遗传性疾病、恶性肿瘤等的诊断和研究。

二、聚合酶链反应基因扩增仪的工作原理

从 PCR 反应进行过程的基本原理可以看出，普通 PCR 仪的关键是升降温的步骤，简单来说，普通 PCR 仪就是一个精密的温度控制仪。

随着仪器制造工艺的发展，普通 PCR 仪的控温方式经历了以下四种方式的发展和进步：

1. 水浴锅控温　以不同温度的水浴锅串联成一个控温体系。这种控温方式的优点是：样品与水直接无缝接触，控温准确，温度均一性好，无边缘效应。缺点是：体积大，自动化程度较低，需手工操作，全程人不能离开，样品从一个水浴锅换到另一个水浴锅中间这个时间无法稳定温度。现在偶尔还能听到一些前辈们笑谈当年的 PCR 实验是在 3 个水浴锅中完成的趣闻（图 9-2）。

2. 压缩机控温　由压缩机自动控温，金属导热。这种控温方式的优点是：控温较第一代 PCR 核酸扩增仪方便，一台机器便可完成整个 PCR 反应流程。缺点是：压缩机故障率高，边缘效应及温度 overshooting 现象严重。这是升温过程中，由于一些加热元件，比如半导体、金属块本身会积蓄能量，虽然温度探头探测温度到达了设定温度，但半导体、金属块上积蓄的能量仍然会传给 PCR 体系，造成实际的温度高于设定的温度，即 overshooting 现象。

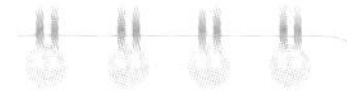

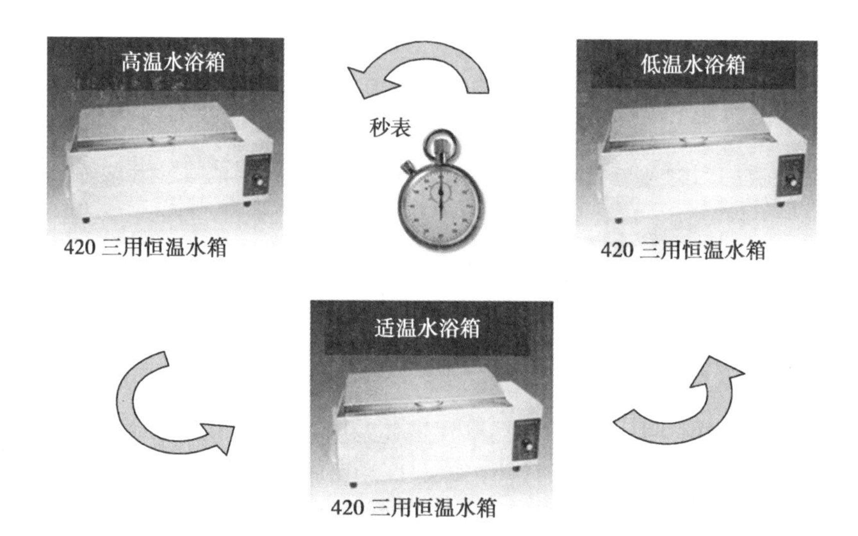

图 9-2　水浴锅控温基因扩增

3. 半导体控温　由半导体自动控温，金属导热。这种控温方式的优点是：控温方便，体积小，相对稳定性好。缺点是：仍有边缘效应，温度均一性尚有欠缺，各孔扩增效率可能不一致，并且仍存在温度 overshooting 现象。

4. 离心式空气加热控温　由金属线圈加热，采用空气作为导热媒介。这种控温方式温度均一性好，各孔扩增效率高度一致，满足了荧光定量 PCR 的高要求，直接发展出了离心式的实时荧光定量 PCR 仪。

实时荧光定量 PCR 仪比普通的 PCR 仪多了荧光信号采集系统和计算机分析处理系统，实时荧光定量 PCR 仪主要是用来定量分析和确定基因转录水平的，而普通的 PCR 仪是做定性分析和扩增基因片段。

三、聚合酶链反应基因扩增仪的分类与结构

（一）PCR 仪的分类

在生命科学和医学领域中，常用的 PCR 仪根据 DNA 扩增的目的和检测的标准可以分为两大类：普通 PCR 仪和实时荧光定量 PCR 仪；普通的 PCR 扩增仪又衍生出带梯度 PCR 功能的梯度 PCR 仪和带原位扩增功能的原位 PCR 仪。

1. 普通的 PCR 仪　一次 PCR 扩增只能运行一个特定退火温度的 PCR 仪，叫传统的 PCR 仪，也叫普通的 PCR 仪。如果要做不同的退火温度的扩增需要多次运行，其主要是做一些简单的，对单一退火温度的目的基因进行扩增（图 9-3）。

2. 梯度 PCR 仪　一次 PCR 扩增可以设置一系列不同的退火温度条件（温度梯度），通常为 12 种温度梯度，这样的普通 PCR 仪就叫梯度 PCR 仪。因为被扩增的 DNA 片段不同，它们的最适退火温度也不同，通过设置一系列的梯度退火温度进行扩增，从而进行一次 PCR 扩增，就能够筛选出表达量高的最适退火温度，从而进行有效的扩增。其主要用于研究未知 DNA 退火温度的扩增，这样既可以节省试验时间、提高实验效率，又能够节约实验成本（图 9-4）。

3. 原位 PCR 仪　将具有细胞定位能力的原位杂交技术运用于从细胞内靶 DNA 的定位分析，在细胞内实现基因扩增的普通 PCR 仪叫原位 PCR 仪。当待测的病原基因或目的基因在细胞内的位置，为保持细胞或组织的完整性，使用原位 PCR 仪能够使反应体系渗透到组织和细胞内，在细胞的靶 DNA 所在的位置上进行基因扩增。这样不但可以检测到靶序列，又能标出靶 DNA 在细胞内的位置，对从细胞和分子水平上研究疾病的发病机制、临床过程和病理的转变有重要的应用价值。

图 9-3　普通的 PCR 仪

图 9-4　梯度 PCR 仪

4. 实时荧光定量 PCR 仪　在普通 PCR 仪的基础上增加一个荧光信号采集系统和计算机分析处理系统，就构成了荧光定量 PCR 仪。其 PCR 扩增原理和普通 PCR 仪扩增原理相同，只是 PCR 扩增时加入的引物是利用荧光素进行标记，使引物和荧光探针同时与模板进行特异性结合，然后扩增的结果通过荧光信号采集系统实时采集信号并输送到连接的计算机分析处理系统，从而实时输出量化的结果，我们将这样的 PCR 仪叫做实时荧光定量 PCR 仪。实时荧光定量 PCR 仪有单通道、双通道和多通道，当只用一种荧光探针标记的时候，选用单通道，有多种荧光标记的时候用多通道（图 9-5）。

图 9-5　实时荧光定量 PCR 仪

（二）PCR 仪的基本结构

不同类型的 PCR 仪，其基本的工作原理非常相似，但结构和组成部件却各有不同：

1. 普通 PCR 扩增仪　普通 PCR 扩增仪即通常所指的定性 PCR 扩增仪。按照控温方式的不同，普通 PCR 扩增仪可分为水浴式、变温金属块式和变温气流式 3 类：①水浴式 PCR 仪：由三个不同温度的水浴槽和机械臂组成，采用半导体传感技术控温，由机械臂完成样品在水浴槽间的放置和移动。由于该该类仪器体积较大，自动化程度低，已基本淘汰。②变温金属块式 PCR 仪：其中心是由铝块或不锈钢制成的热槽，上有不同数目、不同规格的凹孔，用来放置样品管。这类仪器采用半导体加热和冷却，由计算机控制恒温和冷热处理过程。③变温气流式 PCR 仪：由机壳、热源、冷空气泵、控制器及辅助元件等组成。这类仪器的热源由电阻元件盒和吹风机组

成,热空气枪借空气作为热传播媒介,大功率风扇及制冷设备提供外部空气的制冷,精确的温度传感器构成不同的温度循环。配上计算机和相应软件,可灵活编程控制。

梯度 PCR 仪是由普通 PCR 仪衍生出的带梯度 PCR 功能的基因扩增仪。仪器每个孔的温度可以在指定范围内按照梯度设置,根据扩增的结果,一步就可以摸索出最适反应条件,使用梯度 PCR 仪,多次实验可在一台仪器上完成。

原位 PCR 仪是由普通 PCR 仪衍生出的带原位扩增功能的基因扩增仪。其样品基座上有若干平行的铝槽,每条铝槽内可垂直放置一张载玻片,每张载玻片面均与铝槽紧密接触,温度传导极佳,控温很精确。

2. 实时荧光定量 PCR 仪　PCR 反应过程中,有时不仅需定性,还要对初始模板进行定量,实时荧光定量 PCR(real-time quantitative PCR,RQ-PCR)技术在 PCR 反应体系中加入特异性的荧光染料,荧光信号的变化真实地反映了体系中模板的增加,通过检测荧光信号,从而实时监测整个 PCR 反应过程,最后通过标准曲线对未知模板进行定量分析。

定量 PCR 仪的构成包括扩增系统和荧光检测系统两部分。扩增系统与普通 PCR 仪相似,荧光检测系统的主要部件包括激发光源和检测器。根据控温方式的不同,该类仪器也分为 3 类:①金属板式实时定量 PCR 仪:即传统的 96 孔板式定量 PCR 仪,由第三代的半导体 PCR 仪发展而来。可作为普通 PCR 仪使用,有的甚至带梯度功能,可容纳的样本量大,无需特殊耗材,但温度均一性欠佳,有边缘效应,标准曲线的反应条件难以做到与样品完全一致。②离心式实时定量 PCR 仪:这类仪器的样品槽被设计为离心转子的模样,借助空气加热,转子在腔内旋转。由于转子上每个孔均等位,因此每个样品孔之间的温度均一性较好;使用的是同一个激发光源和检测器,随时检测旋转到跟前的样品,有效减少系统误差;但这类仪器离心转子较小,可容纳样品量少,有的需用特殊毛细管作样品管,增加了使用成本,也不带梯度功能。③各孔独立控温的定量 PCR 仪:这类仪器每个温控模块控制一个样品槽,不同样品槽分别拥有独立的智能升降温模块,使得各孔独立控温,适合多指标快速检测;其软件系统允许一台仪器同时操作六个样品模块,既满足高速批量要求,又能灵活运用,还可实现任意梯度反应;但是其加样不如传统方法方便,而且需要独特的扁平反应管,使用成本较高。

四、聚合酶链反应基因扩增仪的性能评价

(一) 温控指标

温度控制是 PCR 反应进行的关键,因此对于 PCR 基因扩增仪来说,温控性能的好坏就决定了其性能的好坏。温控指标的评价主要包括四个方面:

1. 温度的准确性　指样品孔温度与设定温度的一致性,是 PCR 仪最重要的评价因素,直接影响到实验的成败,通常要求设定温度和样品的实际温度相差不超过 0.1℃。

2. 温度的均一性　指样品孔间的温度差异,关系到不同样品孔之间反应结果的一致性,一般要求样品基座温度差小于 0.5℃。如果仪器的温度均一性不够好,那么尤其是最外周的样品孔,待扩增样品放置位置的“边缘效应”就会影响结果的可重复性。

3. 升降温的速度　升降温速度快,能缩短反应进行的时间,提高工作效率,也缩短了可能的非特异性结合反应的时间,提高 PCR 反应的特异性。目前,PCR 仪的控温方式已从以往的压缩机转变为升降温速度更快的半导体。

4. 不同模式下的相同温度特性　主要针对带梯度功能的 PCR 仪,不仅应做到梯度模式下不同梯度管排间温度的均一性和准确性,还应考虑到仪器在梯度模式和标准模式下是否具有同样的温度特性。现有专利技术,已经能够以同样的温度变化速率到达所有设定的梯度温度。

(二) 荧光检测系统

1. 激发光源　激发光源目前一般为卤钨灯光源或发光二极管(LED)冷光源。卤钨灯光源

可配多色滤光镜，实现不同的激发波长；单色 LED 冷光源寿命长、能耗少、价格低，但需要不同的 LED 才能更好地实现不同的激发波长。

2. 检测器　检测器目前较为常用的是超低温 CCD 成像系统和光电倍增管（PMT）。超低温 CCD 成像系统具备同时多点多色检测的能力；光电倍增管灵敏度高，但一次只能扫描一个样品，需要通过逐个扫描实现多样品检测，当检测大量样品时耗时较长。

3. 仪器的检测通道数量　复合 PCR 检测已成为一种流行趋势，它能节省试剂和时间，因此要求仪器具备多通道检测能力。目前荧光检测系统以 4 通道检测的居多，部分具有 6 通道检测。

（三）其他指标

1. 应用软件　简便的人性化设计最能满足其需求。新型的 PCR 仪很注重程序编写的简易性，易学易用，还具有实时信息显示、记忆存储多个程序、自动倒计时、自动断电保护等功能，很多还可以免费升级。

2. 热盖　热盖可使样品管顶部温度达到 105℃左右（控制温度范围一般为 30～110℃），避免蒸发的反应液凝集于管盖而改变 PCR 的反应体积，也无需加入液状石蜡，减少了后续实验的麻烦。

3. 样品基座　常用 0.2 毫升×96 孔基座。但多数 PCR 仪均配备了可更换的多种样品基座，以匹配不同规格的样品管（0.2ml、0.5ml PCR 管；96 孔微孔板等）。

五、聚合酶链反应基因扩增仪的使用、维护与常见故障处理

（一）仪器使用方法

普通 PCR 扩增仪的操作非常简便，类似于操作家用的智能洗衣机，接通电源，仪器自检，设置温度程序或调出储存的程序运行即可。定量 PCR 扩增仪的操作和普通 PCR 仪基本相同。其步骤基本如下：

1. 开机　打开电源开关，视窗上显示 SELF TEST（仪器自检），显示 10 秒后，显示 RUN-ENTER 菜单（准备执行程序）。

2. 放入样本管，关紧盖子。

3. 如果要运行已经编好的程序，用箭头键选择已储存的程序，按 Proceed 键（执行），则开始执行程序。

4. 如果要输入新的程序，则在 RUN-ENTER 菜单上用箭头键选择 ENTER PROGRAM 选项（输入程序），按 Proceed 后进行所需程序的输入。

5. 输入完成的程序后，回到 RUN-ENTER 菜单，选择新程序，开始运行。

6. 在程序运行过程中，用 Pause 键可以暂停一个运行的程序，再按一次继续程序。用 Stop 键或 Cancel 键可停止运行的程序。

7. 在仪器使用完成后，我们通常先关闭软件，再关闭 PCR 仪，最后关闭电脑。

（二）仪器的维护保养与常见故障处理

PCR 基因扩增仪并不是一种计量仪器，但其主要作用原理与基本计量要素密切相关，要求较高，一旦失控，仪器将不能正常工作，所以 PCR 仪器也需要定期检测和维护，这对于依赖自然风降温的 PCR 仪尤为重要。下面简单介绍一些常用的保养维护方法：

1. 样品池的清洗　先打开盖子，然后用 95% 乙醇或 10% 清洗液浸泡样品池 5 分钟，然后清洗被污染的孔；用微量移液器吸取液体，用棉签吸干剩余液体；打开 PCR 仪，设定保持温度为 50℃的 PCR 程序并使之运行，让残余液体挥发去除，一般 5～10 分钟即可。

2. 热盖的清洗　对于实时荧光定量 PCR 仪较为重要，当有荧光污染出现，而且这一污染并非来自于样品池时，或当有污染或残留物影响到热盖的松紧时，需要用压缩空气或纯水清洗垫盖底面，确保样品池的孔干净，无污物阻挡光路。

3. **仪器外表面的清洗**　可以除去灰尘和油脂，但达不到消毒的效果，可选择没有腐蚀性的清洗剂对PCR仪的外表面进行定期清洗。

4. **更换保险丝**　需先将PCR仪关机，拔去插头，打开电源插口旁边的保险盒，换上备用的保险丝，观察是否恢复正常。

5. PCR反应的要求温度与实际分布的反应温度是不一致的，当检测发现各孔平均温度差偏离设置温度大于1～2℃时，可以运用温度修正法纠正PCR实际反应温度差。

6. PCR反应过程的关键是升、降温过程的时间控制，要求越短越好，当PCR仪的降温过程超过60秒，就应该检查仪器的制冷系统，对风冷制冷的PCR仪要十分彻底地清理反应底座的灰尘；对其他制冷系统应检查相关的制冷部件。

7. 一般情况如能采用温度修正法纠正仪器的温度时，不要轻易打开或调整仪器的电子控制部件，必要时请专业人员修理或利用仪器电子线路详细图纸进行维修。

8. 对于仪器工作时出现噪声、荧光强度减弱或不稳定、不能正常采集荧光信号、个别孔扩增效率差异太大、温度传感器或热盖出现问题等，需专业工程师检修，建议不要自行处理。

第二节　全自动DNA测序仪

测定DNA的核苷酸序列是分析基因结构和功能的前提，是实现人类基因组计划的核心内容，也是基因诊断的重要技术手段。1977年，英国剑桥的Sanger和美国哈佛的Maxam、Gilbert领导的两个研究小组几乎同时发明了DNA序列测定方法，他们也因此获得了1979年的诺贝尔化学奖。

20世纪80年代以后，随着计算机技术、仪器制造技术和分子生物学研究的迅速发展，实现了DNA片段的分离和检测、数据的采集分析均由仪器自动完成，这种仪器就称为全自动DNA测序仪。由于其具有操作简单、安全、快速、准确等特点，因此迅速得到了广泛应用。全自动DNA测序仪主要应用在人类基因组测序；人类遗传病、传染病和癌症的基因诊断；法医的亲子鉴定和个体识别；生物工程药物的筛选；动植物杂交育种等方面。

一、全自动DNA测序仪的工作原理

目前DNA测序仪的工作原理主要基于Sanger发明的双脱氧链末端终止法或Maxam-Gilbert发明的化学降解法。这两种方法在原理上虽然不同，但都是根据在某一固定的位点开始核苷酸链的延伸，随机在某一个特定的碱基处终止，产生以A、T、C、G为末端的四组不同长度的一系列核苷酸链，在变性聚丙烯酰胺凝胶上电泳进行片段的分离和检测，从而获得DNA序列。由于双脱氧链末端终止法更简便和更适合于光学自动探测，因此在单纯以测定DNA序列为目的的全自动DNA测序仪中应用广泛。而化学降解法在研究DNA的二级结构以及蛋白质-DNA相互作用中，仍有重要的应用价值。这里主要介绍双脱氧链末端终止法的测序原理。

（一）双脱氧链末端终止法的测序原理

双脱氧链末端终止法的测序原理是利用DNA的体外合成过程——聚合酶链反应，即在DNA聚合酶的催化下，以目的DNA为模板，按照碱基互补配对原则，在引物的引导下单核苷酸可聚合形成新的DNA链。

在普通的体外合成DNA反应体系中，加入的核苷酸单体为4种2′-脱氧核苷三磷酸（dNTP，N代表A、C、G、T任意一种碱基，包括dATP、dCTP、dGTP、dTTP），如果在此体系中加入2′，3′-双脱氧核苷三磷酸（2′，3′-ddNTP，N代表A、C、G、T任意一种碱基），DNA的合成情况则有所不同。与dNTP相比，ddNTP在脱氧核糖的3′位置上缺少一个羟基，反应过程中虽然可以在DNA聚合酶作用下，通过其5′磷酸基团与正在延伸的DNA链的末端脱氧核糖的3′-OH发生反应，形成磷

酸二酯键而掺入到DNA链中，但它们本身没有3′-OH，不能同后续的dNTP形成磷酸二酯键，从而使正在延伸的DNA链在此终止。

据此原理分别设计四个反应体系，每一反应体系中存在相同的DNA模板、引物、4种dNTP和1种ddNTP（如ddATP），新合成的DNA链在可能掺入正常dNTP的位置都有可能掺入ddNTP而导致新合成链在不同的位置终止。由于存在ddNTP与dNTP的竞争，生成的反应产物是一系列长度不同的多核苷酸片段。通过聚丙烯酰胺凝胶电泳（polyacrylamide gel electrophoresis，PAGE）对长度不等的新生链进行分离后，就可根据片段大小直接读出新生DNA链的序列。

双脱氧链末端终止法测序过程如图9-6所示。

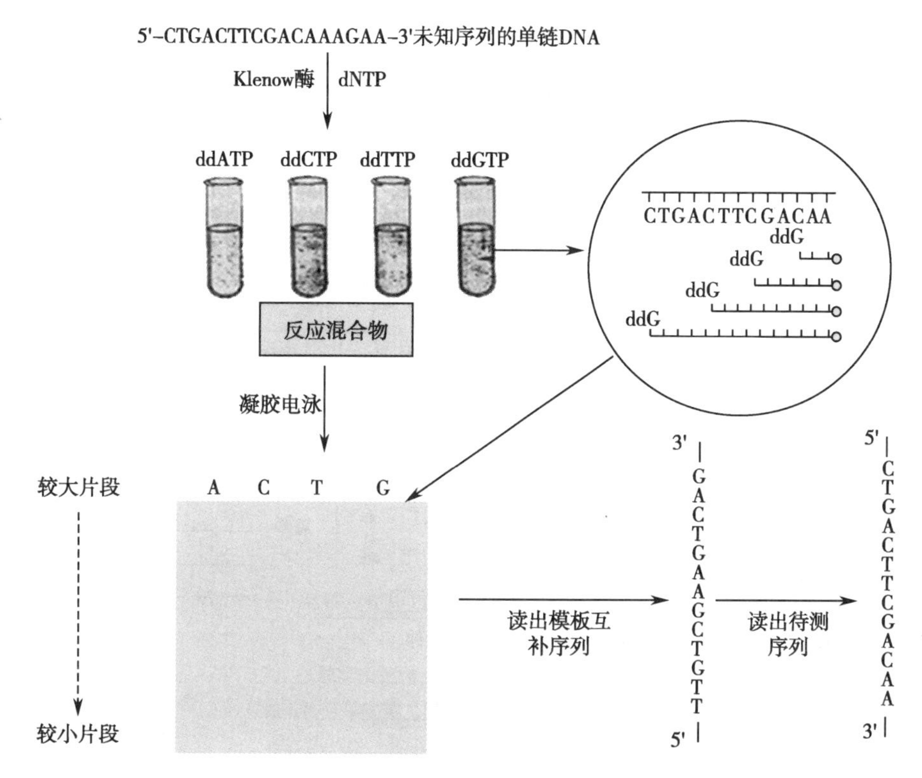

图9-6　双脱氧链末端终止法测序过程

（二）新生链的荧光标记原理

电泳后对不同长度DNA新生链进行分析时，需要可以检测的示踪信号。早期采用放射性核素法标记新生链，因其具有放射性危害、背景高等缺点而很快被荧光染料标记法所取代。荧光染料的荧光和散射背景较弱，提高了信噪比；荧光激发光谱较接近而发射光谱位于可见光范围，且不同染料的发射光谱相互分开，易于监测，故在DNA自动测序中得到广泛应用。荧光染料标记法又分为多色荧光标记法和单色荧光标记法。

1. 多色荧光标记法　多色荧光标记法的荧光染料掺入方式有两种。第一种方式是将荧光染料预先标记在测序反应所用引物的5′端，称为荧光标记引物法。当相同碱基排列的寡核苷酸链作为骨架分别被4种荧光染料标记后，便形成了一组（4种）标记引物。这4种引物的序列相同，但5′端标记的荧光染料颜色不同。在测序反应中，模板、底物、DNA聚合酶及标记引物等按A、T、C、G编号被置于4支微量离心管中，A、T、C、G四个测序反应分管进行，进样时合并在一个泳道内电泳。特定颜色荧光标记的引物则与特定的双脱氧核苷酸底物保持对应关系（图9-7）。

第二种掺入方式是将荧光染料标记在作为终止底物的双脱氧单核苷酸上，称为荧光标记终止底物法。反应中将4种ddNTP分别用4种不同的荧光染料标记，带有荧光基团的ddNTP在掺

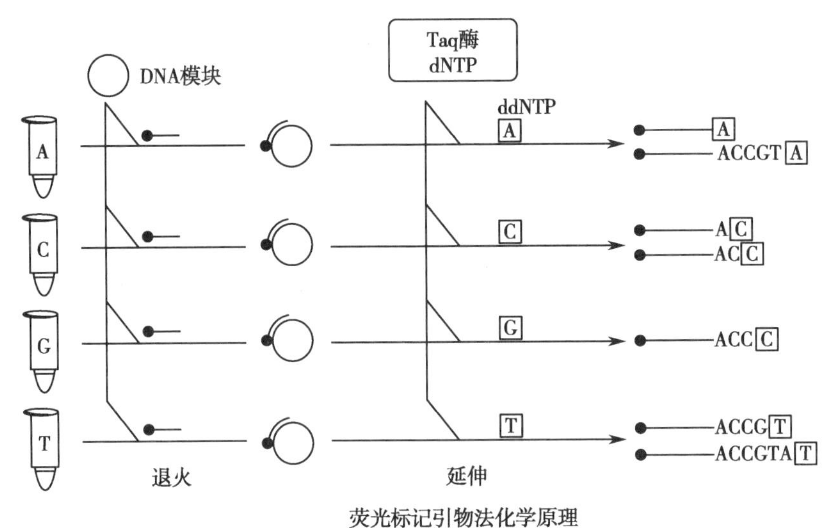

图 9-7　荧光标记引物法化学原理

入 DNA 片段导致链延伸终止的同时，也使该片段 3′端标上了一种特定的荧光染料。经电泳后将各个荧光谱带分开，根据荧光颜色的不同来判断所代表的不同碱基信息（图 9-8）。

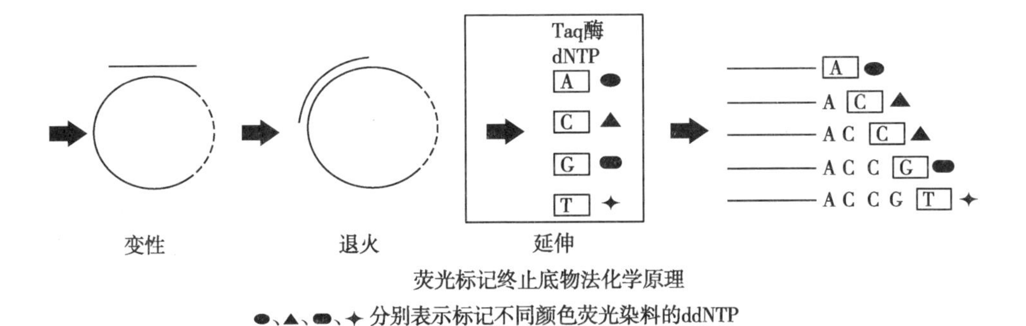

图 9-8　荧光标记终止底物法化学原理

两种掺入方式的区别在于，荧光标记引物法使荧光有色基团标记在长短不同的 DNA 片段的 5′端，可以理解为荧光染料标记过程和延伸反应终止分别发生在同一 DNA 片段的两端，且标记发生在引物与模板的退火过程中，而终止是发生在片段延伸过程中，两者在时间上有一定间隔；荧光标记终止底物法使标记和终止过程合二为一，两者在同一时间完成；在具体操作中，前者要求 A、C、G、T 四个反应分别进行，而后者的四种反应可以在同一管中完成。

2. 单色荧光标记法　单色荧光标记法所用荧光染料仅一种，荧光染料的掺入方式也包括荧光标记引物法和荧光标记终止底物法两种。与多色荧光标记法不同的是单色荧光标记引物法和荧光标记终止底物法均需将 A、C、G、T 四个反应分别在不同扩增管中进行，电泳时各管产物也分别在不同泳道中电泳。

（三）荧光标记 DNA 的检测原理

测序反应一般以单引物进行 DNA 聚合酶延伸反应，这样绝大多数产物均为单链。反应结束后，样品经简单纯化处理就可以放置到自动测序仪中开始电泳（图 9-9）。

在采用多色荧光标记法的自动测序系统中，不同 ddNTP 终止的 DNA 片段由于标记了不同的荧光发色基团，故可以混合起来加在同一样品孔中，由计算机程序控制自动进样。两极间极高的电势差推动着各个荧光 DNA 片段在凝胶高分子聚合物中从负极向正极泳动并达到相互分离，且依次通过检测窗口。由激光器发出的极细光束，通过精密的光学系统被导向检测区，在这

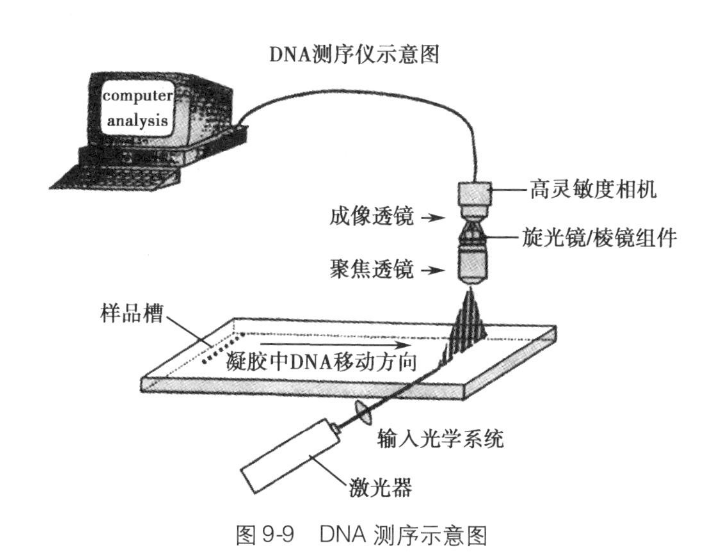

图 9-9　DNA 测序示意图

里激光束以与凝胶垂直的角度激发荧光 DNA 片段。DNA 片段上的荧光发色基团吸收了激光束提供的能量而发射出特征波长的荧光。这种代表不同碱基信息的不同颜色荧光经过光栅分光后再投射到 CCD 摄像机上同步成像。收集的荧光信号再传输给计算机加以处理。

整个电泳过程结束时在检测区某一点上采集的所有荧光信号就转化为一个以时间为横轴，荧光波长种类和强度为纵轴的信号数据的集合。经测序分析软件对这些原始数据进行分析，最后的测序结果以一种清晰直观的图形显示出来（图 9-10）。

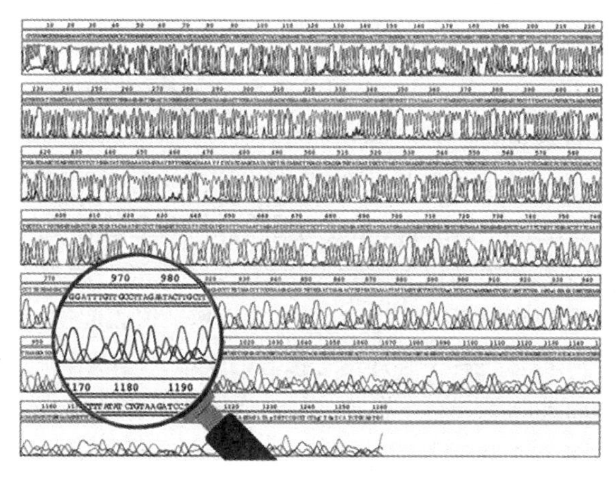

图 9-10　DNA 测序结果

二、全自动 DNA 测序仪的基本结构

目前使用的全自动 DNA 测序仪都是通过凝胶电泳技术进行 DNA 片段的分离，根据电泳方式的不同又分为平板型电泳和毛细管电泳两种类型。平板型电泳的凝胶灌制在两块玻璃板中间，聚合后厚度一般小于 0.4mm 或更薄，因此又称为超薄片层凝胶电泳。毛细管电泳技术将凝胶高分子聚合物灌制于毛细管中（内径 50～100μm），在高压及较低浓度胶的条件下实现 DNA 片段的快速分离。不同类型全自动 DNA 测序仪的外观有所差异，但基本结构相似。

以 Applied Biosystems（美国应用生物系统公司）Prism 310 Genetic Analyzer（以下简称 ABI 310）为例，介绍全自动测序仪的基本结构和性能指标。

ABI 310 测序仪主要由主机、微型计算机和各种应用软件等组成。

1. 主机　主要包括电泳系统、激光器和荧光检测系统等。大致可分为以下几个结构功能区：①自动进样器区：装载有样品盘、电极（负极）、电极缓冲液瓶、洗涤液（蒸馏水）瓶和废液管；

②凝胶块区:凝胶块区包括注射器驱动杆、样品盘按钮、注射器固定平台、电极(正极)、缓冲液阀、玻璃注射器、毛细管固定螺母和废液阀等部件;③检测区:检测区内有激光检测器窗口及窗盖、加热板、毛细管、热敏胶带。

2. 微型计算机。

3. 各种应用软件　包括数据收集软件、DNA 序列分析软件及 DNA 片段大小和定量分析软件。

三、全自动 DNA 测序仪的性能指标

以 ABI 310 测序仪为例,其各部分性能指标分别为:

1. 主机功能　主机具有自动灌胶、进样、电泳、荧光检测等功能。

(1) 自动进样器区功能:①自动进样器受程序控制进行三维移动,因负极电极和毛细管均固定不动,故许多操作如毛细管进入样品盘标本孔中进样、电极和毛细管在电极缓冲液瓶、洗涤液和废液管中移动等均依靠自动进样器的移动完成;②电极为电泳的负性电极,测序过程中,正、负极之间的电势差可达 15 000V,如此高的电势差可促进 DNA 分子在毛细管中很快泳动,达到快速分离不同长度 DNA 片段的目的;③样品盘有 48 孔和 96 孔两种,可一次性连续测试 48 个或 96 个样本;④电极固定螺母起固定电极及毛细管的作用。

(2) 凝胶块区功能:①注射器驱动杆:给注射器提供正压力,将注射器内的凝胶注入毛细管中。在分析每一个样品前,泵自动冲掉上一次分析用过的胶,灌入新胶。②样品盘按钮:控制自动进样器进出。③注射器固定平台:起固定注射器的作用。④电极:为电泳的正性电极,始终浸泡在正极缓冲液中。⑤正极缓冲液阀:当注射器驱动杆下移,将注射器内的凝胶压入毛细管时,缓冲液阀关闭,防止凝胶进入缓冲液;电泳时,此阀打开,提供电流通道。⑥玻璃注射器:储存凝胶高分子聚合物以及在填充毛细管时提供必要的压力。⑦毛细管固定螺母:固定毛细管。⑧废液阀:在清洗泵块时控制废液流。

(3) 检测区功能:①激光检测器窗口及窗盖:激光检测器窗口正对毛细管检测窗口,从仪器内部的氩离子激光器发出的激光可通过激光检测器窗口照到毛细管检测窗口上。电泳过程中,当荧光标记 DNA 链上的荧光基团通过毛细管窗口时,受到激光的激发而产生特征性的荧光光谱,荧光经分光光栅分光后投射到 CCD 摄像机上同步成像。窗盖起固定毛细管的作用,同时可防止激光外泄。②加热板:电泳过程中起加热毛细管的作用,一般维持在 50℃。③毛细管:为填充有凝胶高分子聚合物的玻璃管,直径为 50μm,电泳时样品在毛细管内从负极向正极泳动。④热敏胶带:将毛细管固定在加热板上。

2. 微型计算机功能　控制主机的运行,并对来自主机的数据进行收集和分析。设置测序条件(样品的进样量、电泳的温度、时间、电压等),同步监测电泳情况并进行数据分析。

3. 各类软件功能　承担数据收集、DNA 序列分析及 DNA 片段大小和定量分析等功能。其结果可由彩色打印机输出。

四、全自动 DNA 测序仪的维护与常见故障处理

(一) 毛细管电泳型 DNA 测序仪的常见故障与处理

1. 电泳时仪器显示无电流　最常见的原因是由于电泳缓冲液蒸发使液面降低,而未能接触到毛细管的两端(或一端)。其他可能原因包括电极弯曲而无法浸入缓冲液中、毛细管未浸入缓冲液中、毛细管内有气泡等。因此,遇到此类问题时,应首先检查电极缓冲液,然后再检查电极和毛细管。

2. 电极弯曲　主要原因是安装、调整或清洗电极后未进行电极定标操作就直接执行电泳命令,电极不能准确插入各管中而被样品盘打弯。其他情况比如运行前未将样品盘归位、或虽然

执行了归位操作，但 X/Y 轴归位尚未结束就运行 Z 轴归位等情况，也容易将电极打弯。

3. 电泳时产生电弧　主要原因是电极、加热板或自动进样器上有灰尘沉积，此时应立即停机，并清洗电极、加热板或自动进样器。

4. 其他　测序结束后应将毛细管负极端浸在蒸馏水中，避免凝胶干燥而阻塞毛细管。定期清洗泵块，定期更换电极缓冲液、洗涤液和废液管。

（二）平板电泳型 DNA 测序仪的常见故障与处理

1. 电泳时仪器显示无电流　可能原因包括：①电泳缓冲液配制不正确；②电极导线未接好或损坏；③正极或负极铂金丝断裂；④正极或负极的胶面未浸入缓冲液中。

2. 传热板黏住胶板　主要原因为上方的缓冲液室漏液。此时应将上方的缓冲液倒掉，并卸下缓冲液室，松开胶板固定夹，将传热板顺着胶板向上滑动，直至与胶板分开。清洗传热板，同时检查缓冲液室漏液原因，并采取相应措施，防止漏液。

3. 其他　①倒胶前应按照操作要求认真清洗玻璃板，用未清洗干净的胶板倒胶时易产生气泡、或者产生较高的荧光背景；②配制凝胶时应注意胶的浓度、TEMED 含量、尿素浓度等，并注意防止其他物质（尤其是荧光物质）的污染；③倒胶时需注意不能有气泡，用固定夹固定胶板时，四周的力度应均匀一致；④将待测样品加入各孔前，应使用缓冲液冲洗各孔，把尿素冲去，以免影响电泳效果。

（陈跃龙）

第三节　蛋白质自动测序仪

蛋白质一级结构（primary structure）是由各种氨基酸按一定顺序以肽键相连而形成的肽链结构。肽链结构从左至右通常表示为氨基酸氨基端（N 末端）到羧基端（C 末端）。几乎所有的蛋白质合成都起始于 N 末端，对蛋白质 N 末端序列进行有效分析，有助于分析蛋白质的高级结构，揭示蛋白质的生物学功能。C 末端序列是蛋白质和多肽的重要结构与功能部位，其决定了蛋白质的生物学功能。因此，研究蛋白质的一级结构有助于揭示生物现象的本质，了解蛋白质高级结构与生物学功能之间的关系，探索生物分子进化与遗传变异等。目前蛋白质测序技术主要从 N 末端开始测序和从 C 末端开始测序两个方向突破：N 端测序一般采用 Edman 降解法和质谱法，C 末端测序有羧肽酶法、化学法及串联质谱法。蛋白质测序技术的发展归功于自动化测序仪的研制成功。蛋白质测序仪是检测蛋白质一级结构的自动化仪器，是获得蛋白质一级结构物信息的重要手段，在蛋白质的分子结构与功能研究中占有非常重要的地位。随着科学技术的不断发展，蛋白质测定周期不断缩短，样品用量不断减少，蛋白质测序仪不断推陈出新（图 9-11）。

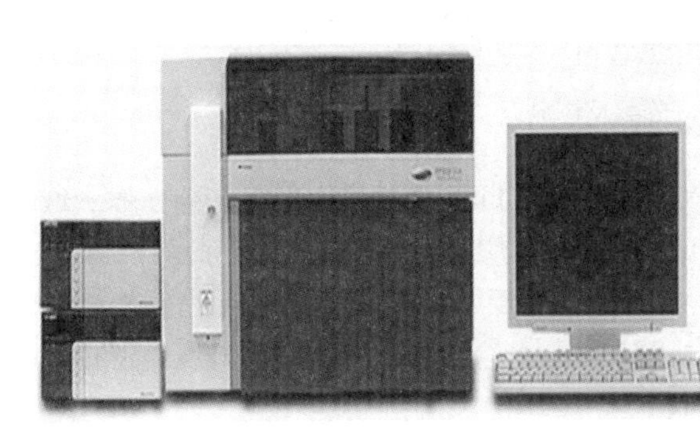
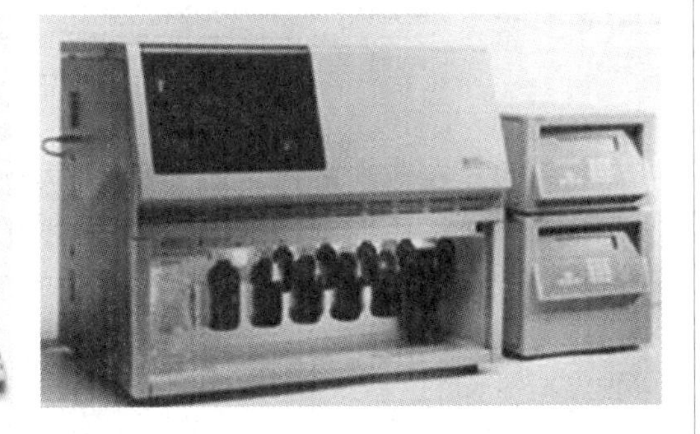

图 9-11　常见蛋白质自动测序仪外观图

蛋白质自动测序仪的发展

1953 年，瑞典化学家 Edman 采用异硫氰酸苯酯法测定蛋白质的 N 端序列，为氨基酸自动测序奠定了基础。1967 年，Edman 和 Begg 根据异硫氰酸苯酯法测定原理设计了第一台蛋白质自动测序仪（旋转杯蛋白质测序仪），为蛋白质自动测序以及蛋白质自动测序仪的商品化生产提供了理论支持和样机。1971 年，美国波士顿大学 Laursen 博士首先设计出固相蛋白质测序仪。1981 年 R. M. Hewick 等人研制了气相蛋白质测序仪（气液固相测序仪）。1986 年美国应用生物系统公司（ABI）推出了脉冲式液相蛋白质测序仪。20 世纪 80 年代发展起来的质谱技术与蛋白质测序仪联用已经成为对小量肽和蛋白质进行测序的有效工具。

一、蛋白质自动测序仪的工作原理

蛋白质测序仪主要检测的是蛋白质一级结构（氨基酸序列），其基本原理沿用艾德蒙（Edman）化学降解法，这也是经典的蛋白质测序方法。利用 Edman 化学降解法测定蛋白质或多肽 N 末端序列，在测定过程中，氨基酸残基依次与异硫氰酸苯酯（PITC）作用，从蛋白质 N 末端依次切割下来，形成稳定的 PTH 氨基酸后进行分析和鉴定。Edman 降解进行蛋白质与多肽序列分析是一个循环式的化学反应过程，包括偶联、裂解、转化三个主要步骤（图 9-12）：

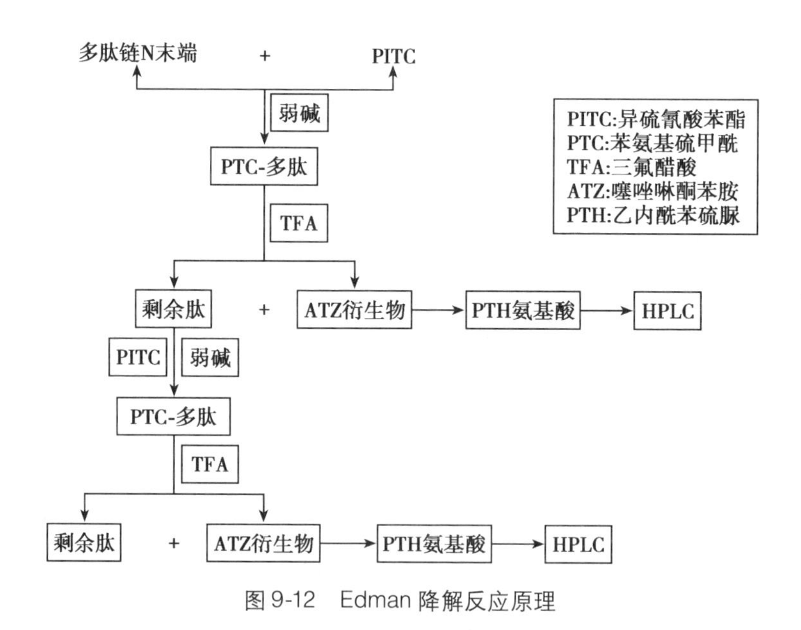

图 9-12　Edman 降解反应原理

1. **偶联**　在弱碱条件下，蛋白质或多肽链 N 末端残基与 PITC 偶联反应生成 PTC-多肽。这一反应在 45～48℃进行约 15 分钟，并用过量的试剂使有机反应完全。

2. **环化裂解**　在无水三氟醋酸（TFA）的作用下，可使靠近 PTC 基的氨基酸环化，肽链断裂形成噻唑啉酮苯胺（ATZ）衍生物和一个失去末端氨基酸的剩余多肽。剩余多肽链可以进行下一次及后续的降解循环。

3. **转化**　ATZ 衍生物经 25% TFA 处理转化为稳定的乙内酰苯硫脲氨基酸（PTH-氨基酸）。

每个循环反应从蛋白质或多肽裂解一个氨基酸残基，同时暴露出新的游离的氨基酸开始进行下一个 Edman 化学降解反应，最后通过转移的 PTH-氨基酸鉴定实现蛋白质序列的测定。

上述降解循环反应在蛋白质测序仪的不同部位进行。偶联和环化裂解过程发生在测序仪的反应器中，转化过程则在转化器中进行。转化后的PTH氨基酸经自动进样器注入高校液相色谱进行在线检测，根据PTH氨基酸的洗涤滞留时间确定每一种氨基酸类型。值得一提的是环化和转化过程虽然均有TFA参与，但是这两步反应必须分开进行，因为环化反应是在无水TFA条件下进行，而转化反应是在25%TFA条件下进行。

Edman化学降解法无法处理N末端被封闭的蛋白或多肽（甲基化、乙酰化等），因此这类蛋白质或多肽无法正常测序。

除了经典的Edman化学降解法测定蛋白质的N末端之外，还有C末端测序法。目前比较盛行的C末端测序法是串联质谱法：用胰酶等将蛋白质酶切后，直接用串联质谱法测定酶切后肽段的混合物，然后通过一级质谱选择选择C末端肽段离子进行二级质谱碎裂，得到C末端序列。串联质谱法测定蛋白质C末端序列的关键是对C端肽段的判断。

二、蛋白质自动测序仪的基本结构

虽然近些年发展起来的飞行时间质谱技术如基质辅助激光解吸附电离串联飞行时间质谱、纳升液相电喷雾四级杆飞行时间质谱等在蛋白质测序技术中已成为核心组成部分，可对微量蛋白质样本进行更快速的分析，实现了高通量、自动化与精确性，已成为日益重要的蛋白质测序工具。但是一些微小的异源化物质会干扰质谱分析，而不会干扰Edman化学降解法分析。蛋白质自动测序仪自诞生以来，虽然其技术改进不多，分析时间过长、测序长度过短（典型的范围为20～50个氨基酸序列），但它的优势已被化学验证其精确性、系统初始投资较小，是唯一可以辅助证实蛋白质结构的方法，是难度比较高的蛋白质测序的重要补充，所以仍是蛋白质序列测定的黄金标准。

蛋白质自动测序仪结构非常复杂，基本组成构件包括反应器、转换器、进样器、氨基酸分析系统和信息软件处理系统：

1. 反应器　反应器中进行Edman化学降解反应中偶联反应和环化裂解反应。在偶联反应之前有一个样品固定过程，即将蛋白质样品固定在纤维板上或将转印有蛋白质斑点的聚偏二氟乙烯膜（PVDF）膜放置在反应器中。反应条件要求一定的温度、时间、液体流量等，由计算机系统自动调节控制这些因素。在反应器中蛋白质或多肽经过偶联和环化裂解反应形成ATZ衍生物。

2. 转换器　ATZ衍生物在转换器中经有机溶剂（如氯丁烷）抽提出来，再经25%TFA溶液作用转换成稳定的PTH氨基酸。

3. 进样器　PTH氨基酸由有机溶剂（如乙腈）溶解后经进样器注入HPLC。

4. 氨基酸分析系统　通常由高效液相色谱毛细管色谱柱组成，色谱柱分离是整个测序过程中最为关键的一步。影响色谱柱分离结果的因素有液体分配速度、温度、电压、电流等。因此，仪器配有稳压、稳流、自动分配流速装置。各种氨基酸通过这一系统会产生自己的特征吸收峰。

5. 信息软件处理系统　由计算机主机完成：记录和显示数据，根据氨基酸的层析峰来判断为何种氨基酸。它提供测序需要运行的参数：时间、温度、电压及其他循环状况，并可实现跳跃和暂停步骤。

以上为蛋白质自动测序仪的主要部件，在此之外还有蛋白质或多肽的纯化处理配件及整个测序过程必备的试剂和溶液。

三、蛋白质自动测序仪的性能指标

1. 灵敏度　背景噪声低，反应时间短，流量控制精确度高，再现性好，可达10^{-12}摩尔的分析灵敏度。

2. 稳定性　等强度洗脱模式下，通过PTH-氨基酸分析的稳定基线，微量样品分析时，可极易识别序列。

3. 恒溶剂组成　通过恒溶剂成分洗脱方式进行PTH-氨基酸分析和鉴定，保留时间更稳定，便于控制，流动相可重复使用，减少废液。装置维护简便易行、可进行多样品连续分析从而降低运行成本和分析时间。

4. 操作环境　Windows操作环境，操作简单、方便、灵活，可任意修改反应循环中的反应温度等参数，数据易于处理。

四、蛋白质自动测序仪的使用、维护与常见故障处理

（一）蛋白质自动测序仪的使用

蛋白质自动测序仪因不同生产厂家而出现仪器设计各不相同，操作模式也不同。因此在使用前必须认真阅读仪器的操作手册、维护说明等。但是不同类型不同系列的仪器仍有些共性的操作，具体操作时可以相互借鉴，触类旁通。蛋白质自动测序仪的常规操作流程见图9-13。

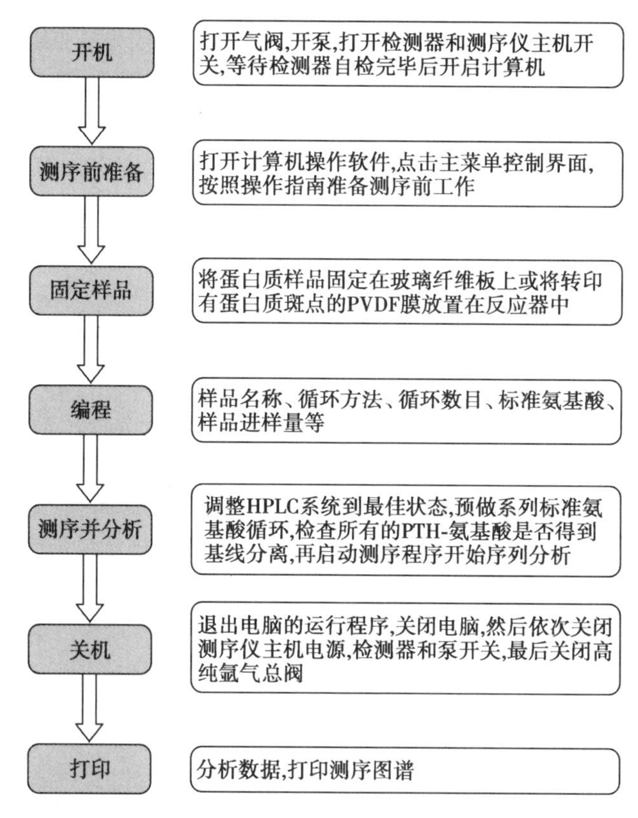

图9-13　蛋白质自动测序仪工作流程图

（二）蛋白质自动测序仪的维护

1. 流动相的选择　采用与检测器相匹配且黏度小的“HPLC”级溶剂，经过蒸馏和0.45μm的过滤去除纤维毛和未溶解的机械颗粒等，经过0.2μm的过滤可除去有紫外吸收的杂质对试样有适宜的溶解度。避免使用会引起柱效损失或保留特性变化的溶剂。

2. 水的等级　需用纯化水，因为不纯物的存在会增加去离子的吸光率，而纯化水中却去除了无机及有机污染物。装水的溶剂瓶要经常更换，连续几天不使用仪器时，要将管路用甲醇清洗。

3. 脱气　除去流动相中溶解或因混合而产生的气泡称为脱气。因为气泡会对测定结果产生一定的影响：泵中气泡使液流波动，改变保留时间和峰面积；柱中气泡使流动相绕流而使峰变

形；检测器中出现气泡则使基线产生波动。因此，脱气可防止由气泡产生而引起的故障；可防止由溶解气体量的变动引起的检测不稳定度。

4. 分析柱　在使用新柱或长时间未用的分析柱之前，最好用强溶剂在低流量下（0.2～0.3ml/min）冲洗30分钟；定期使用强溶剂冲洗柱子；使用缓冲盐后，先用水冲洗4小时左右，再换有机溶剂（如甲醇）冲洗色谱柱和管路；净化样品；分离条件合适；不使用时盖上盖子，避免固定相干枯；使用预柱；避免流动相组成及极性的剧烈变化；避免压力脉冲的剧烈变化。

5. 灯管　氘灯不能够频繁开启，否则容易损坏。

（三）常见故障及其处理

蛋白质自动测序仪的常见故障及其处理办法见表9-1。

表9-1　蛋白质自动测序仪的常见故障及其处理办法

故障现象	故障原因	处理办法
管路中不断有气泡生成	吸滤头堵塞	用5%～20%的稀硝酸超声波清洗，再用蒸馏水清洗
泵无法洗液或排液，流路不通	宝石球黏附于垫片	用针筒抽出口单向阀以产生负压，使宝石球与垫片分开 拆下单向阀，放入异丙醇或水中，用超声波清洗
系统压力波动大	宝石球或塑料片受污导致密封不好	拆下单向阀，放入异丙醇或水中，用超声波清洗
系统压力波动大或漏液	密封圈磨损而导致密封不良	更换密封圈
系统压力波动大或压力偏高	线路过滤器堵塞	5%稀硝酸超声波清洗
漏液	手动进样阀转子密封损坏	更换转子密封
载样困难	定量环堵塞或进样器污染	清洗或更换定量环、进样器
系统高压、峰型变差、保留时间变化	液相柱污染	正相柱用正庚烷、氯仿、乙酸乙酯、丙酮、乙醇清洗；反相柱用甲醇、乙腈、氯仿、异丙醇、0.05mol/L稀硫酸清洗
样品池和参比池能量相差较大	检测器样品池污染	用针筒注入异丙醇清洗样品池，如污染严重，拆开样品池，将透镜等放入异丙醇中超声波清洗

（蔡群芳）

第四节　生物芯片

生物芯片技术是20世纪90年代初期随着人类基因组研究的深入应运而生的一种分子生物学技术，其起源于DNA杂交探针技术与半导体工业技术相结合的产物，因具有芯片相似的微型化和大规模分析、高通量处理生物信息的特点而具有广泛的应用前景。生物芯片主要是指通过微加工技术和微电子技术在固体基片表面构建微型生物化学分析系统，以实现对细胞、蛋白质、DNA，以及其他生物组分的准确、快速、大信息量的检测。其主要特征是高通量、集成化、并行化和微型化。芯片上集成的成千上万的密集排列的分子微阵列，能够在短时间内分析大量的生物

分子，使人们快速准确地获取样品中的生物信息，效率是传统检测手段的成百上千倍。发展至今，生物芯片技术在核酸测序、基因诊断、基因表达差异分析、基因突变检测、基因多态性分析、外源微生物感染鉴定以及临床药物筛选等方面得到广泛应用。

生物芯片的由来及发展

名词“生物芯片”最早于20世纪80年代初提出，而生物芯片技术的发展最初得益于埃德温·迈勒·萨瑟恩（Edwin Mellor Southern）提出的核酸杂交理论，即标记的核酸分子能够与被固化的与之互补配对的核酸分子杂交。因此，Southern杂交可以被看作是生物芯片的雏形。20世纪90年代，人类基因组计划和分子生物学相关学科的发展为基因芯片技术的出现和发展提供了有利条件。1992年合成了世界上第一张基因芯片，1995年斯坦福大学布朗实验室发明了第一张以玻璃为载体的基因微矩阵芯片，1996年世界上第一张商业化生物芯片由美国BD Clontech公司推出。

一、生物芯片的工作原理及分类

生物芯片（biochip，bioarray）技术是根据生物分子间特异性相互作用（DNA-DNA、DNA-RNA、抗原-抗体、受体-配体）的原理，将生化分析过程集成于芯片表面，设计其中一方为探针，并固定于微小的载体表面，通过分子间的特异性反应，从而实现对DNA、RNA、多肽、蛋白质以及其他生物成分的高通量快速检测。

根据不同的分类标准，生物芯片可以分为不同的类型。根据基片上交联固定的识别分子种类不同，可将生物芯片分为基因芯片、蛋白质芯片、肽芯片、细胞芯片、组织芯片及寡核苷酸芯片等；根据其表面化学修饰物的不同，可将生物芯片分为多聚赖氨酸修饰芯片、氨基修饰芯片、醛基修饰芯片；根据其固相支持物的不同，可将生物芯片分为无机芯片和有机芯片；根据其生物化学反应过程不同，可将生物芯片分为样品制备芯片、生化反应芯片和检测芯片；根据其结构特征分析过程不同，可将生物芯片分为微阵列芯片（以亲和结合技术为核心）和微流控芯片（以微管网络为结构特征）；根据其功能不同，可将生物芯片分为测序芯片、基因作图芯片、基因表达谱芯片、突变检测芯片、多态性分析芯片等；根据其用途不同，可将生物芯片分为分析芯片、检测芯片和诊断芯片。

而目前常见的生物芯片分为基因芯片、蛋白芯片和芯片实验室三大类。

基因芯片在生物芯片技术领域中发展最为成熟、先进及商品化。基因芯片基于核酸互补杂交原理，通过将基因探针固定在固相基质上并与待分析的核酸样品进行互补杂交，从而确定样品中的核酸序列及性质，分析基因表达的量及其特性。

蛋白质芯片是一种高通量的蛋白功能分析技术，与基因芯片原理相似，不同之处在于蛋白质芯片上固定的分子式蛋白质（抗原、抗体），利用的不是碱基配对原则而是抗原与抗体结合的特异性及免疫反应来检测。

芯片实验室是生物芯片技术发展的终极目标，它将样品制备、生化反应、功能检测到结果分析的整个过程集约化形成便携式微型分析系统。现在已有由加热器、微泵、微阀、微流量控制器、微电极、电子化学、电子发光探测器等组成的芯片实验室问世。

二、生物芯片的基本组成

生物芯片实质上是一种微型化的生化分析仪器，从操作流程来看生物芯片分析系统主要包括芯片制备、样品制备、芯片点样、杂交反应、信号检测、数据分析等系统。

（一）芯片制备系统

芯片技术中主要存在的问题是内在的系统差异，包括芯片化学处理的特性、靶基因标记、探针点印和扫描设备的性能稳定性。由此可以看出芯片制备及其质量在生物芯片分析系统中起着决定的作用。目前制备芯片采用表面化学分方法或组合化学的方法来处理固相基质（玻璃片或硅片），然后使用DNA片段或蛋白质分子按特定顺序排列在芯片片基上。以DNA芯片制作方法为例，目前主要有原位合成法（即在支持物表面原位合成寡核苷酸探针）和离片合成法（合成点样法）两大类，前者又包括光引导原位合成法、压电打印原位合成法以及分子印章法，适用于寡核苷酸；后者又包括点接触法和喷墨法，适用于大片段DNA、mRNA、寡核苷酸。

（二）样品制备系统

生物样品的制备和处理是基因芯片技术的第二个重要环节。样品的纯度、杂交特异性直接决定芯片的质量和可信度。而生物样品往往是各种生物分子的混合体，成分非常复杂。因此，将样品进行特定的生物处理，获取其中的蛋白质或DNA、RNA等信息分子并加以标记（为了获得杂交信号），以提高检测的灵敏度。标记的方法有荧光标记法、生物素标记法、放射性核素标记法等。目前采用的主要是荧光标记法。荧光标记法分为使用荧光标记的引物和使用荧光标记的三磷酸脱氧核糖核苷酸两种。常使用的荧光物质有：荧光素、罗丹明、HEX、TMR、FAM、Cy3、Cy5等。

（三）芯片点样系统

点样法是将预先通过液相化学大量合成好的探针，或PCR技术扩增cDNA或基因组DNA经纯化、定量分析后，通过由阵列复制器或阵列点样机及电脑控制的机器人，准确、快速地将不同探针样品定量点样于带正电荷的尼龙膜或硅片等相应位置上（支持物应事先进行特定处理，例如包被以带正电荷的多聚赖氨酸或氨基硅烷），再由紫外线交联固定后即得到DNA微阵列或芯片。

芯片点样系统可以依据实际情况进行自制或购买商品化产品。自制芯片点样仪可以根据各种不同的预算进行，其设备是标准组件，但是最大的问题在于机械手的设置。芯片点样仪工作时环境必须保持洁净，以此保证样品在点样的时候尽可能干净，避免点样时受到尘土等污染。另外，湿度也非常重要，许多芯片点样仪内部置入一个嵌入式的湿度控制器维持相对湿度在45%～55%之间，从而维持点样的最佳状态。点样仪的主要性能指标是点样速度、一次运行能够点样的点样数、环境控制能力和样点质量检测。为了保证样点得到有效的质量检测，一般在点样仪内置样点质量控制装置，可以定量地测定每个样点的大小和体积，从根本上减少漏点现象，并且可以重新补充漏掉的样品点。

（四）杂交反应系统

芯片上的生物分子之间进行杂交反应是芯片检测的关键。杂交反应要根据探针的类型、长度以及研究目的来选择优化杂交条件，减少生物分子之间的错配比率，从而获得最能反映生物本质的信号。杂交反应是一个复杂的过程，受很多因素的影响，如探针密度和浓度、探针与芯片之间连接臂的长度及种类、杂交序列长度、GC含量、核酸二级结构等。

（五）信号检测系统

芯片信号检测系统必须具有高度敏感性，并能有效分辨噪声信号。芯片信号检测的方法取决于信号扫描的方式，一般均限于光信号的扫描和电信号的点扫描两种模式。目前最常用的芯片信号检测方法是将芯片置入芯片扫描仪中，通过采集各种反应点的荧光强度和荧光位置，经相关软件分析图像，即可获得有关生物信息。芯片扫描仪是芯片信号检测的扫读装置，是对生物芯片进行信号收集的关键。扫描仪的基本功能有激发光源、采集释放光、空间定位、分辨激发光和释放光、检测荧光扫描仪的探测器、载样、信号转换及采样等。

经典的基因芯片扫描仪采用的是荧光检测原理，荧光检测主要有激光共聚焦荧光显微扫描和 CCD 荧光显微照相检测两种。前者检测灵敏度、分辨率均较高，但扫描时间较长；后者扫描时间短，但灵敏度和分辨率不如前者。虽然荧光检测在芯片技术中得到了广泛的应用，但是荧光标记的靶 DNA 只要结合到芯片上就会产生荧光信号，而目前的检测系统还不能区分来自某一位点的荧光信号是由正常配对产生的，还是单个或 2 个碱基的错配产生的，或者兼而有之，甚或是由非特异性吸附产生的，因而目前的荧光检测系统还有待于进一步完善与发展。比较成熟的是采用激光系统扫描仪进行的荧光检测，噪声水平、信噪比、分辨率是衡量扫描仪工作质量的几个重要指标。由于荧光标记法的灵敏度相对较低，因此质谱法、化学发光和光导纤维、二极管方阵检测、乳胶凝集反应、直接电荷变化检测等正作为新的芯片标记和检测方法处于研究和试验阶段，其中最有前途的当推质谱法。

（六）数据分析系统

生物芯片数据分析包括芯片图像识别、数据提取、数据入库、标准化处理及生物学分析等环节。一个完整的生物芯片配套软件应包括生物芯片扫描仪的硬件控制软件、生物芯片的图像处理软件、数据提取或统计分析软件，芯片表达基因的国际互联网上检索和表达基因数据库分析及积累。对所读取的数据的处理方面，目前已经有许多数学统计的方法用于芯片数据处理与信息提取，应用最广泛的是聚类分析，此外，还有主成分分析、时间序列分析等，但是还没有一种"标准"的统计方法。

三、生物芯片的使用与维护

（一）生物芯片的使用

生物芯片的生产厂家有很多，各系统的规格型号各不相同。现以市场上比较普遍使用的生物芯片分析系统工作流程介绍如图 9-14 所示。

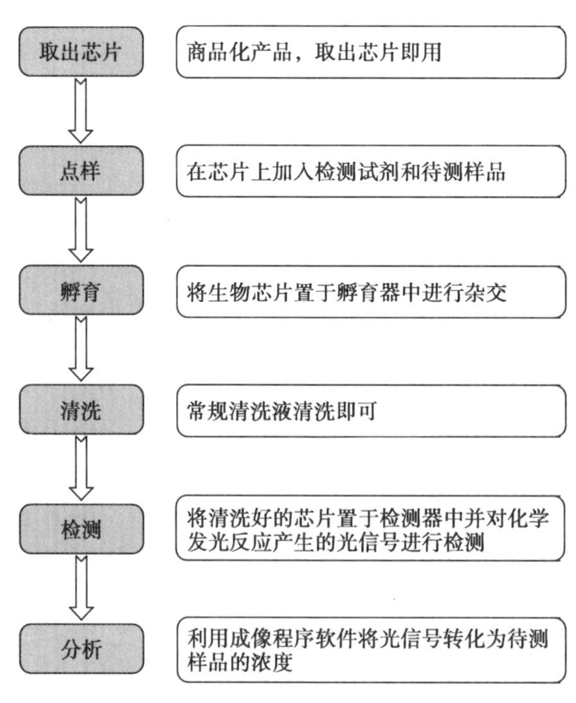

图 9-14　生物芯片分析系统工作流程

（二）生物芯片的维护

生物芯片各个分析系统必须要加强日常维护才能使仪器长久保持良好的工作状态，检测结果才能准确可靠。①正确操作：操作人员应熟悉各系统的性能特点，严格按照操作规程正确操

作，应避免仪器在正常工作时出现断气、断电、断水等情况，确保系统的正常运行。②工作环境：清洁卫生，防尘、防晒、防潮湿。温度一般为5～35℃，温度控制精度为±0.1℃，相对湿度应低于80%，海拔高度应低于2000米。③工作电压：波动范围一般不得超过±10%。④运输过程：中避免剧烈震动，环境条件不可有剧烈变化。⑤不可将生物芯片滞留于检测器上过长时间。⑥定期检查和维护各个系统并认真做好仪器的工作记录。

（蔡群芳）

本章小结

本章所介绍的PCR基因扩增仪是一种可以在体外扩增核酸的仪器。PCR技术的本质是核酸扩增技术，重复“变性—退火—引物延伸”的过程至25～40个循环，待测样本中的核酸拷贝数呈指数级扩增，达到体外扩增核酸序列的目的。PCR扩增仪可以分成两大类，即普通PCR扩增仪和实时荧光定量PCR扩增仪。普通PCR扩增仪除了一般定性PCR扩增仪外，还包括带梯度PCR功能的梯度PCR仪以及带原位扩增功能的原位PCR仪。全自动DNA测序仪是检测核酸一级结构，即核苷酸线性排列顺序的自动化仪器。其工作原理主要基于Sanger双脱氧链末端终止法或Maxam-Gilbert化学降解法。全自动DNA测序仪根据电泳方式的不同分为平板型电泳和毛细管电泳两种仪器类型。测序仪主要由主机、微型计算机和各种应用软件等组成；蛋白质自动测序仪主要检测蛋白质或多肽的一级结构即氨基酸序列，其基本原理沿用艾德蒙（Edman）化学降解法，遵循偶联、裂解、转化的循环化学反应过程。其基本组成构件包括反应器、转换器、进样器、氨基酸分析系统和信息软件处理系统。生物芯片技术起源于核酸分子杂交技术，是21世纪极为重要的一项生物技术，其主要特点是高通量、微型化和自动化。生物芯片包括基因芯片、蛋白质芯片、芯片实验室三大类。

（陈跃龙）

复　习　题

一、单项选择题

1. PCR基因扩增仪最关键的部分是
   A. 温度控制系统　　B. 荧光检测系统　　C. 软件系统
   D. 热盖　　E. 样品基座
2. 以空气为加热介质的PCR仪是
   A. 金属板式实时定量PCR仪　　B. 96孔板式实时定量PCR仪
   C. 离心式实时定量PCR仪　　D. 各孔独立控温的定量PCR仪
   E. 荧光实时定量PCR仪
3. 下列有关测序反应体系反应原理的叙述中，错误的是
   A. 加入的核苷酸单体为2′-脱氧核苷三磷酸
   B. 低温退火时，引物与模板形成双链区
   C. 沿着3′—5′的方向形成新链
   D. DNA聚合酶结合到DNA双链区上启动DNA的合成
   E. 形成的新生链与模板完全互补配对
4. 双脱氧链末端终止法测序反应与普通体外合成DNA反应的主要区别是

A. DNA 聚合酶不同

B. dNTP 的种类不同

C. dNTP 的浓度不同

D. 引物不同

E. 双脱氧链末端终止法测序反应体系中还需加入 ddNTP

5. 蛋白质测序仪的基本工作原理主要利用的是

A. 双脱氧链末端终止法　　B. 化学降解法

C. 氧化还原法　　D. 水解法

E. Edman 降解法

二、简答题

1. PCR 基因扩增仪按照变温方式的不同可分哪几类？分别有什么特点？

2. PCR 基因扩增仪的温度控制包括哪些方面？

3. 简述双脱氧链末端终止法测序原理。

4. 简述蛋白质自动测序仪的工作原理。

5. 简述生物芯片的工作流程。

三、案例分析

毛细管电泳型 DNA 测序仪电泳时产生电弧，常见的原因是什么？

第十章

临床实验室自动化系统

学习目标

1. 掌握:临床实验室自动化系统的概念和工作原理。
2. 熟悉:临床实验室自动化系统的主要结构与功能。
3. 了解:临床实验室自动化系统的使用、维护保养。

随着计算机网络技术和检验技术的迅猛发展,临床实验室的设备向着自动化、智能化、网络化、一体化的趋势发展,实验室自动化系统开始出现并逐步得到普及。

一、临床实验室自动化系统的基本概念与分类

(一) 实验室自动化系统的基本概念

实验室自动化系统(laboratory automation system,LAS)是将多个检测系统与分析前、分析后处理系统进行系统化的整合,通过检测系统和信息网络连接来完成检验及信息自动化处理过程的系统组合。系统中的样本通过自动化运送轨道在不同的子系统中流转,形成覆盖整个检验过程的流水作业,达到全检验过程自动化的目的,有时也称为检验流水线。

(二) 实验室自动化系统的分类

根据自动化程度,LAS 分为分析系统自动化、模块自动化、全实验室自动化三个发展阶段。

1. 分析系统自动化 即分析仪器本身的自动化,如全自动生化分析仪、全自动血细胞分析仪等。主要应用了条形码技术,达到自动识别样本、试剂的功能。这是 LAS 的初始阶段,未涉及标本前、后处理等过程的自动化。

2. 模块自动化 在分析系统自动化的基础上增加相同或类似的分析单元或标本处理单元,并由一个控制中心统一协调控制,功能得到进一步的提升。这些分析、处理单元也称为模块,可选择性地对模块进行增减、组合。比如:增加分析模块可提升分析速度或能力;增加前处理模块可完成自动离心、开盖、分杯等功能。模块由同一厂商提供,不同的模块组合后称为工作站,如血清工作站可进行生化和(或)免疫项目。

3. 全实验室自动化 各种类型的仪器或模块分析系统(如生化、血细胞、血凝、尿液、免疫分析仪等)通过轨道连接起来,进一步整合而构成流水线,充分发挥各检测子系统的最大功能,可进行线上任一项目的检测,便构成全实验室自动化(total laboratory automation,TLA)。因加入了分析前和分析后处理系统,可实现标本前处理、传送、分析、存储的全自动化过程,使实验室的检测速度和质量都得到极大的提升,是未来临床实验室发展的方向(图 10-1)。

和 TLA 相比,模块自动化的集成度和自动化程度较低,只能满足部分专用需求,但其选择灵活,建设成本低于 TLA,适合多数中小实验室,在国内有较广阔的市场。

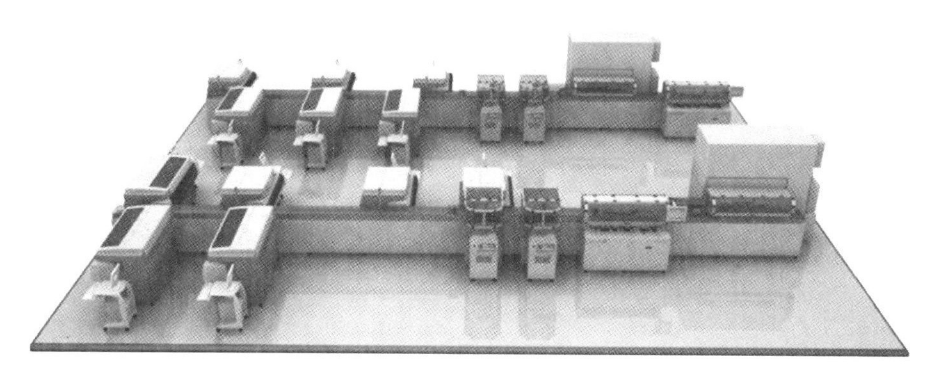

图 10-1　全实验室自动化

二、临床实验室自动化系统的基本组成及功能

LAS 由硬件和软件构成。硬件完成标本的传送、处理和检测功能，主要由标本传送系统、样本前处理系统、分析检测系统和分析后输出系统构成。软件完成对硬件的协调控制和信息的传递，主要由内部的分析测试过程控制系统以及外部的实验室信息系统（laboratory information system，LIS）和医院信息系统（hospital information system，HIS）构成。

（一）标本传送系统

标本传送系统在不同模块间传送样品使其流动起来，以完成各种处理和分析工作。依样品传送方式的不同，可分为传输带装置和机械手装置。

1. 传输带装置　由智能化传输带和机械轨道组成。样本沿着轨道确定的路线行进，具有速度快、成熟稳定、价格低的特点，在大多数自动化系统中得到广泛应用。传输带装置的不足：安装时对场地要求较高，样品容器规格须在允许范围内，超出范围则需转换容器。

2. 机械手装置　机械手具有高灵敏性和高精密性，对不同形状、规格的标本容器很容易适应，并轻松抓取转移，可弥补传送带装置的不足。机械手根据底座是否固定，分为固定机械手和移动机械手。前者活动范围相对较小，后者因底座可以移动，活动范围较大，灵活性更强。通过编程控制其移动范围，机械手较容易适应系统布局的变更。

3. 样品传送模式　分为单管传送和整架传送两种模式。单管传送模式的样品相互独立，可同时送至相应的模块进行检测，灵活性强，速度相对较慢。整架传送将一组样品置于一个样品架上进行整体传送，速度较快，但其灵活性稍差，不同检测模块的样品置于同一样品架后，整体检测速度反而会下降。减少样本对轨道的占用时间可提升 LAS 的整体速度，有的 LAS 采用一次性吸够样本并尽快释放样本来减少轨道占用，有的 LAS 采用双轨道运载样本，一轨检修另一轨正常工作，而不影响检测。

（二）标本前处理系统

可自动化完成样本识别、分类、离心、去盖、分装及标记等工作，为样品送至分析检测模块做好准备。由样品投入单元、离心单元、去盖单元、在线分杯单元组成。

1. 样品投入单元　是样品进入系统的入口，有常规入口、急诊入口、复测样品入口三种形式，优先级别：急诊入口>复测入口>常规入口。投入单元的缓冲区，可保证样品能连续进入系统。进入系统的样品首先将被系统识别，常用的识别方式是条形码，随后通过 LIS 从 HIS 获取样本相关检测信息，并进行分类，不能检测的样品（非在线项目的样本、条码无法识别的样本、无法获取检验信息的样本等）送至特定位置，能够检测的样品将进行后续处理。

2. 样本离心单元　完成样本的自动离心工作，具有自动配平功能，离心时间、转速和温度均可自行设定。样品由机械臂放入和取出离心机，样本处理速度 200～400 个/小时，高峰时容易成为限制整体速度的瓶颈，可采用线下离心的方式进行补充。已经线下离心的样品，在主控端设定该样品已离心，即可忽略对该样品的自动离心操作。

3. 样本去盖单元　完成试管盖的自动去除功能，减少工作人员接触样品所带来的生物安全隐患。可识别已开盖的样品，避免重复操作，开盖失败后会自动报警。已手工开盖的样品，在主控端设定该样品已开盖，即可忽略对该样品的自动开盖操作。

4. 在线分杯单元　样本加样有两种方式：①原始样品直接加样；②利用分杯后的子样品进行加样。当项目分布在不同的检测模块时，第一种方式需要顺次进入相应检测系统，工作效率下降，且原始样品有被交叉污染的可能。第二种方式由分杯单元将原始样本分成若干个子样本，系统生成次级条形码并粘贴到子样品上，使其能被识别。由于采用一次性吸头，分杯可避免原始样品的污染，子样品可同时进行检测，提高了整体检测速度。

在线分杯单元具有对血清样品的质和量进行自动分析功能。自动检测血清容量是否足够，再进行智能分杯。通过对样品管进行拍照，进行血清指数检测，质量有问题的样本（溶血、黄疸、脂血）进行标记。检测到的不合格标本会被传送到出口模块设定的特定区域。

（三）分析检测系统

分析检测系统包括连接轨道和分析设备，连接轨道将传送过来的样品送入分析设备来完成检测工作。可以根据自己的需求接入不同类型的仪器，如生化分析仪、免疫分析仪、血细胞分析仪、凝血分析仪等。在线的设备既可在线运行，也可单独离线运行，这样可避免传送系统出现问题而影响工作。

（四）分析后输出系统

分析后输出系统完成样品输出或储存缓冲的功能，包括出口模块、标本储存缓冲区、样本加盖模块。出口模块主要用来存放即将离开流水线的样品，包括开盖或分杯错误的样本、需人工复检的标本、非在线项目的标本、复位后推出的样本等。这些样本被送入出口模块的特定区域等待人工处理。标本储存缓冲区用来管理和储存标本，需要自动在线复检或人工复检时，利用索引管理可快速查找特定的标本，并被自动送入复检回路而完成复检。标本储存缓冲区可具备冷藏功能，存储前样本会被加盖模块自动密封，避免标本浓缩和被污染。

（五）分析测试过程控制系统

分析测试过程控制系统是整条流水线的指挥中心。它通过和 LIS 紧密的信息交流及时获得样本检验信息，协调控制样本在各模块间正确合理的流转、分配；通过与检验设备的双向

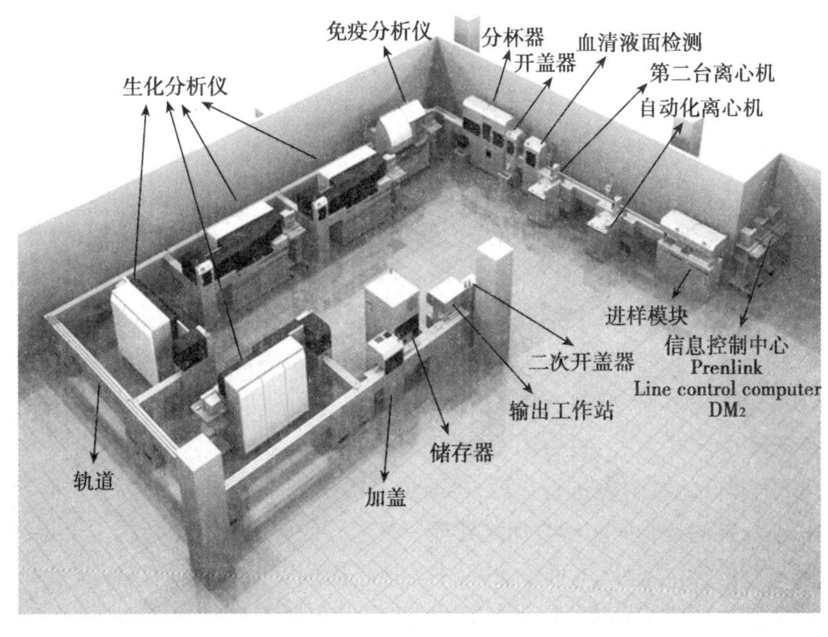

图 10-2　实验室自动化系统的构成

通讯，及时指令分析仪器完成相应的检测，监控标本的实时状态，获得结果信息；依据设定的审核规则进行自动化结果审核、复检、报告打印等。它是 LAS 得以自动化运行的强有力的保证。

TLA 的结构示意图见图 10-2。

三、实验室全自动化系统的工作原理

LAS 通过将分析前和分析后处理系统和多个检测系统进行系统化的整合，使自动化检验仪器和信息网络连接形成检验过程及信息自动化处理。由于样本流、信息流数量庞大，计算机软件在保证 LAS 和外部网络的信息交流畅通无阻，样本处理系统、传送系统和分析检测系统之间的自动协调运作过程中发挥了重要的作用。实验室自动化系统中的软件包括 LAS、实验室信息系统（LIS）、医院信息系统（HIS），有的还有位于 LIS 和 LAS 之间的中间层软件，这些软件系统的无缝对接是确保 LAS 顺利运行的前提（图 10-3）。条形码作为信息的载体在实验室自动化过程中发挥了重要的媒介作用，通过对它的识别 LAS、LIS、HIS 之间的信息流得以交换。

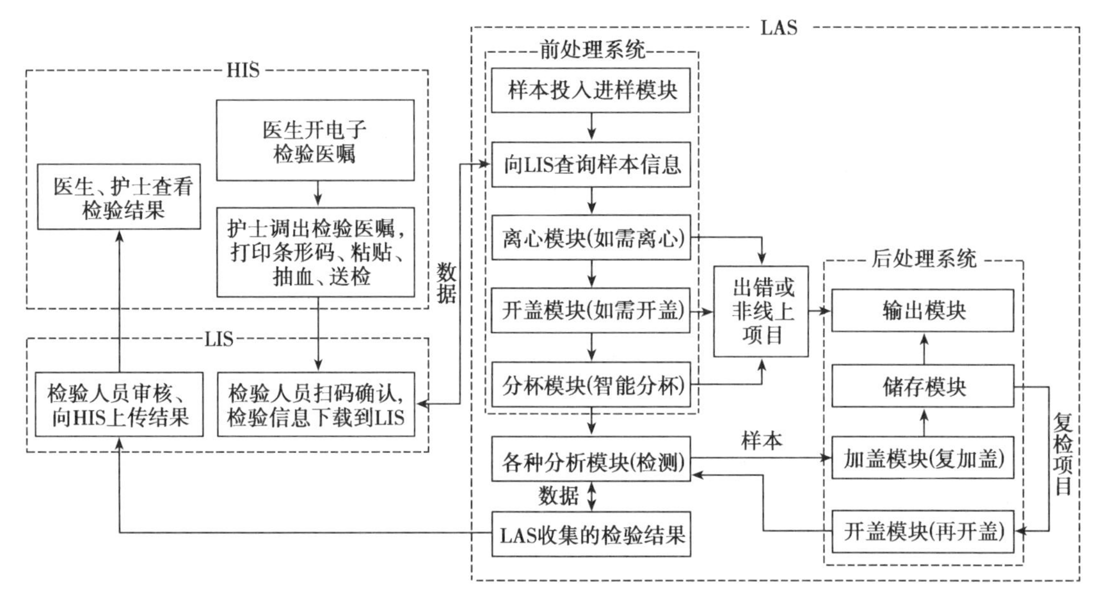

图 10-3　实验室自动化系统工作原理

（一）实验室信息系统

LIS 是 HIS 的一个重要组成部分，主要为实验室的业务工作提供信息支撑和服务，用来接收、处理和存储检验流程中生成的各种信息的软件系统。LIS 在 LAS 中发挥着极其重要的桥梁作用，HIS 中患者的各种检验信息只有通过 LIS 接收、分析处理后，再反馈给自动化系统，由后者内置的操作系统根据接收的 LIS 信息，协调控制整个自动化系统的正常运行。而 LAS 运行过程中产生的大量的结果、样本流转节点、质量控制、分析仪状态等信息，同样需经 LIS 接收、分析处理后反馈给 HIS，供临床医生、护理查阅。

（二）条形码

利用条形码对样品、耗材等进行标记，再通过 LAS 的识别设备对其进行快速、准确的识别，并协调相关控制设备的运行而实现自动化处理。条形码的应用改变了传统手工检测工作模式，原有的手工模式下的标本编号、项目录入、标本的按序摆位等工作都可省略，因为 LIS、LAS 根据条形码自动识别标本并完成信息的上传、下载，准确率和效率都非常高，减轻了工作的劳动强度，减少了人为差错。

神奇的条形码

条形码是由一组以一定规则排列的条、空组成的符号，条和空对光线的反射能力存在差异，反射光被特定的设备读取，便识别出其中所蕴含的信息。条形码技术是目前最经济、实用的一种计算机自动识别技术，具有输入速度快、准确度高、可靠性强、成本低、蕴含信息量大的特点。受条形码面积和信息密度的限制，其包含信息量有限，往往用它来对物品进行标记，大量的物品信息仍需在数据库中下载。

条形码产生主要有两种方式：预制条形码和现场打印条形码。前者是标本容器的生产商预先把条形码印制在容器表面。后者是在工作现场打印出条形码再粘贴在标本容器上。预制条形码印刷、粘贴质量高，但缺乏患者、检验目的等人工可视的检验信息，离开条码识别设备后无法进行手工处理，复检查找原始样本较困难。现场打印条码标签内容可自行定义，可包含患者信息、检验目的等人工可视的信息，在识别设备故障时可进行人工处理，缺点是条码印制粘贴质量没有预制条码高，因需另配条码打印设备，成本高于预制条码。目前，大部分医院应用的是现场打印条码模式。

条形码使用的具体流程：①条形码生成：医生录入电子医嘱，护士确认医嘱，并打印出相对应的条形码，条码上有人工可视的患者资料和检验信息，条形码粘贴相应的标本容器后进行样本采集；②条形码的使用：LAS 识别到条形码后通过 LIS 和 HIS 配合，利用条形码与检验信息的对应关系，在数据库查找提取相应的检验信息并下载，从而实现自动化分析和管理。LAS 也可将相应条形码的样品信息上传至 LIS，进而实现样本流信息、结果数据的正确显示。

（三）软件对 LAS 自动监控审核

LAS 可对系统状态进行自动化的监控和处理。LAS 的工作效率非常高，样品量、数据量庞大，仅依靠人工进行数据的监控和处理显然不现实。LAS 内部数据管理软件、中间层软件及 LIS 有对 LAS 的数据进行自动监控和审核功能。实验室也可依据自己的需求，个性化地设定各种监控审核条件，大部分数据可由系统自动审核，少量的异常数据交由人工处理，从而减轻工作量，同时保证审核的速度和质量。

1. 室内质控结果的监控　可对线上各种分析仪器进行质控频率和失控规则进行设定，室内质控数据须在控才能对检测结果进行审核签发，从而保证结果准确可靠。

2. 血清质量监控　仪器自动采集的血清质量信息（溶血、脂血、黄疸）会对结果自动、人工审核提供相应的提示支持。

3. 对结果的逻辑性进行监控　可设定的不同项目间的逻辑关系和某项目的测量极值的范围，当触发这一设定条件时，系统会自动提示并拒绝自动审核。

4. 对患者历史结果对比的监控　可对同一患者一段时间内的历史结果进行对比，如果超出设定的许可偏离程度，系统会自动提示并拒绝自动审核。

5. 对检验结果回报时间（turn around time，TAT）的监控　通过 LAS 和 LIS 紧密的数据交流，可对样本处理节点进行实时监控，包括条形码生成、样本采集、运送签收、核对验收、上机检测、审核上传、标本废弃等各节点信息，很容易做到 TAT 时间的监控。对于各种原因导致的 TAT 超时都会给予警告，甚至直接指明原因，比如：线上分析设备异常，项目为非线上项目而未及时处理等。

四、实现临床实验室自动化的意义

实验室自动化具有诸多优点，是今后临床检验实验室发展的趋势和方向。

1. 提高工作效率,提升快速回报结果的能力。

2. 减少标本用量和人为误差,显著提升检验质量。

3. 运行过程标准化、精细化,全面提升实验室管理水平和服务水平。

4. 提高实验室的生物安全性,减少生物安全隐患。

5. 可优化人力资源和卫生资源配置,降低运行成本。

五、实验室自动化系统的操作与维护

(一) 实验室自动化系统的操作

LAS 是整合了各个分析检测系统的组合,各检测系统的操作请见相关章节。为检测系统提供样本前、后处理的流水线系统的操作,随品牌的不同而略有差别,一般有以下几个关键的步骤:

1. 开机　依次打开稳压电源、各分析仪器电源、流水线电源,仪器自检通过后进入待机状态,可以进行后续工作。

2. 测试前准备

(1) 分析仪器的准备:按各分析仪器的要求进行相应的保养维护、废弃物的丢弃、试剂的更换添加、标准曲线的校准、质控的操作等工作,使其处于良好状态,为检测工作做好准备。

(2) 流水线的准备:确认样本投入区、样本输出区放有样本架(盘);从样本输出区移去所有的样本管;检查各模块轨道有无异物防止造成阻塞,检查并丢弃废弃物存储区的废物;检查机械手的状态;检查清洁条码打印机;检查添加条码纸,检查添加分杯管、TIP 头等耗品。

(3) 检查确认各分析仪器是否在线,LAS 和 LIS 连接是否正常。有问题的模块标记为离线状态,以免影响整个 LAS 的运行。

3. 测试　将已核收确认的样本置于投入口模块的进样缓冲区,按"开始"键进行进样。系统会自动进样、识别、分类、离心、开盖、分杯、检测、复测、存储。线下项目的标本、无法识别的标本、出错的标本、存储到期的样本会自动送至输出模块的指定位置,转由人工或线下设备处理。

4. 结果输出　系统会自动收集、显示各检测系统的数据,可按照设定的审核规则进行自动审核,无法通过自动审核的结果转由人工进行处理审核。

5. 样本的存储和复检　样本会自动存储于在线冰箱中,选中要复检的标本及复检项目后,系统会自动进行复检,到期的样本可送至输出模块。

6. 关机　关机分为系统关闭和日常关闭,一般情况下只需执行日常关闭即可。关机前各检测系统和流水线做相关的关机前保养,再执行相应的关机程序。

(二) 实验室自动化系统的维护

1. 日常维护　检查模块和轨道有无异物,检查、清洁条码打印机、检查、清洁血清盘。

2. 每周维护　需检查机械手指和垫是否损坏和清洁,检查清洁离心机,清洁轨道上的传感器. 检查清洁条码阅读器。

3. 每月维护　彻底清洁轨道,检查传送带是否异常,清洁风扇。

六、全实验室自动化需注意的问题

1. 引进自动化系统必须根据实际情况合理配置,必须考虑医院和实验室规模及经济承受能力、实验室空间结构、项目开展情况,LAS 的品牌及扩展能力等因素,为避免过度超前浪费,可采取分步实施的方式。

2. 高速的自动化系统也有产生瓶颈的可能,比如高峰期样本离心问题。建议流水线上配置 1~2 台离心机,高峰时期采用线下离心的方式加以补充。

3. 标本的质量对 LAS 的应用效果影响较大,尤其是标本的量、条形码的打印和粘贴质量表现更为明显。应对护士等标本采集人员进行专门的采集知识培训。

4. 各种复检规则、自动审核规则应合理制定，确保需人工审核的异常结果控制在合理的范围内，以保证检验质量。

本章小结

实验室自动化系统通过将多个检测系统与分析前和分析后处理系统进行系统化的整合，可完成全自动化的流水式操作，几乎覆盖整个检验过程，提高了工作效率、减少了误差和生物安全隐患，显著提升了检验质量和管理水平，是今后临床检验设备发展的趋势和方向。软件是LAS的灵魂，强大的HIS和LIS的支持和以样本流为核心的流程再造是用好自动化系统的前提。计算机软件间的无缝整合在保证自动化系统和外部网络的信息交流畅通无阻及内部协调运作过程中发挥了重要的作用。条形码作为信息的载体在实验室自动化过程中发挥着媒介作用，通过对它的识别，LAS、LIS、HIS之间的信息流得以交换。

（朱贵忠）

复　习　题

一、单项选择题

1. 将多个模块分析系统进行整合，实现对标本处理、传送、分析、数据处理和分析过程的全自动化称为

A. 整合的工作站　B. 全实验室自动化　C. 模块工作单元
D. 模块群　E. 模块自动化

2. 全实验室自动化的意义中错误的是

A. 提升快速回报结果的能力　B. 节约人力资源和卫生资源
C. 全面提升实验室的管理水平　D. 增加了实验室的生物危险性
E. 降低检验报告的误差

3. 全实验室自动化实现的基础是

A. 抓放式机械手　B. 自动装载　C. 轨道运输
D. LIS的条形码技术　E. 自动离心

4. 关于条形码技术的叙述中错误的是

A. 提高了效率　B. 保证检验结果的可靠性
C. 标本必须按次序摆放　D. 不用在分析仪中输入检验项目
E. 损坏、缺失，读取器将无法读取

5. 全自动样本前处理系统中通常作为独立可选模块的是

A. 样品投入　B. 自动装载　C. 离心单元
D. 样品标记　E. 样品分注

二、简答题

1. 简述LAS的基本组成及作用。
2. 简述实现全实验室自动化的意义。
3. 简述条形码技术的使用与优点。

参考答案

第一章　概论

1. D　2. C　3. E　4. B　5. C

第二章　临床检验分离技术仪器

1. A　2. B　3. A　4. C　5. B　6. BC　7. BCDE

第三章　临床分析化学仪器

1. B　2. B　3. A　4. D　5. A

第四章　临床形态学检测仪器

1. C　2. D　3. C　4. B　5. A　6. E　7. C　8. D　9. C　10. A

第五章　临床生物化学分析仪器

1. C　2. E　3. C　4. A　5. B　6. BCD　7. ABCDE

第六章　临床血液流变分析仪器

1. D　2. A　3. C　4. D　5. ACD　6. AB　7. BCDE　8. ABCE

第七章　临床免疫分析仪器

1. D　2. B　3. C　4. D　5. BDE　6. ABC　7. ACE　8. ABCD

第八章　临床微生物检测仪器

1. B　2. C　3. E　4. D　5. BCDE　6. ABCDE

第九章　临床分子诊断仪器

1. A　2. C　3. C　4. E　5. E

第十章　临床实验室自动化系统

1. B　2. D　3. D　4. C　5. C

参考文献

1. 曾照芳,翟建才. 临床检验仪器学. 北京:人民卫生出版社,2000
2. 陶义训. 现代检验仪器导论. 上海:上海科学技术出版社,2002
3. 张维铭. 现代分子生物学实验手册. 北京:科学出版社,2003
4. 曾泳淮. 仪器分析. 北京:高等教育出版社,2003
5. 张玉海. 新型医用检验仪器原理与维修. 北京:人民卫生出版社,2005
6. 雷东锋. 现代生物化学与分子生物学仪器与设备. 北京:科学出版社,2006
7. 邹学贤. 分析化学. 北京:人民卫生出版社,2006
8. 曾照芳,洪秀华. 临床检验仪器. 北京:人民卫生出版社,2007
9. 蒋长顺. 临床检验仪器学. 合肥:安徽科学技术出版社,2009
10. 潘建. 医疗检验仪器原理、应用及维修. 重庆:重庆大学出版社,2009
11. 郑铁生. 临床生物化学检验. 北京:中国医药科技出版社,2010
12. 刘崇华. 光谱分析仪器使用与维护. 北京:化学工业出版社,2010
13. 贺志安. 检验仪器分析. 北京:人民卫生出版社,2010
14. 丛玉隆,乐家新,袁家颖. 实用血细胞分析技术与临床. 北京:人民军医出版社,2011
15. 曾照芳,贺志安. 临床检验仪器学. 北京:人民卫生出版社,2011
16. 须建,张柏梁. 医学检验仪器与应用. 武汉:华中科技大学出版社,2012
17. 谢庆娟, 杨其绛. 分析化学. 北京:人民卫生出版社,2012
18. 丛玉隆. 临床实验室仪器管理. 北京:人民卫生出版社,2012
19. 曾照芳,贺志安. 临床检验仪器学. 第2版. 北京:人民卫生出版社,2012
20. 曾照芳,余蓉. 医学检验仪器学. 武汉:华中科技大学出版社,2013
21. 杨红英,郑文芝. 临床医学检验基础. 第2版. 北京:人民卫生出版社,2014

中英文名词对照索引